退化数据驱动的机载设备剩余寿命预测与维修策略优化

Degradation Data - Driven Remaining Useful Lifetime Prediction and Maintenance Strategy Optimization for Airborne Equipment

王泽洲　蔡忠义　陈云翔　董骁雄　著

国防工业出版社
·北京·

内容简介

本书着眼机载设备健康管理的现实需求，采用退化数据驱动的方法，系统开展机载设备剩余寿命预测与维修策略优化研究，重点解决失效阈值随机性对单一/多源性能退化建模的不确定性影响，不完全维护对剩余寿命预测的影响机理，加速应力环境下的比例退化建模与剩余寿命预测，机器学习与随机过程相融合的剩余寿命预测，以及基于剩余寿命预测的维修策略优化等关键科学问题。这样不仅可以丰富和发展当前剩余寿命预测理论和方法应用领域，而且可以为开展设备预测维修实践和智能健康管理提供技术支撑。

本书可作为控制科学与工程、管理科学与工程等相关专业研究生的参考用书，也可供通用质量特性相关领域工程技术人员阅读和参考。

图书在版编目（CIP）数据

退化数据驱动的机载设备剩余寿命预测与维修策略优化／王泽洲等著. -- 北京：国防工业出版社，2025.6. -- ISBN 978-7-118-13666-1

Ⅰ. V217

中国国家版本馆 CIP 数据核字第 20255P59W8 号

※

国防工業出版社出版发行

（北京市海淀区紫竹院南路 23 号　邮政编码 100048）

三河市天利华印刷装订有限公司印刷

新华书店经售

*

开本 710×1000　1/16　**插页** 8　**印张** 11¾　**字数** 224 千字

2025 年 6 月第 1 版第 1 次印刷　**印数** 1—1500 册　**定价** 98.00 元

国防书店：（010）88540777　书店传真：（010）88540776

发行业务：（010）88540717　发行传真：（010）88540762

前言

机载设备是军用飞机完成战训任务的重要物质基础，其健康状态直接决定着飞机飞行安全和任务遂行。受运行环境、外部冲击、组成结构等因素的影响，机载设备的健康状态会发生变化，出现性能退化现象。通过传感器获取机载设备的各类性能退化信息，准确预测其剩余寿命，并据此制定科学的预测维修策略，是确保飞机飞行安全，提高任务完成率、降低使用保障费用的有效手段，对提升部队战斗力具有重要意义。

本书着眼机载设备预测维修的现实需求，利用采集到的各类机载设备的性能退化数据，采用统计数据驱动的方法，拟开展基于退化数据驱动的机载设备剩余寿命预测与维修策略优化方法研究，重点解决随机失效阈值对单一/多源性能退化建模的不确定性影响，不完全维护对剩余寿命预测的影响机理，加速应力环境下的比例退化建模与剩余寿命预测，机器学习与随机过程相融合的剩余寿命预测以及基于剩余寿命预测的维修策略优化等问题。通过研究，不仅可以丰富和发展当前剩余寿命预测理论和方法应用领域，而且可以为开展设备预测维修实践和智能健康管理提供技术支撑，具有重要的科学研究意义和工程应用价值。

全书共8章，第1章主要阐述退化数据驱动的机载设备剩余寿命预测与维修策略优化研究的背景及意义与研究现状，第2章主要阐述退化数据驱动的机载设备剩余寿命预测的一般实施过程，第3章主要针对随机失效阈值影响下机载设备剩余寿命预测问题开展研究，第4章主要针对随机失效阈值与多源退化数据融合的机载设备剩余寿命预测问题开展研究，第5章主要针对不完全维护影响下机载设备剩余寿命预测问题开展研究，第6章主要针对比例加速退化的机载设备剩余寿命预测问题开展研究，第7章主要针对基于LSTM网络和随机退化建模的机载设备剩余寿命预测方法融合问题开展研究，第8章主要针对基于剩余寿命预测的机载设备维修策略优化问题开展研究。

本书主要是作者近几年承担和参与的博士后科研项目“基于状态感知的航空装备维修决策方法研究”、国家自然科学基金青年项目“复杂非线性监测数据驱动的机载电子设备剩余寿命预测方法”（项目编号71901216）、军队技术基础项目“航空电子设备退化建模及剩余寿命预测方法研究”等研究成果的系统整理和总结。本书的写作与内容完善得到了空军工程大学陈云翔教授和项华春教授，中国电子科技集团公司第29研究所邓林研究员，北京航空工程技术研究中心侯建研究员、朱建太高级工程师和王礼沅高级工程师等的指导与支持，谨向他们表示由衷的感谢。

由于作者水平有限，以及所做研究工作的局限性，书中难免存在不妥之处，恳求广大读者批评指正。

作　者

2025 年 1 月

目录

第1章 绪论

四代机、大型运输机、预警机等新一代航空装备陆续服役，空军履行使命任务能力不断增强，为打赢复杂电磁环境下现代空战提供了有力支撑。为了适应新时期实战化训练任务需要，军用飞机除了具有良好的战术技术指标，还具有高可靠、易维修、好保障等优良的通用质量特性，这也为装备研制、生产、使用和维护提出了更高的要求。工程实践表明，准确预测设备的剩余寿命并据此制定科学的维修策略，是确保飞机飞行安全，提高任务完成率、降低使用保障费用的有效手段，对提升部队战斗力具有重要意义。

1.1 研究背景及意义

机载设备是军用飞机遂行多样化军事任务的重要设备，其健康状态直接决定着装备运行安全和任务遂行。机载设备受环境应力、外部冲击、组成结构等因素的影响，其健康状态会发生变化，出现性能退化，如航空发动机叶片疲劳裂纹增加，机载飞行控制系统陀螺仪漂移量增大，机载电源模块锂电池单元容量减少等；当设备关键性能参数的退化量超过规定阈值时，其正常功能将难以完成，即发生故障。这类在实际服役或运行过程中受内部应力和外部环境综合作用而出现性能退化趋势，并最终演变为失效的设备称为随机退化设备（以下简称“设备”）。

一旦影响飞行安全的关键设备发生失效，将引发严重事故。例如，2008 年美军关岛基地 B－2 隐身轰炸机飞行控制系统大气数据传感器长期受潮失效而发生坠毁事故[1]，2010 年美国空军埃尔门多夫空军基地 F－22 隐身战斗机机载氧气发生系统分子筛超过预期使用寿命导致飞行员供氧不足而造成失事[2]，2013 年日本航空 1 架波音 787 客机在停机坪上发生辅助动力锂电池过热起火导致该型客机全部停飞[3]，2018 年印度尼西亚狮航一架波音 737MAX 客机飞控系统传感器故障而导致坠毁事故[4]。如果能在设备尚未发生失效的退化初期，通过监测各类性能退化数据，定量评估其健康状态，并预先实施维修作业，对保障飞行安全和降低寿命周期费用都具有十分重要的现实意义。例如，美军 EA－18G“咆哮者”电子战飞机通过机上内置传感器在线监测主要任务设备的健康状态，测算设备剩余寿命，以便地勤人员及早准备所需备件和工具。2006 年国务院颁布的《国家中长期科学和技术发展规划纲要（2006—2020 年）》中将“重大产品和重大设施的寿命预测技术”作为国家大力发展的重大创新性技术[5]，2016 年发布的《“十三五”国家科技创新规划》中将“重大工程复杂系统的灾变形成及预测”列为支撑国家重大战略任务的基础研究[6]。由此可见，准确预测设备剩余寿命已成为当前急需突破的科学问题。

维修是保持和恢复设备技术状态的有效手段，是保证飞行安全与任务完成的重要途径。设备功能多样性与结构复杂性不断提升，设备的维修难度大幅增加，维修成本也迅速升高。据统计，2001 年美军在航空装备维修保障上的花费已经超过全年装备采购与维护总费用的 70% 以上；在 X－37 空天飞机的研制过程中，为保证任务完成率，美军配备了 200 人左右的专项维护小组，实施保障工作且单次任务所需的维修成本就超过了 400 万美元[7]。此外，不合理的维修内容或方式进一步加剧了维修资源的浪费。统计表明，低效维修导致的维修资源浪费占到维修总成本的 30%～50%[8]。针对日益严峻的维修压力，提升维修效率、严格成本管控的呼声越发高涨，促使了维修理念和维修策略的不断发展。维修理念由事后维修（corrective maintenance，CM）发展到计划性维修（scheduled maintenance，SM），直至转变为视情维修、基于状态的维修（condition based maintenance，CBM）[9-10]。随着预测与健康管理技术（prognostics and health management，PHM）技术的快速发展，基于状态的维修又延伸出了新的研究方向，即预测维修（predictive maintenance，PdM）。

预测维修主要是建立在准确掌握设备健康状态的变化趋势前提下，通过预测剩余寿命来规避故障风险，并采取科学合理、风险可控的维修策略，降低使用保障费用，实现设备安全可靠运行。目前，该维修理念已应用于航空、航天、核能等高风险高可靠行业[11]。其中，美军 F－35 联合攻击机的自主维修保障系统（autonomic logistics system，ALS）是成功应用预测维修的典型案例，可解决预先维修、预置备件和后勤保障程序自动化等问题，实现了维修保障效能的提升[12]。

为提升军用飞机的维修保障效能，加快部队战斗力生成，本书着眼机载设备预测维修现实需求，拟开展基于退化数据驱动的机载设备剩余寿命预测与维修策略优化方法研究。重点解决随机失效阈值对单一/多源性能退化建模的不确定性影响，不完全维护对剩余寿命预测的影响机理，加速应力环境下的比例退化建模与剩余寿命预测，机器学习与随机过程相融合的剩余寿命预测以及基于剩余寿命预测的维修策略优化等问题。通过研究，不仅可以丰富和发展当前剩余寿命预测理论和方法应用领域，而且可以为开展设备预测维修实践和智能健康管理提供技术支撑，具有重要的科学研究意义和工程应用价值。

1.2 国内外研究现状

近年来，国内外对于剩余寿命预测方法的研究十分活跃。马里兰大学Pecht[13]、火箭军工程大学胡昌华[14]、西安交通大学雷亚国[15]将剩余寿命预测方法总体上分为基于机理模型的方法、数据驱动的方法和基于机理模型和数据驱动相融合的方法。基于机理模型的方法是在深入分析设备失效机理的基础上建立机理模型并据此预测剩余寿命[16-17]，但由于建立大多数实际运行设备的机理模型几乎难以实现，使得该方法应用受限。数据驱动的方法是利用监测到的设备性能退化数据进行剩余寿命预测。其可分为人工智能方法和统计数据驱动的方法[18]。人工智能方法是通过机器学习模拟设备退化过程的演变规律，但只能外推出剩余寿命期望值[19-20]，具有一定的局限性。考虑到设备工作负荷、运行环境的随机动态性，通常假设剩余寿命是一个条件随机变量。正是基于这一假设，统计数据驱动的方法是以概率论为理论基础，利用统计模型或随机过程模型，描述设备退化过程的动态行为，建立退化过程演变规律模型，外推出剩余寿命的概率分布，以刻画预测结果的不确定性。这种方法具有良好的适用性，成为当前研究的热点。

预测维修是在 PHM 框架下衍生出的一种全新维修理念，即基于设备的实时状态监测数据和历史数据，通过传感器等技术手段预测设备健康状态的变化趋势，并据此预先制定维修方案，提前科学安排维修活动，以达到减少维修资源消耗和提高保障效能的目的[9]。预测维修决策在建模过程中充分利用了设备的历史监测数据，针对设备健康状态特点实时定制维修策略，其决策结果能随着设备运行状态的变化而动态调整。

本书研究的是统计数据驱动的设备剩余寿命预测与维修决策方法，研究过程可以概括为设备退化建模、先验参数估计、剩余寿命预测和预测维修决策四个环节（图 1.1）。首先建立与设备复杂非线性退化特征相匹配的退化模型；其次利用多台同类设备历史监测数据求解出退化模型中表征同类设备共性特征的固定系数和表征目标设备个性特征的随机系数先验分布；然后利用目标设备从开始运行到当前时刻的实时监测数据，采用贝叶斯、神经网络等方法更新设备退化状态，并基于首达时分布推导出设备剩余寿命分布解析式；最后针对具体的决策目标建立预测维修决策模型，基于剩余寿命预测信息求解决策变量，进而用于指导制定设备的最优维修方案。

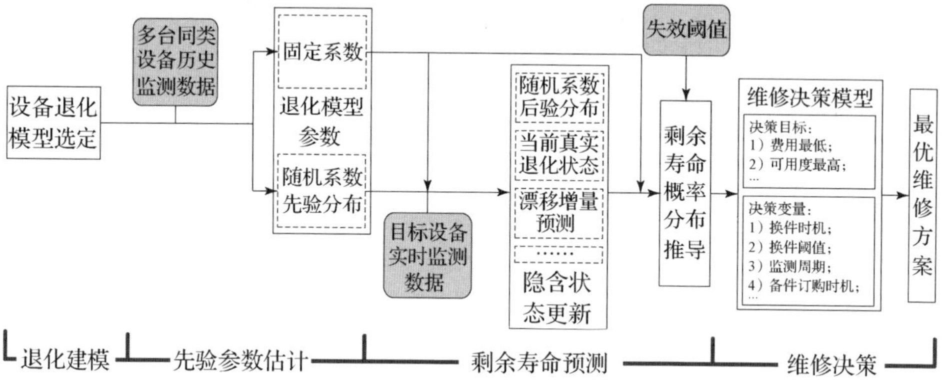

图 1.1　数据驱动的设备剩余寿命预测与维修决策过程

近年来，随着预测维修技术的蓬勃发展，关于设备剩余寿命预测与维修决策的研究引起了国内外学者和工程技术人员的广泛关注，涌现出大量研究成果。下面主要围绕上述四个环节来分析相关国内外研究现状。

1.2.1　设备退化建模的研究现状

具有性能退化特性设备的退化过程可以通过传感器技术进行监测，得到退化状态的监测数据。根据状态监测数据类型的不同，可将其分为直接监测数据和间接监测数据[21]。直接监测数据是指裂纹长度、电阻值、电容值等能够直接反映设备退化水平的数据；间接监测数据是指油液分析数据、光谱分析数据、震动分析数据等仅能部分体现设备退化水平的数据。一般情况下，间接监测数据可以通过一定方法转化为直接监测数据[22]，因此研究直接监测数据更具一般性。在现有研究中，直接监测数据又称为退化数据，基于退化数据构建设备退化规律模型即为设备的退化建模。

退化建模是进行剩余寿命预测和维修决策研究的基础。针对现有研究成果，设备的退化模型大致可分为失效物理模型和统计数据模型两类[13-14]，其具体分类情况如图 1.2 所示。

失效物理模型是在深入分析设备退化机理的基础上建模性能参数的退化过程。典型的失效物理模型主要包括 Paris 模型[23]、Forman 模型[24]、Power Low 模型[25]及各种改进模型等[26]，并已应用于建模航空铝材裂纹增长过程、涡轮发动机轴承层裂增长过程、薄膜电阻阻值退化过程等场景[27-31]。通过建立设备退化的失效物理模型，能够准确掌握设备的性能退化规律，获得较高的剩余寿命预测

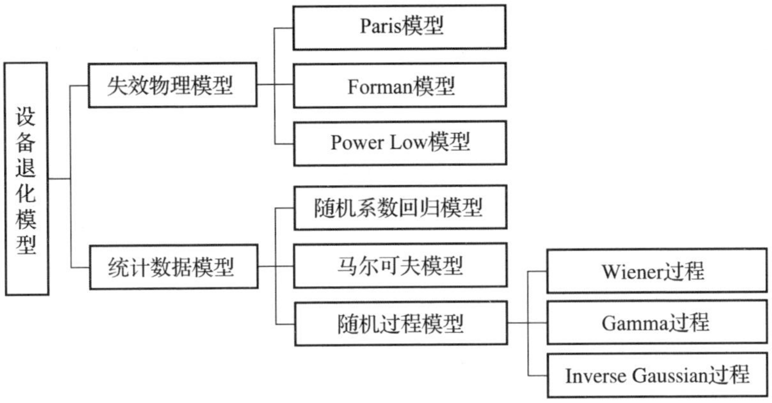

图 1.2 退化模型具体分类

准确性。然而，设备退化机理的获取过程往往极为困难且投入巨大，难以建立具备复杂功能结构设备的失效物理模型。

统计数据模型的理论依据是概率论与数理统计，其利用统计得到退化数据对设备退化轨迹进行拟合，进而实现对剩余寿命的预测[32-34]。在概率论与随机过程框架下，利用统计数据模型可以较为方便地推导出设备剩余寿命的概率分布函数，为后续维修决策模型的构建提供方便，因此在科学研究和工程实践中被广泛采用[35-45]。在现有国内外研究中，统计数据模型主要包含随机系数回归模型、马尔可夫模型及随机过程模型三类。马尔可夫模型适用于退化状态具有离散特性的设备。该模型需要准确设置设备退化状态的转移概率才能保证建模的准确性，由于状态转移概率值通常难以确定，无法保证该模型的准确性[46-47]。随机系数回归模型主要通过线性或非线性回归模型来拟合设备的退化过程。应用该模型将固化设备的退化轨迹，以至于无法体现设备个体在退化过程中的差异性与时变不确定性，不利于准确描述设备个体的真实退化特征[48-50]。通过大量研究分析，众多学者认为随机过程模型要优于上述两类模型，且建议在剩余寿命预测研究中采用随机过程模型[51-53]。

在随机过程模型中通常假定设备的退化状态用电压、电流、电阻、电容、裂纹长度等主要特征参数来表征[54-57]，且该特征参数的退化过程服从特定随机过程[58-64]。在现有研究中常用于描述设备退化的随机过程主要有 Wiener 过程、Gamma 过程、Inverse Gaussian 过程等[65-69]。后两类随机过程主要适合描述严格单调、不可逆的退化过程，这与工程中普遍存在的非单调退化特征不匹配。Wiener 过程能较好地描述具有线性退化趋势的非单调退化过程。研究证明 Wiener 过程具有良好的数学计算特性，因此广泛应用于激光器、LED、锂电池、陀螺仪等设备的退化建模及剩余寿命预测研究[70-73]。

Wiener 过程主要用于建模处于平稳工作环境且退化速率基本不变的设备退化过程。在实际使用过程中，设备的工况、负载、运行环境等都会随着时间发生显著变化，退化速率会产生较大的波动性，致使其退化轨迹出现较为突出的非线性特征。在这种情况下，传统 Wiener 退化模型难以描述退化过程的时变非线性特征。针对非线性退化过程一般采用两种建模方法：一是非线性退化数据转换为线性退化数据。基于此，Kaiser 等[74]提出了平均退化过程可线性化的假设，并运用对数变换的方法将非线性 Wiener 过程转换为线性 Wiener 过程进行研究；Wang 等[75]采用时间尺度变换法对非线性 Wiener 过程进行线性处理，从而构建退化模型。二是建立非线性退化模型。基于此，Si 等[76]提出了一种通用的非线性 Wiener 过程，并利用时间－空间变换理论将非线性 Wiener 退化过程达到固定失效阈值的用时问题转化为标准布朗运动的边界到达问题，从而推导出退化过程首达时的概率分布，对解决非线性退化建模问题具有重要影响。基于该研究成果，涌现出许多类似的模型扩展和变形，如一般化退化模型[77]、两阶段退化模型[72,78]等。

由于在设计、生产、使用过程受到外部环境随机冲击，同类设备之间出现个体性能退化差异，这种差异称为随机效应。将描述随机效应的参数一般称为随机系数。这种随机效应会对设备剩余寿命预测结果产生不确定性影响。为描述随机效应，Peng 等[67]首次将漂移系数看作正态型随机变量，建立了考虑随机效应的线性 Wiener 退化模型。需要注意的是，该研究存在一个潜在假设，即在描述同类设备总体退化特征时漂移系数是随机变量，在描述某一具体设备个体退化特征时随机系数是固定值。这一假设称为单元特定假设。受该研究的启发，后来学者对模型进行了改良和扩展应用[79-80]。Wang 等[81]、Huang 等[82]将漂移系数看作偏正态随机变量，正态分布是其特殊情形，但对于该形式的适用条件目前研究尚不充分。

受噪声、扰动、不稳定测量仪器等影响，监测到的设备退化过程不可避免地带有测量误差、呈现隐含性。当前，对隐含退化建模的研究逐渐受到重视。Whitmore[83]首次将测量误差看作标准正态型随机变量，且与漂移系数的方差项、标准布朗运动之间独立同分布，进而建立了考虑测量误差的线性 Wiener 退化模型。基于该研究，后续学者对该模型进行了扩展应用[84]。Tang 等[85]分别建立了同时考虑随机效应和测量误差的线性、非线性 Wiener 退化模型。Lei 等[86]、Si 等[87]、Zheng 等[88]将退化过程自身的时变不确定性、随机效应和测量误差归纳为剩余寿命预测结果的三重不确定性，通过对扩散系数、漂移系数的方差、测量误差的方差进行刻画，建立了考虑三重不确定性的非线性 Wiener 退化模型，有效提升了建模的准确性。

此外，有学者还将退化建模研究拓展到具体应用场景。在设备全寿命周期过程中，会经历一系列不完全维护活动，如视情进行力矩器动平衡调整以减小陀螺仪的漂移误差，不定期清污和涂抹润滑剂以降低风扇的震动程度等。不完全维护的修复效果介于修复如新（完全维护）和修复如旧（不维护）之间，其既可以恢复设备的性能状态，又不至于产生高额的维修成本，因而成为机务维护和工程实践领域广泛采用的维护保养方式。郑建飞等[89]认为不完全维护活动不影响设备的退化规律，采用多阶段线性 Wiener 过程构建退化模型，并对设备剩余寿命进行预测。然而，该模型无法适用于更具一般性的非线性退化特征，且忽略了不同设备间退化的差异性。裴洪等[90]基于 Wiener 过程分阶段建立了不完全维护影响下的退化模型，描述了不完全维护修对设备退化量和退化速率的双重影响，然而该模型也未考虑设备退化的非线性与差异性特征。此外，上述研究均依据经验预先给定预防性维护阈值，从而导致上述模型无法描述预防性维修阈值未知条件下设备的退化过程。为此，Wang 等[91]将设备不完全维护活动视为满足齐次泊松过程的随机变量，并结合 Wiener 过程构建了考虑不完全维护影响的设备退化模型。但采用齐次泊松过程描述不完全维护活动存在一个潜在条件，即不完全维护的次数随时间呈线性增长，随着运行时间趋于无穷，不完全维护的次数也趋于无穷大。然而，出于退化不可逆的现实制约与经济可承受性的综合考虑，设备寿命周期过程中不完全维护的次数应具有上限，因此该模型难以客观反映设备的真实维修规律。此外，该方法在建模设备的随机退化过程中也未考虑不同设备之间的个体差异性。

随着对高可靠、长寿命设备研制需求的日益增多，传统寿命试验和退化试验难以快速地获取足够的寿命/退化数据，从而对预测设备剩余寿命和进行维修决策造成了困难。为了解决传统试验方法存在的不足，开始将加速退化试验（accelerated degradation test，ADT）引入设备的剩余寿命预测研究，并得到了广泛关注[92-93]。加速退化建模研究本质上是在一般退化建模的基础上开展加速应力场合下的适用性研究。唐圣金等[94]针对激光器的步进加速退化数据进行了分析，并基于线性 Wiener 过程建立了加速退化模型；但由于线性 Wiener 过程模型的局限性，该模型的适用性不强。针对上述研究的不足，Hao 等[95]、Cai 等[96]将非线性 Wiener 过程引入加速退化建模，并考虑了随机效应和测量误差对模型的不确定性影响，建立了更具一般性的加速退化模型。然而，上述研究均认为加速应力仅与 Wiener 过程漂移系数存在函数关系，而将扩散系数视为不随应力变化的常数，忽略了应力越大退化不确定性越强的客观规律，导致此类方法剩余寿命的预测准确性不高。针对传统方法的缺陷，Liu 等[97]在加速退化建模过程中将漂移系数与扩散系数均视为应力的函数，并利用加速度计加速退化数据实现了对其剩余寿命的预测，提升了预测的准确性。然而，该方法将漂移系数与扩散系数视作独立变量分别建立加速模型，未能充分考虑漂移系数与扩散系数存在的关联关系，影响了预测精度的提升。为此，Wang 等[98]采用特定共轭先验分布（如联合正态伽马分布）来描述漂移系数与扩散系数间的关联关系，并基于非线性 Wiener 过程建立了设备的加速退化模型。但该方法需要在满足特定共轭先验分布假设的条件下才能保证准确性，而当漂移系数与扩散系数不服从该类型共轭先验分布时，此方法得到剩余寿命预测结果缺乏可信性。为了实现对漂移系数和扩散系数关联特性的准确剖析，Wang 等[99]基于加速因子不变原则建立了考虑漂移系数与扩散系数比例关系的退化模型，有效降低了建模的不确定性，进一步提升了剩余寿命预测的有效性。然而，该模型无法应用于加速应力场合，且未考虑个体差异和测量误差对退化建模的影响。

随着航空装备朝多任务集成、多功能融合的方向发展，机载设备的结构复杂度与功能集成度也越来越高，导致单一性能参数难以准确全面地反映其健康状态水平。因此，如何科学运用获得的多源退化信息，准确建模退化过程并预测其剩余寿命，成为亟待解决的现实挑战。目前，基于多源退化数据的剩余寿命预测方法主要可分为两类：第一类是分别针对不同传感器监测退化数据单独进行退化建模与剩余寿命预测，而后制定规则以确定整体的剩余寿命[48,100]；然而，此类方法忽略了不同传感器监测退化数据间的关联性，难以反映设备的整体退化规律，导致预测性能较低。第二类是基于数据融合的方法对全体监测退化数据进行筛选融合，进而进行退化建模与剩余寿命预测研究[101-102]；此类方法既考虑了单个传感器监测退化数据的“个性”，又考虑了设备整体退化的“共性”，能够得到较为理想的剩余寿命预测结果。根据数据融合方法的不同，基于数据融合的剩余寿命预测方法又可分为多种类型。直接融合多个传感器监测退化数据为单一健康指标（health index，HI）是当前流行的方法。该方法具有三个优点：一是通过构建一维健康指标将分析多元退化问题转化为分析一元退化问题，既有助于降低建模的复杂性，又可以直接应用现有关于一元退化问题的丰富研究成果；二是针对不同传感器监测退化数据选定不同的退化模型并融合于健康指标中，以提升方法的灵活性与针对性[103]；三是融合得到的健康指标实现了设备退化过程的连续可视化，这在实际使用环节中具有重要意义，有助于决策者全面掌握设备的整体退化过程与当前退化状态，对提振决策信心具有重要作用[104]。围绕构建健康指标，国内外涌现出了众多研究成果。Liu 等[105]以模型拟合误差与失效阈值方差最小为融合系数的确定准则，建立了健康指标的一般路径模型，实现了对剩余寿命的预测。赵广社等[106]建立了基于欧几里得距离的产品健康指标确定准则，并基于维纳过程研究了设备的退化建模与剩余寿命预测。彭开香等[107]通过训练深度置信网络（deep belief network，DBN）对多源退化数据进行特征提取，从而确定其健康指标，并在此基础上利用隐马尔可夫模型（hidden markov model，HMM）对其进行退化建模与剩余寿命预测。然而，上述方法将健康指标的构建过程与健康指标的退化建模和剩余寿命预测过程视为相互独立的两部分，构建的健康指标与使用的退化模型会出现不匹配问题，降低了剩余寿命预测的准确性。针对上述研究存在的不足，任子强等[108]与李天梅等[109]提出了一类多源数据驱动的数模联动剩余寿命预测方法，该方法将健康指标的构建与预测过程同步考虑，提升了剩余寿命预测的准确性。然而，任文强等[108]和李天梅等[109]提出的方法并未考虑机载设备随机失效阈值的不确定性影响，限制了预测准确性的进一步提升。

1.2.2 先验参数估计的研究现状

退化模型的先验参数估计在整个剩余寿命预测与维修决策过程中起着承上启下的作用，其结果可用于评估一类设备总体寿命分布，也可作为推断目标设备剩余寿命的先验信息。目前，针对 Wiener 退化模型的参数估计方法可大致归结为基于极大似然估计（maximum likelihood estimation，MLE）算法和基于期望最大化（expectation maximization，EM）算法两类。

MLE 算法的基本原理是根据 Wiener 退化过程相邻监测时刻的退化增量服从正态分布的性质构建似然函数，进而利用多台同类设备的历史监测数据估计出未知参数。MLE 算法原理简单，复杂程度较低，因而在参数估计研究中得到了广泛应用。Peng 等[67]首次采用 MLE 算法算法，估计出考虑随机效应的线性 Wiener 退化模型参数。基于该研究，后续学者拓展了 MLE 算法的应用，例如，Ye 等[79]采用 MLE 算法估计考虑随机效应的非线性 Wiener 退化模型参数，郑建飞等[89]和 Wang 等[91]采用 MLE 算法估计考虑不完全维护影响的非线性 Wiener 退化模型参数。然而，上述研究在构建似然函数时将设备个体的漂移系数视作随机变量进行处理，导致其与单元特定假设相矛盾，在极端情况下可能会发生漂移系数方差估计值为负的情况。为解决该问题，Tang 等[64]改良了 MLE 算法，首次提出了两步 MLE 算法，即先估计出每个设备的漂移系数，再以此为依据计算漂移系数的均值和方差，保证了漂移系数的方差始终为正。以 Tang 等[64]的研究为开端，两步 MLE 算法的应用逐步拓展。例如，Lei 等[86]采用两步 MLE 算法估计出考虑随机效应和测量误差的线性 Wiener 退化模型参数。Tang 等[85]采用两步 MLE 算法估计出考虑随机效应和测量误差的非线性 Wiener 退化模型参数。Cai 等[96]采用两步 MLE 算法估计出考虑随机效应和测量误差的非线性加速退化模型参数。虽然两步 MLE 算法可以克服漂移系数方差估计值为负的不足，但是引发一个新的问题，即算法的计算结果陷入局部最优，而且在构建似然函数时这些研究都是默认漂移系数相对于设备个体的现实值是存在的，实际上不同设备个体的漂移系数是未知、隐含的，引入了不确定误差。

EM 算法是一种在有隐含变量的概率模型中寻求参数极大似然估计的迭代估计算法，该算法能够确保收敛至全局最优，可以实现较高的参数估计准确性[110]。Huang 等[111]和 Li 等[112]基于 EM 算法估计出考虑随机效应的非线性 Wiener 退化模型参数。Zhai 等[84]基于 EM 算法对考虑随机效应和测量误差的非线性 Wiener 退化模型参数进行估计。在参数估计过程中，EM 算法普遍存在收敛速度慢或无法收敛的问题。为了解决该问题，唐圣金[113]提出了一种基于修正 EM 算法的参数估计方法，该方法利用漂移系数的无偏估计来代替渐进估计，实现了迭代过程的快速收敛。基于 EM 算法的参数估计方法具有优良的性能，但其计算复杂度会随着未知参数的增加而几何递增，导致该方法在处理复杂退化模型时难以实现。

在退化模型参数估计过程中，MLE 算法、两步 MLE 算法及 EM 算法各具优势，因而需要结合模型特点合理选定参数估计方法。进一步分析可以发现，在进行退化模型参数估计时，传统 MLE 算法、两步 MLE 算法及 EM 算法均需要多台同类设备的历史监测数据作为输入信息才能有效运行。但对于处在研制阶段的关键新研设备而言，几乎是难以实现的，只能立足于单台新研设备从初始运行到当前时刻的监测数据。这种基于单台设备当前监测数据的参数估计称为参数自适应估计。目前这方面的研究比较少。孙国玺等[114]研究了随机系数回归模型参数自适应估计问题，并基于贝叶斯原理和 EM 算法在线估计退化模型参数。然而，该方法采用指数过程拟合目标设备的退化路径，导致其无法满足设备存在的非单调退化规律，降低了该方法的适用性。司小胜等[115]基于线性 Wiener 过程构建了考虑隐含特性的退化状态方程，并采用卡尔曼滤波（Kalman filter，KF）算法和 EM 算法来估计退化模型参数，并由此实现了对陀螺仪剩余寿命的自适应预测。在司小胜等[115]研究的基础上，Feng 等[116]将其拓展至非线性场合，提出了基于扩展 KF 算法和 EM 算法的退化模型参数自适应估计方法，并就锂电池的性能退化数据开展了分析。进一步分析可以发现，司小胜等[115]和 Feng 等[116]的研究均未考虑个体差异对参数过程估计的影响，且上述方法也无法应用于加速应力场合。

1.2.3 剩余寿命预测的研究现状

剩余寿命预测主要包括隐含状态更新与剩余寿命分布推导两部分[115]。隐含状态更新主要是利用目标设备现场退化数据更新剩余寿命分布中的隐含状态，以满足预测结果的个性需求；剩余寿命分布推导主要考虑设备失效条件对预测结果的不确定性影响，采用全概率公式，基于首达时分布推导出设备剩余寿命的条件分布函数[113]。

1. 隐含状态更新

Gebraeel 等[117]首次利用贝叶斯更新机制，基于现场退化数据来更新随机系数，进而更新剩余寿命分布。基于该研究，后续学者改进了更新方法并拓展应用在基于 Wiener 过程的剩余寿命预测研究中。对于隐含退化建模而言，隐含状态包括随机系数和真实退化状态。Tang 等[85]、Cai 等[96]、Wang 等[108]将漂移系数作为随机参数进行更新；Wang 等[98]将漂移系数与扩散系数视作随机系数，并假定其满足特定共轭先验分布，从而实现了对二者的同步更新。然而，上述方法并未更新设备当前的真实性能退化量，导致预测精度不高。司小胜[115]、Feng 等[116]只更新了剩余寿命分布中的真实退化状态，没有对当前随机系数的后验分布进行准确估计，同样会对预测精度造成不良影响。

为了同时更新随机系数和真实退化状态，当前研究主要采用的是贝叶斯框架下基于随机滤波的方法，即先建立目标设备当前退化状态与隐含状态之间的状态空间方程，再采用滤波算法来更新隐含状态。考虑到设备退化过程的隐含性，Zheng 等[88]、Si 等[119]等采用 KF 算法更新随机系数和真实退化状态。为了进一步提升剩余寿命预测方法的性能，后续学者对传统滤波算法进行了改进，提出了扩展卡尔曼滤波（EKF）[115-116]、粒子滤波（particle filtering，PF）[86]、无迹卡尔曼滤波（unscented Kalman filter，UKF）[120]等算法，取得了良好效果。但上述方法也未能同步考虑漂移系数与扩散系数的随机性问题。

在当前隐含状态更新研究中，单纯基于贝叶斯原理更新漂移系数的后验分布易于实现，但可能导致剩余寿命预测准确性不高；而基于随机滤波的方法有助于提升预测的准确性，但在针对复杂退化模型时更新迭代较为复杂，往往难以被实现。因此，具体应用中应结合工程实际和研究目标要求合理确定隐含状态的更新方法。

2. 剩余寿命分布推导

剩余寿命的概率分布是体现剩余寿命预测结果不确定性的重要形式，也是构建维修决策模型所必需的输入条件[121-122]。一般情况下，设备剩余寿命的概率分布可以采用概率密度函数（probability density function，PDF）来表征，由此还可以推导出剩余寿命的累积分布函数（cumulative distribution function，CDF）、剩余寿命均值等信息。

设备的寿命通常定义为设备退化过程首次达到失效阈值的时间，也称首达时[123]。剩余寿命可定义为设备从当前退化状态退化至失效阈值的首达时[113]。

考虑到设备寿命与剩余寿命之间存在相互转换关系，可以利用设备失效（寿命）分布来求解设备的剩余寿命分布。例如，Tseng 等[124]证明了线性 Wiener 过程的寿命分布满足逆高斯分布。基于此，Si 等[125]推导出了剩余寿命的概率密度函数。进一步，考虑到退化过程的非线性、随机性、测量不确定性等的影响，Si 等[119,126]、Wang 等[127-128]、Feng 等[116]对设备剩余寿命分布推导进行了深入研究，拓展了方法的适用范围。

研究表明，失效阈值不仅影响设备首达时分布，也会影响设备剩余寿命的分布。在现有设备剩余寿命分布推导研究中，大多数认为失效阈值是一个已知的固定常数[129-131]，但由于生产制造过程中设备个体之间存在一定差异性，以及使用过程中外界环境随机冲击的影响，同类设备不同个体的失效特性往往不尽相同且具备一定随机性，难以采用同一个固定值，如弹簧的形变量、陀螺仪的漂移量、裂纹的长度等[132-133]来描述。因此，需要研究随机失效阈值对设备剩余寿命分布的不确定性影响。

在当前研究中随机失效阈值已应用于对失效物理模型[134]、比例风险模型[135]、Gamma 过程模型[136]的寿命/剩余寿命进行预测。Usynin 等[137]首次在 Wiener 退化模型中讨论了随机失效阈值对设备可靠性估计的影响，但未能给出失效阈值的具体分布类型与剩余寿命分布的解析表达。Wang 等[133]、Huang 等[138]分别研究了随机失效阈值满足指数随分布和正态分布条件下 Wiener 退化模型的剩余寿命分布推导问题，但仅给出了剩余寿命分布的积分形式，未推导出解析表达式。Wei 等[36]假定失效阈值是正态随机变量，并基于线性 Wiener 过程推导出了考虑随机失效阈值的剩余寿命条件分布解析表达式。在此基础上，Tang 等[139]通过对随机失效阈值施加非负约束进一步提升了剩余寿命预测的准确性，该研究采用截断正态分布来描述随机失效阈值的非负性，并在此基础上推导出了设备剩余寿命概率分布的解析表达式。进一步分析可以发现，现有考虑随机失效阈值影响的剩余寿命分布推导研究均围绕线性退化模型开展分析，无法适用于广泛存在的非线性退化过程，从而制约了方法的适用范围。此外，上述研究也未考虑个体差异与测量误差对剩余寿命预测的影响。

1.2.4 预测维修决策的研究现状

维修是指为使产品保持或恢复到规定状态所进行的全部活动，维护则是指为使产品保持规定状态所采取的措施[140]。由此可见，维修中包含维护，维护是维修的一部分。合理的维修策略不仅可以改善设备的运行状态，还能够有效降低航空装备的寿命周期费用，具有重要的军事意义与经济价值。

按照维修实施的时机进行划分，现有维修策略总体上可分为修复性维修和预防性维修两大类。修复性维修是 20 世纪 40 年代前的主流维修策略，通常也称为故障后维修或事后维修[141]。修复性维修具有维修针对性好、维修资源消耗少等优势，但无法避免发生故障，常引发更大的人员和财产损失。预防性维修在第二次世界大战后逐步兴起[142]。按照维修决策中所需信息类型的不同，预防性维修又可进一步分为计划性维修和基于状态的维修两大类[143]。基于状态的维修始于 20 世纪 70 年代，可以通过设备的性能状态安排维修活动，具有较强的针对性和灵活性，能够避免发生计划性维修的维修间隔安排不合理导致的欠维修或过度维修，但缺乏对设备故障发生的预测性和维修活动安排的前瞻性，在设备退化临近失效时可能出现维修决策不及时的状况。20 世纪 90 年代，随着传感器技术和预测技术的飞速发展，预测设备的剩余寿命并提前安排维修活动成为可能，从而发展形成了预测维修策略[144-145]。预测维修是广义上的基于状态的维修，能够"通过一种预测与状态管理系统提供出关于设备维修的正确时间、正确原因、正确措施等有关信息，可以在机件使用过程中安全地确定退化机件的剩余寿命，清晰地指示何时该进行维修"[146]。美军在 F-35 联合攻击机的研制过程中首先应用了预测维修的理念，并提出了一种全新的维修保障体系——自主维修保障系统，目的是指导 21 世纪装备维修保障工作，促使传统事后维修与定期维修向主动维修和预测维修转变，实现装备维修保障从粗放规模型向集约敏捷型的转变[147]。为了进一步推动预测维修等新型保障模式的应用推广，美国空军在 2018 年专门组建了快速保障办公室，以期实现"大幅度降低成本并能向战场提供快速解决方案的目标"[148]。截至 2020 年 5 月 14 日，美国空军快速保障办公室已在 F-15 战斗机、B-1B 战略轰炸机、E-3 电子战飞机、C-5/C-130 运输机、KC-135 加油机等机型上应用了预测维修，并将应用范围扩大至其他各型空中平台和"民兵"Ⅲ洲际弹道导弹。据统计，通过应用预测维修，仅 E-3 飞机的计划外维护工作就减少了近 30%，节约维修费用 6800 万美元[149]。

维修策略的具体分类和发展情况见图 1.3，不同维修策略之间的对比见表 1.1 所列。

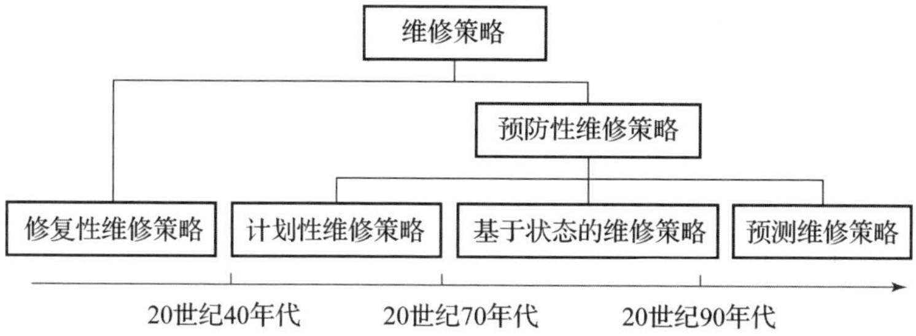

图 1.3　维修策略的具体分类和发展情况

表 1.1　维修策略对比

维修策略	维修决策信息	维修决策复杂性	维修时机	设备运行风险	维修费用消耗
修复性维修策略	设备个体	简单	随机	高	高
计划性维修策略	设备总体	简单	确定	较高	较高
基于状态的维修策略	设备个体	复杂	随机	较低	较低
预测维修策略	设备个体	复杂	随机	低	低

预测维修策略的实施过程本质上是基于预测信息进行预防性维修决策的过程。针对退化建模的类型不同，本书分类对预测维修决策的研究现状进行讨论。

1. 基于失效物理模型的方法

Tu 等[150]基于失效物理模型建立离心泵的退化模型并预测其剩余寿命，进而在费用约束条件下研究了备件库存与维修活动对设备可用性的影响。

樊红东等[151]基于经验模型拟合设备退化过程，并依据得到的剩余寿命预测信息来制定维修决策模型，最后以期望损失率最小为目标建立维修决策优化模型，从而确定了最优的维修策略。

Huynh 等[152]采用失效物理模型建模设备的退化过程，并采用粒子滤波的方法预测其剩余寿命，进而确定了费用约束条件下的最优换件策略。

2. 基于随机系数回归模型的方法

Gebraeel 等[117]提出了一种指数型随机系数回归模型，该模型利用同类设备的历史退化数据估计模型参数，并基于贝叶斯原理更新漂移系数分布，实现对设备剩余寿命的在线预测，取得了良好效果。在 Gebraeel 等研究的基础上，Wu 等[153]利用指数过程拟合轴承的性能退化过程，并基于剩余寿命预测信息建立维修决策模型，最后通过神经网络联合优化确定了维修费用约束下的最优预测维修策略。

Elwany 等[154]给出了指数型随机系数回归模型对应的设备剩余寿命分布，并利用传感器监测数据对其进行在线更新，在此基础上通过建立设备替换和备件库存的惯序优化模型，实现了维修成本的最低。

Kaiser 等[74]采用指数型随机系数回归模型来反映设备的性能退化规律，并基于贝叶斯原理在线更新指数退化模型参数，确定了设备剩余寿命的概率分布，最后基于役龄更换模型制定了最佳预测维修策略。

3. 基于马尔可夫模型的方法

Marseguerra 等[155]基于马尔可夫模型建立了考虑不完全维护影响的生产系统

退化模型，通过优化系统生产效益与可用度指标确定了最优的不完全维护阈值。此外，该模型还对环境影响、人员限制等因素进一步分析，提出了基于蒙特卡罗仿真的验证方法。

Makis 等[156]采用马尔可夫过程描述具备离散 – 连续特性的设备退化过程，并预测其剩余寿命，通过以寿命周期平均维修费用率最低为目标确定了最佳的检测方案。

Curcuru 等[157]基于不完美状态监测信息建立了带漂移的马尔可夫型退化过程模型，并利用贝叶斯原理预测设备的动态可靠性，最后建立了以单位时间维修成本最低为目标的维修决策模型。

Li 等[158]建立了基于隐半马尔可夫模型的齿轮箱性能退化模型，并在剩余寿命预测的基础上构建以单位时间的长期预期平均可用性最大化为目标的维修决策模型，实现了最佳维修方案。

4. 基于随机过程模型的方法

Khoury 等[159]利用 Gamma 过程构建设备的随机退化模型，并预测其剩余寿命。在此基础上，建立了以预防性替换阈值和可靠度为决策变量的联合优化模型，并确定了最优维修方案。Rausch 等[160]、谭林[161]及苏锦霞等[162]也对Gamma 过程条件下基于剩余寿命预测信息的维修决策方法进行了研究，并给出了以维修费用最低为目标的最优的周期性/非周期性维修方案。

葛恩顺等[163]利用 Gamma 过程拟合设备退化路径，并在预测设备剩余寿命的基础上建立考虑不完全维护影响的最优维修决策模型，通过使设备寿命周期平均维修费用最低确定出最优检测周期与不完全维护次数。黄亮[164]采用基于 Gamma 过程和基于复合泊松过程的 Lévy 从属过程来刻画带有跳跃退化特性的设备，并利用逆傅里叶变换求解设备剩余寿命概率密度函数，进而建立了基于剩余寿命预测信息的维修与备件订购联合优化模型。通过最小化期望单位备件成本，确定了最优的维修策略和备件订购策略。

Si 等[125]基于线性 Wiener 过程推导出了设备剩余寿命分布的解析表达式，并基于贝叶斯原理在线更新退化模型的漂移系数，进而实现对设备剩余寿命的预测。以此为基础，Si 等[125]建立了以期望运行费用率为优化目标的维修决策模型，并确定了最佳预防性替换时机。Wang 等[165]结合 Si 等[125]的研究建立了基于剩余寿命预测信息的设备替换和备件订购惯序优化模型，并给出了最优的替换策略和备件订购策略。然而，该方法采用的惯序决策方法可能导致目标函数陷入局部最优，从而影响方法的有效性。针对 Wang[165]给出模型的不足，蒋云鹏等[166]基于设备剩余寿命预测信息构建了设备替换和备件订购策略联合优化模型，确保了设备寿命周期平均维修费用率的全局最优。Guo 等[167]和裴洪等[90]建立了考虑不完全维护影响的线性 Wiener 退化模型，并推导出了考虑不完全维护影响的设备剩余寿命概率密度函数，从而构建了基于剩余寿命预测信息的维修决策模型，并以运行费用最低为目标制定了最优维修策略。

综上可知，目前针对预测维修策略的研究大多围绕失效物理模型、随机系数回归模型、马尔可夫模型以及 Gamma 过程模型进行分析，模型的局限性使得上述方法仅适用于某些特定的产品或设备，导致维修决策方法缺乏广泛的适用性。此外，针对 Wiener 过程模型的研究仍局限于线性退化模型，难以满足设备普遍存在的非线性、差异性及测量不确定性等复杂退化特征，导致决策结果的有效性无法得到保障。

第2章 退化数据驱动的机载设备剩余寿命预测过程分析

2.1 引言

机载设备的剩余寿命预测信息是制定维修策略的决策依据，对实现预测维修具有重要意义。本章从机载设备退化特性分析、设备退化建模、先验参数估计与剩余寿命预测等环节对退化数据驱动的机载设备剩余寿命预测过程进行深入剖析，给出随机退化设备剩余寿命预测的一般方法，从而为后续章节的研究奠定理论基础。

2.2 机载设备退化特性分析

2.2.1 机载设备主要失效模式

机载设备是装在飞机上的仪表、通信、导航、环境控制、生命保障、能源供给及与飞机用途有关的设备的统称[168]，其健康状态直接决定着飞机的飞行安全和任务遂行。通过深入剖析机载设备的退化特性，掌握其失效模式与失效机理，对科学建模设备的退化过程，准确预测剩余寿命并实施有效的维修决策具有重要意义。

设备随着运行时间的延长，其性能会逐步发生退化并直至失效。一般而言，设备的失效模式可归结为性能退化引起的软失效和随机冲击导致的硬失效。其中，退化失效是实际使用过程中最为普遍的失效模式，其占比可达到全部失效的70%~80%[169]。硬失效是设备的结构、材料等遭遇突发外界干扰而导致功能丧失。该失效模式不具备明显的外在故障征兆，体现出显著的突发性特征，如飞机发动机涡扇叶片遭遇鸟撞击而断裂、电子二极管突遇尖峰电压而击穿等。由于硬失效模式常将故障原因归结为外界随机干扰，导致其偶发性较强，难以对此类故障模式进行深入的机理分析，从而极大增加了预防此类故障的难度。软失效是材料的腐蚀、老化、磨损、疲劳、氧化等因素导致的。其直观体现是表征设备性能水平/健康状态的特征参数不断退化，如应力影响导致飞机桁架裂纹逐渐增大，陀螺仪机械磨损导致漂移量逐渐增大等。软失效模式将故障归结为设备内外部应力影响的综合结果，具备显著的随机性、连续性和累积效应特征，因而有利于开展对应的失效机理分析，并在深入剖析失效原因的基础上有效避免失效的发生。机载设备的主要退化失效模式以及对应的失效机理和特征参数见表 2.1。

表 2.1　机载设备主要退化失效模式

设备类型	设备名称	退化失效模式	退化失效机理	退化特征参数
机械类	起落架、机体结构、作动器、挂架等	断裂、裂纹、结构变形、动作不到位等	腐蚀、疲劳、磨损等	裂纹长度、间隙宽度等
机电类	加速度计、陀螺仪、电连接器、电磁阀、发电机、燃油泵等	接触不良、接触电阻超差、参数漂移、输出波动超差等	腐蚀、疲劳破坏、触点氧化等	漂移量、压力、电阻等
电子类	火控雷达、电抗发射机、变压器、蓄电池、行波管等	开路、短路、电压击穿、参数漂移、绝缘失效等	腐蚀、氧化、电子迁移等	功率、电流、电压、电阻等

2.2.2　机载设备随机退化过程

依据累计损伤原理，设备的退化过程本质上是其特征参数的退化量不断累积的过程，而当设备特征参数的累积退化量达到或超过依据工程/专家经验制定的失效阈值时，发生退化失效。其数学表达式为

$$T = \inf\{t : X(t) \geqslant \omega\} \tag{2.1}$$

式中：T 为设备的失效时间，也称寿命；$X(t)$ 为设备在 t 时刻的性能退化量；ω 为失效阈值。

式（2.1）要求设备的退化过程具有递增趋势，即 $\mathrm{d}X(t)/\mathrm{d}t \geqslant 0$。若设备的性能状态逐步递减，则可采用 $X(0) - X(t)$ 变换将其转变为具有递增趋势的退化过程。

机载设备普遍在大温差、低气压、强冲击、大载荷、强震动及强电磁干扰的环境中运行，受外界严苛环境的影响，其所受内外部应力变化的不确定性较大，造成其退化过程呈现出显著的随机性和不确定性。因此，常采用随机变量描述其失效情况，具体可表示为

$$P(T \leqslant t) = P(\sup_{0 \leqslant \tau \leqslant t} X(\tau) \geqslant \omega) \tag{2.2}$$

由式（2.2）可知，设备性能退化量的分布情况与失效阈值的取值大小都会对设备的失效概率产生影响，其相互之间的关联关系如图 2.1 所示。若能合理描述设备性能退化的分布情况，并科学确定失效阈值的参数大小，就可准确估计失效概率，为避免发生失效提供有效决策信息。

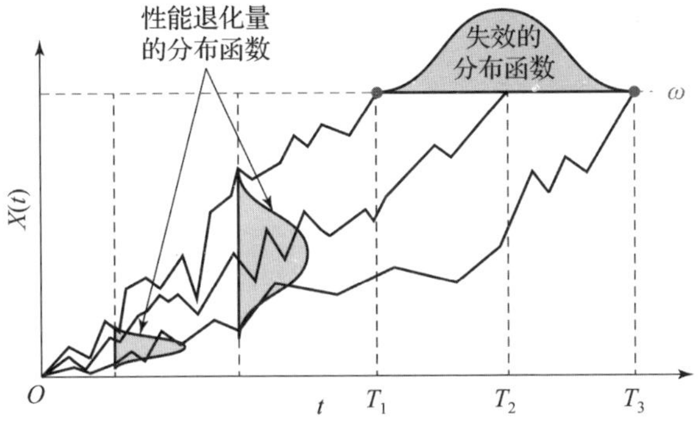

图 2.1　设备随机退化特性

设备退化过程的不确定性可以通过随机过程描述。基于上述假设，研究人员采用特定随机过程来拟合设备的退化过程，提出了 Gamma 过程模型、Inverse Gaussian 过程模型及 Wiener 过程模型等随机退化模型[170-174]。其中，Gamma 过程与 Inverse Gaussian 过程具备严格单调性，而 Wiener 过程不必满足严格单调约束，这使 Wiener 过程被广泛应用于具有单调或非单调退化特性的设备，加之 Wiener 过程具有良好的数学特性，使其成为当前随机退化建模研究的主流。本书主要基于 Wiener 过程开展设备的退化建模研究，若无特殊说明，本书以下部分所提到的随机退化模型均指 Wiener 过程模型。

2.3　考虑个体差异的设备非线性退化建模

2.3.1　线性 Wiener 退化模型

Wiener 过程是一种基于布朗运动的随机过程，也称为布朗运动过程[175]。布

朗运动主要认为悬浮微粒的运动是液体分子碰撞导致的，由于碰撞的随机性，其位移的方向和大小具有不确定性，且由于碰撞次数极大，基于中心极限定理可认为其位移近似服从正态分布。对应于设备的性能退化过程可知，Wiener 退化模型具有如下基本性质：

（1）任意时间增量$(t+\Delta t)-t$内，设备性能退化的增量$X(t+\Delta t)-X(t)$服从正态分布$N(\lambda\Delta t,\sigma_B^2\Delta t)$；

（2）任意不相交时间区域$[t_1,t_1+\Delta t_1]$与$[t_2,t_2+\Delta t_2]$，$t_1+\Delta t_1\leqslant t_2$，对应的性能退化的增量$X(t_1+\Delta t_1)-X(t_1)$与$X(t_2+\Delta t_2)-X(t_2)$相互独立；

（3）$X(t)$为连续函数。

由上述基本性质可知，Wiener 过程是连续的独立增量过程，其一般表达式为

$$X(t)=X(0)+\lambda t+\sigma_B^2B(t) \tag{2.3}$$

式中：$X(t)$为t时刻设备的性能退化量；$X(0)$为初始时刻设备的性能退化量，一般认为$X(0)=0$；λ为漂移系数，表征设备性能退化的速率；$B(t)$为标准布朗运动，且$B(t)\sim N(0,t),B(t+\Delta t)-B(t)\sim N(0,\Delta t)$；$\sigma_B$为扩散系数，表征退化过程的时变不确定性。

具备退化失效模式设备的失效时间（寿命）一般定义为设备性能退化量首次达到失效阈值的时间，也称首达时[123]，即

$$T=\inf\{t:X(t)\geqslant\omega\mid X(0)<\omega\} \tag{2.4}$$

基于首达时的概念，可推导出设备的寿命T服从逆高斯分布[176-177]，具体表达式为

$$f_T(t)=\frac{\omega}{\sqrt{2\pi\sigma_B^2t^3}}\exp\left(-\frac{(\omega-\lambda t)^2}{2\sigma_B^2t}\right) \tag{2.5}$$

设备寿命的期望和方差分别为

$$E(T)=\frac{\omega}{\lambda} \tag{2.6}$$

$$D(T)=\frac{\omega\sigma_B^2}{\lambda^3} \tag{2.7}$$

需要注意，式（2.4）所示设备寿命的定义偏保守，因为随机退化过程可能在超过失效阈值后又恢复至正常状态[75,178]，从而缩短了设备的有效运行时间。但考虑到机载设备高可靠、高安全的特殊性要求，偏保守的寿命定义更有助于保证设备运行的安全性，因而机载设备寿命为首达时的定义应予以严格执行。

2.3.2 非线性 Wiener 退化模型

机载设备组成结构和使用环境的复杂性使其退化过程往往呈现出较强的非线性，导致线性 Wiener 过程模型无法准确刻画其退化规律，影响了剩余寿命预测的准确性。因此，需将线性 Wiener 过程模型拓展至非线性情形。非线性 Wiener 过程模型的一般表达式为

$$X(t)=X(0)+\lambda\Lambda(t|\boldsymbol{\theta})+\sigma_B B(t) \tag{2.8}$$

式中：$\Lambda(t|\boldsymbol{\theta})$为时间 t 的非线性函数；$\boldsymbol{\theta}$ 为未知参量。

由于式（2.8）所示的非线性 Wiener 退化模型在非线性条件下运行，难以直接求解出如式（2.5）所示的失效分布封闭解。为解决上述问题，首先给出引理 2.1。

引理 2.1[179] 假设随机过程的 $X(t)$的漂移系数为 $a(x,t)$、扩散系数为 $b(x,t)$，且存在任意一组时间 t 的函数 $\xi_1(t)$ 与 $\xi_2(t)$ 使得下式成立：

$$a(x,t)=4\frac{\partial b(x,t)}{\partial x}+\frac{\sqrt{b(x,t)}}{2}\left(\xi_1(t)+\int_0^x\frac{\xi_2(t)b(z,t)+\partial b(z,t)/\partial \mathrm{t}}{\sqrt{(b(z,t))^3}}\mathrm{d}z\right) \tag{2.9}$$

则存在一组时间－空间变换

$$\begin{cases}\bar{x}=\alpha(t,x)\\ \bar{t}=\beta(t)\end{cases} \tag{2.10}$$

使得原随机过程 $X(t)$的柯尔莫哥洛夫方程转化为标准布朗运动的柯尔莫哥洛夫方程，变换公式为

$$\begin{cases}\alpha(t,x)=\sqrt{C_1}\exp\left(-\dfrac{1}{2}\displaystyle\int_0^t\xi_2(\tau)\mathrm{d}\tau\right)\displaystyle\int_0^x\frac{1}{\sqrt{b(z,t)}}\mathrm{d}z-\\ \qquad\qquad\dfrac{\sqrt{C_1}}{2}\displaystyle\int_0^t\xi_1(\tau)\exp\left(-\dfrac{1}{2}\displaystyle\int_0^\tau\xi_2(u)\mathrm{d}u\right)\mathrm{d}\tau\\ \beta(t)=C_1\displaystyle\int_0^t\exp\left(-\dfrac{1}{2}\displaystyle\int_0^\tau\xi_2(u)\mathrm{d}u\right)\mathrm{d}\tau\end{cases} \tag{2.11}$$

式中：C_1 为非负的任意常数；$t\in[0,+\infty)$。

引理 2.1 的具体证明过程详见文献［179］，本书不再进行详细说明。

利用引理 2.1 可把求解随机过程 $X(t)$首次达到阈值 ω 对应时间问题转换为求解标准布朗运动首次到达某一时变边界对应时间的问题。由此可将设备寿命的定义式改写为

$$T=\inf\{t:B(t)\geqslant\omega_{B(t)}(t)\} \tag{2.12}$$

基于上述分析，若设备的退化过程如式（2.8）所示，则可得其首达时的概

率密度函数表达式为

$$f_{X(t)}(\omega,t)=f_{B(t)}(\omega_{B(t)}(t),t)\frac{\mathrm{d}\beta(t)}{\mathrm{d}t} \tag{2.13}$$

式中：$f_{B(t)}(\omega_{B(t)}(t),t)$为标准布朗运动首次达到时变边界$\omega_{B(t)}(t)$时对应时间的概率密度函数，对应时空变换公式为

$$\begin{cases}\alpha(t,x)=\dfrac{x-\lambda\Lambda(t|\boldsymbol{\theta})}{\sigma_B}\\ \beta(t)=t\\ \omega_{B(t)}(t)=\dfrac{\omega-\lambda\Lambda(t|\boldsymbol{\theta})}{\sigma_B}\end{cases} \tag{2.14}$$

式（2.13）与式（2.14）的证明过程如下：

由式（2.8）可知，$a(x,t)=\lambda\mathrm{d}\Lambda(t|\boldsymbol{\theta})/\mathrm{d}t$，$b(x,t)=\sigma_B^2$，代入式（2.9）可得

$$\lambda\frac{\mathrm{d}\Lambda(t|\boldsymbol{\theta})}{\mathrm{d}t}=\frac{\sigma_B}{2}\left(\xi_1(t)+\int_0^x\frac{\xi_2(t)}{\sigma_B}\mathrm{d}z\right) \tag{2.15}$$

由于$\xi_1(t)$与$\xi_2(t)$必定存在，易得使式（2.15）成立的一组解：

$$\begin{cases}\xi_1(t)=\dfrac{2\lambda}{\sigma_B}\dfrac{\mathrm{d}\Lambda(t|\boldsymbol{\theta})}{\mathrm{d}t}\\ \xi_2(t)=0\end{cases} \tag{2.16}$$

利用式（2.16）与引理2.1，即可将式（2.8）所示非线性 Wiener 退化过程转化为标准布朗运动，且对应的时空变换公式为

$$\begin{cases}\alpha(t,x)=\dfrac{x-\lambda\Lambda(t|\boldsymbol{\theta})}{\sigma_B}\\ \beta(t)=t\end{cases} \tag{2.17}$$

为便于分析，且考虑到C_1为非负的任意常数，令$C_1=1$。

进一步，利用经时空变换的参量$\bar{x}$与$\bar{t}$，可得标准布朗运动对应的时变边界条件为

$$\begin{aligned}\omega_{B(t)}(\bar{t})&=\alpha(\varphi_1^{-1}(\bar{t}),\varphi_2^{-1}(\bar{\omega}))-\alpha(0,0)\\&=\alpha(t,\omega)-\alpha(0,0)=\frac{\omega-\lambda\Lambda(t|\boldsymbol{\theta})}{\sigma_B}\\&=\omega_{B(t)}(t)\end{aligned} \tag{2.18}$$

式中：$\varphi_1^{-1}(\bar{t}),\varphi_2^{-1}(\bar{\omega})$分别为经时空变换后时间和空间变换求反函数，且易知$\varphi_1^{-1}(\bar{t})=t,\varphi_2^{-1}(\bar{\omega})=\omega$。

进一步可得式（2.8）所示非线性 Wiener 退化过程首达时的概率密度函数表

达式为

$$
\begin{aligned}
f_{X(t)}(\omega,t) &= f_{B(t)}(\omega_{B(t)}(\bar{t}), \bar{t})\frac{\mathrm{d}\beta(t)}{\mathrm{d}t} \\
&= f_{B(t)}(\omega_{B(t)}(\beta(t)),\beta(t))\frac{\mathrm{d}\beta(t)}{\mathrm{d}t} \\
&= f_{B(t)}(\omega_{B(t)}(t),t)\frac{\mathrm{d}\beta(t)}{\mathrm{d}t}
\end{aligned} \tag{2.19}
$$

证明完毕。

为得到非线性 Wiener 退化过程首达时对应概率密度函数的封闭表达式，给出引理 2.2。

引理 2.2[180] 针对标准布朗运行过程，其首达边界 $\omega(t)$ 时对应时间的概率密度函数为

$$
f_{B(t)}(\omega(t),t) = \Omega(t)W(t) \tag{2.20}
$$

式中

$$
W(t) = \frac{1}{\sqrt{2\pi t}}\exp\left(-\frac{\omega^2(t)}{2t}\right) \tag{2.21}
$$

$$
\Omega(t) = \lim_{s\to t}\frac{E(I(s,B)(\omega(s)-B(s)\mid B(t)=\omega(t)))}{t-s} \tag{2.22}
$$

式中：$I(s,B)$ 为示性函数，且当标准布朗运动在 s 时刻前未超过边界时等于 1，否则等于 0。非线性函数 $\Lambda(t\mid\boldsymbol{\theta})$ 的影响，导致 $\Omega(t)$ 具有不确定性，难以直接求出 $f_{X(t)}(\omega,t)$ 的解析解。为此，Si 等[76]提出了假设，忽略掉 t 时刻前随机过程到达边界的概率，具体表示为 $I(s,B)\approx 1, s<t$。

基于上述假设，利用标准布朗运动的 L'Hospital 定理可得

$$
\begin{aligned}
\Omega(t) &\approx \lim_{s\to t}\frac{E((\omega(s)-B(s)\mid B(t)=\omega(t)))}{t-s} \\
&= \lim_{s\to t}\frac{\omega(s)-E(B(s)\mid B(t)=\omega(t))}{t-s} \\
&= \lim_{s\to t}\frac{\omega(s)-s\omega(t)}{t-s} \\
&= \frac{\omega(t)}{t}-\frac{\mathrm{d}\omega(t)}{\mathrm{d}t}
\end{aligned} \tag{2.23}
$$

令 $\omega(t)=\omega_{B(t)}(t)$，联立式（2.19）~式（2.21）与式（2.23），可得到 $f_{X(t)}(\omega,t)$ 的渐进解析解：

$$
\begin{aligned}
f_T(t) &= f_{B(t)}(\omega(t),t) \\
&\approx \frac{1}{\sqrt{2\pi\sigma_B^2 t^3}}(\omega-\lambda\chi(t\mid\boldsymbol{\theta}))\exp\left(-\frac{(\omega-\lambda\Lambda(t\mid\boldsymbol{\theta}))^2}{2\sigma_B^2 t}\right)
\end{aligned} \tag{2.24}
$$

式中

$$\chi(t|\boldsymbol{\theta}) = \Lambda(t|\boldsymbol{\theta}) - t\mathrm{d}\Lambda(t|\boldsymbol{\theta})/\mathrm{d}t$$

2.3.3 考虑个体差异的非线性 Wiener 退化模型

式（2.24）大多用于描述一类设备总体的失效（寿命）分布情况，而其对设备个体失效分布的描述并不准确，原因主要是式（2.24）无法体现设备不同个体间退化的差异性。为了解决该问题，在式（2.8）所示非线性退化过程中引入随机参数 λ，并令其满足正态分布 $N(\mu_\lambda,\sigma_\lambda^2)$，以体现设备退化过程的个体差异性。

为求解考虑个体差异性时机载设备失效分布的表达式，给出引理 2.3。

引理 2.3[76] 若 $D\sim N(\mu,\sigma^2)$，且 $A,E,F\in\mathbf{R},G\in\mathbf{R}^+$，则

$$E_D\left[(A-ED)\exp\left(-\frac{(A-FD)^2}{2G}\right)\right] = \sqrt{\frac{G}{F^2\sigma^2+G}}\exp\left(-\frac{(A-F\mu)^2}{2(F^2\sigma^2+G)}\right)\left(A-E\frac{F\sigma^2A+\mu G}{F^2\sigma^2+G}\right) \tag{2.25}$$

引理 2.3 的证明过程详见文献［76］，本书不再详细说明。

基于全概率公式，易得

$$f_T(t) = \int_{-\infty}^{+\infty} f_{T|\lambda}(t|\lambda)\mathrm{d}\lambda = E_\lambda[f_{T|\lambda}(t|\lambda)] \tag{2.26}$$

令 $\omega=A$，$\lambda=D$，$E=\Lambda(t|\boldsymbol{\theta})-t(\mathrm{d}\Lambda(t|\boldsymbol{\theta})/\mathrm{d}t)$，$F=\Lambda(t|\boldsymbol{\theta})$，$G=\sigma_B^2t$，利用引理 2.3，可得到考虑个体差异性时机载设备对应的失效（寿命）概率分布表达式为

$$f_T(t)\approx\frac{1}{\sqrt{2\pi t^2(\Lambda(t|\boldsymbol{\theta})^2\sigma_\lambda^2+\sigma_B^2t)}}\times\exp\left(-\frac{(\omega-\Lambda(t|\boldsymbol{\theta})\mu_\lambda)^2}{2(\Lambda(t|\boldsymbol{\theta})^2\sigma_\lambda^2+\sigma_B^2t)}\right)\times\left(\omega-\chi(t|\boldsymbol{\theta})\frac{\Lambda(t|\boldsymbol{\theta})\sigma_\lambda^2\omega+\mu_\lambda\sigma_B^2t}{\Lambda(t|\boldsymbol{\theta})^2\sigma_\lambda^2+\sigma_B^2t}\right) \tag{2.27}$$

2.4 先验参数估计

目前，针对退化模型的先验参数估计方法总体上可归结为基于 MLE 算法的参数估计方法和基于 EM 算法的参数估计方法。本节主要针对两类算法的运算过程进行说明。

2.4.1 基于 MLE 算法的参数估计

假设有 N 台设备的性能退化数据，其中第 $n(i=1,2,\cdots,N)$ 台设备在第 $i(i=$

$1,2,\cdots,m_n$)时刻对应的性能退化量为 $X(t_{i,n})$，则 $\boldsymbol{X}_n=[X(t_{1,n}),X(t_{2,n}),\cdots,X(t_{m_n,n})]^{\mathrm{T}}$ 为第 n 台设备对应的全部性能退化数据，而 m_n 为第 n 台设备的总状态监测次数。令 $\Delta X_{i,n}=X(t_{i,n})-X(t_{i-1,n})$，易得 $\Delta\boldsymbol{X}_n=[\Delta X_{1,n},\Delta X_{2,n},\cdots,\Delta X_{m_n,n}]^{\mathrm{T}}$。进一步，由 Wiener 过程的基本性质可知，$\Delta\boldsymbol{X}_n$ 对应的期望和方差分别为[76]

$$E(\Delta\boldsymbol{X}_n)=\mu_\lambda\Delta\boldsymbol{T}_n$$
$$\boldsymbol{\Sigma}_n=\sigma_\lambda^2\Delta\boldsymbol{T}_n\Delta\boldsymbol{T}_n^{\mathrm{T}}+\boldsymbol{\Omega}_n \tag{2.28}$$

式中：$\Delta\boldsymbol{T}_n=[\Delta T_{1,n},\Delta T_{2,n},\cdots,\Delta T_{m_n,n}]^{\mathrm{T}}$，$\Delta T_{i,n}=\Lambda(t_{i,n}|\boldsymbol{\theta})-\Lambda(t_{i-1,n}|\boldsymbol{\theta})$；$\boldsymbol{\Omega}_n=\sigma_B^2\boldsymbol{D}_n$，其中 $\boldsymbol{D}_n=\mathrm{diag}(\Delta t_{1,n},\Delta t_{2,n},\cdots,\Delta t_{m_n,n})$，$t_{0,n}=0$，$\Delta t_{i,n}=t_{i,n}-t_{i-1,n}$

令 $\boldsymbol{\Theta}$ 表示考虑个体差异的非线性 Wiener 退化模型的全部未知参数，则 $\boldsymbol{\Theta}=\{\mu_\lambda,\sigma_\lambda^2,\sigma_B^2,\boldsymbol{\theta}\}$。令 $\boldsymbol{X}_{1:N}$表示 N 台设备的全部性能退化数据，则 $\boldsymbol{X}_{1:N}=\{\boldsymbol{X}_1,\boldsymbol{X}_2,\cdots,\boldsymbol{X}_N\}$。基于上述分析，可得 $\boldsymbol{X}_{1:N}$对应的对数似然函数为

$$\begin{aligned}\ln L(\boldsymbol{X}_{1:N}|\boldsymbol{\Theta})=&-\frac{\ln(2\pi)}{2}\sum_{n=1}^{N}m_n-\frac{1}{2}\sum_{n=1}^{N}\ln(|\boldsymbol{\Sigma}_n|)-\\&\frac{1}{2}\sum_{n=1}^{N}(\Delta\boldsymbol{X}_n-\mu_\lambda\boldsymbol{T}_n)^{\mathrm{T}}\boldsymbol{\Sigma}_n^{-1}(\Delta\boldsymbol{X}_n-\mu_\lambda\boldsymbol{T}_n)\end{aligned} \tag{2.29}$$

为简化计算，需对式（2.29）进行适当变形。令 $\tilde{\sigma}_B^2=\sigma_B^2/\sigma_\lambda^2$，$\tilde{\boldsymbol{\Sigma}}_i=\boldsymbol{\Sigma}_i/\sigma_\lambda^2$，则式（2.29）等价于

$$\begin{aligned}\ln L(\boldsymbol{X}_{1:N}|\boldsymbol{\Theta})=&-\frac{\ln(2\pi)}{2}\sum_{n=1}^{N}m_n-\frac{1}{2}\ln\sigma_\lambda^2\sum_{n=1}^{N}m_n-\frac{1}{2}\sum_{n=1}^{N}\ln(|\tilde{\boldsymbol{\Sigma}}_n|)-\\&\frac{1}{2\sigma_\lambda^2}\sum_{n=1}^{N}\sum_{n=1}^{N}(\Delta\boldsymbol{X}_n-\mu_\lambda\boldsymbol{T}_n)^{\mathrm{T}}\tilde{\boldsymbol{\Sigma}}_n^{-1}(\Delta\boldsymbol{X}_n-\mu_\lambda\boldsymbol{T}_n)\end{aligned} \tag{2.30}$$

基于 MLE 算法对参数 $\boldsymbol{\Theta}$ 进行估计，首先需求解似然函数 $\ln L(\boldsymbol{X}_{1:N}|\boldsymbol{\Theta})$关于漂移系数均值 μ_λ 和方差 σ_λ^2 的偏导，具体为

$$\frac{\partial\ln L(\boldsymbol{X}_{1:N}|\boldsymbol{\Theta})}{\partial\mu_\lambda}=\frac{1}{\sigma_\lambda^2}\left(\sum_{n=1}^{N}\boldsymbol{T}_n^{\mathrm{T}}\tilde{\boldsymbol{\Sigma}}_n^{-1}\Delta\boldsymbol{X}_n-\mu_\lambda\sum_{n=1}^{N}\boldsymbol{T}_n^{\mathrm{T}}\tilde{\boldsymbol{\Sigma}}_n^{-1}\boldsymbol{T}_n\right) \tag{2.31}$$

$$\frac{\partial\ln L(\boldsymbol{Y})}{\partial\sigma_\lambda^2}=-\frac{1}{2\sigma_\lambda^2}\sum_{n=1}^{N}m_n+\frac{1}{2(\sigma_\lambda^2)^2}\sum_{n=1}^{N}(\Delta\boldsymbol{X}_n-\mu_\lambda\boldsymbol{T}_n)^{\mathrm{T}}\tilde{\boldsymbol{\Sigma}}_n^{-1}(\Delta\boldsymbol{X}_n-\mu_\lambda\boldsymbol{T}_n) \tag{2.32}$$

令式（2.31）与式（2.32）等于0，可得 μ_λ 和 σ_λ^2 的极大似然估计值为

$$\hat{\mu}_\lambda=\frac{\sum_{n=1}^{N}\boldsymbol{T}_n^{\mathrm{T}}\tilde{\boldsymbol{\Sigma}}_n^{-1}\Delta\boldsymbol{X}_n}{\sum_{n=1}^{N}\boldsymbol{T}_n^{\mathrm{T}}\tilde{\boldsymbol{\Sigma}}_n^{-1}\boldsymbol{T}_n} \tag{2.33}$$

$$\hat{\sigma}_\lambda^2 = \frac{\sum_{n=1}^{N} (\Delta \boldsymbol{X}_n - \hat{\mu}_\lambda \boldsymbol{T}_n)^{\mathrm{T}} \tilde{\boldsymbol{\Sigma}}_n^{-1} (\Delta \boldsymbol{X}_n - \hat{\mu}_\lambda \boldsymbol{T}_n)}{\sum_{n=1}^{N} m_n} \tag{2.34}$$

易知，$\hat{\mu}_\lambda$ 与 $\hat{\sigma}_\lambda^2$ 中仍有隐含变量 $\tilde{\sigma}_B^2$、$\boldsymbol{\theta}$，为求解隐含变量 $\tilde{\sigma}_B^2$、$\boldsymbol{\theta}$ 的估计值，将式（2.33）和式（2.34）代入式（2.30），可得

$$\ln L(\boldsymbol{X}_{1:N} | \boldsymbol{\Theta}) = -\frac{1 + \ln(2\pi) + \ln\hat{\sigma}_\lambda^2}{2} \sum_{n=1}^{N} m_n - \frac{1}{2} \sum_{n=1}^{N} \ln(|\tilde{\boldsymbol{\Sigma}}_n|) \tag{2.35}$$

最大化式（2.35）即可得到 $\tilde{\sigma}_B^2$、$\boldsymbol{\theta}$ 的极大似然估计值。将 $\tilde{\sigma}_B^2$、$\boldsymbol{\theta}$ 的估计值分别代入式（2.33）和式（2.34），即可得到μ_λ、σ_λ^2 及 σ_B^2 的估计值。

2.4.2 基于 EM 算法的参数估计

基于非线性 Wiener 过程的基本性质可知，性能退化量 $\boldsymbol{X}_{1:N}$与漂移系数 λ 关于未知参数 $\boldsymbol{\Theta}$ 的联合对数似然函数为

$$\begin{aligned} \ln L(\boldsymbol{X}_{1:N}, \lambda | \boldsymbol{\Theta}) = & -\frac{\ln 2\pi + \ln\sigma_B^2}{2} \sum_{n=1}^{N} m_n - \\ & \frac{1}{2} \sum_{n=1}^{N} \sum_{i=1}^{m_n} \ln \Delta t_{i,n} - \sum_{n=1}^{N} \sum_{i=1}^{m_n} \frac{1}{\Delta t_{i,n}} (\Delta X_{i,n} - \lambda_n \Delta T_{i,n})^2 - \\ & \frac{N\ln 2\pi}{2} - \frac{N\ln\sigma_\lambda^2}{2} - \frac{1}{2\sigma_\lambda^2} \sum_{n=1}^{N} (\lambda_n - \mu_\lambda)^2 \end{aligned} \tag{2.36}$$

EM 算法采用迭代的方式逐步逼近最优解[100]。令 $\hat{\boldsymbol{\Theta}}_{(j)} = (\hat{\mu}_{\lambda(j)}, \hat{\sigma}_{\lambda(j)}^2, \hat{\boldsymbol{\theta}}_{(j)}, \hat{\sigma}_{B(j)}^2)$表示 EM 算法中第 j 步迭代后得到的退化模型先验参数估计值，则第 $j+1$ 步迭代过程可分为如下两部分：

E 步：计算联合对数似然函数的期望。

$$\begin{aligned} L(\boldsymbol{\Theta} | \hat{\boldsymbol{\Theta}}_{(j)}) & = E_{\lambda | \boldsymbol{X}_{1:N}, \hat{\boldsymbol{\Theta}}_{(j)}} (\ln L(\boldsymbol{X}_{1:N}, \lambda | \hat{\boldsymbol{\Theta}}_j)) \\ & = -\frac{\ln 2\pi + \ln\sigma_B^2}{2} \sum_{n=1}^{N} m_n - \frac{1}{2} \sum_{n=1}^{N} \sum_{i=1}^{m_n} \ln\Delta t_{i,n} - \frac{N\ln 2\pi}{2} - \frac{N\ln\sigma_\lambda^2}{2} - \\ & \sum_{n=1}^{N} \sum_{i=1}^{m_n} \frac{1}{\Delta t_{i,n}} [(\Delta X_{i,n} - E_\lambda(\lambda_n | \boldsymbol{X}_n, \hat{\boldsymbol{\Theta}}_{(j)}) \Delta T_{i,n})^2 + \\ & D_\lambda(\lambda_n | \boldsymbol{X}_n, \hat{\boldsymbol{\Theta}}_{(j)}) \Delta T_{i,n}^2] - \\ & \frac{1}{2\sigma_\lambda^2} \sum_{n=1}^{N} [(E_\lambda(\lambda_n | \boldsymbol{X}_n, \hat{\boldsymbol{\Theta}}_{(j)}) - \mu_\lambda)^2 + D_\lambda(\lambda_n | \boldsymbol{X}_n, \hat{\boldsymbol{\Theta}}_{(j)})] \end{aligned} \tag{2.37}$$

已知 $\hat{\boldsymbol{\Theta}}_{(j)}$、$\boldsymbol{X}_n$ 的情况下，根据贝叶斯原理可知，$\lambda_n|\boldsymbol{X}_n,\hat{\boldsymbol{\Theta}}_{(j)}$ 服从正态分布。令 $\lambda_n|\boldsymbol{X}_n,\hat{\boldsymbol{\Theta}}_{(j)} \sim N(E_\lambda(\lambda_n|\boldsymbol{X}_n,\hat{\boldsymbol{\Theta}}_{(j)}),D_\lambda(\lambda_n|\boldsymbol{X}_n,\hat{\boldsymbol{\Theta}}_{(j)}))$，可得

$$E_\lambda(\lambda_n|\boldsymbol{X}_n,\hat{\boldsymbol{\Theta}}_{(j)}) = \frac{\hat{\sigma}^2_{\lambda(j)}\sum_{i=1}^{m_n}\frac{\Delta T_{i,n}\Delta X_{i,n}}{\Delta t_{i,n}} + \hat{\sigma}^2_{B(j)}\hat{\mu}_{\lambda(j)}}{\hat{\sigma}^2_{\lambda(j)}\sum_{i=1}^{m_n}\frac{(\Delta T_{i,n})^2}{\Delta t_{i,n}} + \hat{\sigma}^2_{B(j)}} \tag{2.38}$$

$$D_\lambda(\lambda_n|\boldsymbol{X}_n,\hat{\boldsymbol{\Theta}}_{(j)}) = \frac{1}{\frac{1}{\hat{\sigma}^2_{B(j)}}\sum_{i=1}^{m_n}\frac{(\Delta T_{i,n})^2}{\Delta t_{i,n}} + \frac{1}{\hat{\sigma}^2_{\lambda(j)}}} \tag{2.39}$$

M 步：最大化 $L(\boldsymbol{\Theta}|\hat{\boldsymbol{\Theta}}_{(j)})$。

$$\hat{\boldsymbol{\Theta}}_{(j+1)} = \arg\max_{\boldsymbol{\Theta}} L(\boldsymbol{\Theta}|\hat{\boldsymbol{\Theta}}_{(j)}) \tag{2.40}$$

对式（2.37）分别求 μ_λ、σ^2_λ、σ^2_B 偏导数，可得

$$\frac{\partial L(\boldsymbol{\Theta}|\hat{\boldsymbol{\Theta}}_{(j)})}{\partial\mu_\lambda} = \frac{1}{\sigma^2_\lambda}\sum_{n=1}^{N}(\mu_\lambda - E_\lambda(\lambda_n|\boldsymbol{X}_n,\hat{\boldsymbol{\Theta}}_{(j)})) \tag{2.41}$$

$$\frac{\partial L(\boldsymbol{\Theta}|\hat{\boldsymbol{\Theta}}_{(j)})}{\partial\sigma^2_\lambda} = -\frac{N}{2\sigma^2_\lambda} + \frac{1}{2(\sigma^2_\lambda)^2}\sum_{n=1}^{N}[(E_\lambda(\lambda_n|\boldsymbol{X}_n,\hat{\boldsymbol{\Theta}}_{(j)}) - \mu_\lambda)^2 + D_\lambda(\lambda_n|\boldsymbol{X}_n,\hat{\boldsymbol{\Theta}}_{(j)})] \tag{2.42}$$

$$\frac{\partial L(\boldsymbol{\Theta}|\hat{\boldsymbol{\Theta}}_{(j)})}{\partial\sigma^2_B} = -\frac{1}{2\sigma^2_B}\sum_{n=1}^{N}m_n + \frac{1}{2(\sigma^2_B)^2}\times \sum_{n=1}^{N}\sum_{i=1}^{m_n}\frac{1}{\Delta t_{i,n}}[(\Delta X_{i,n} - E_\lambda(\lambda_n|\boldsymbol{X}_n,\hat{\boldsymbol{\Theta}}_{(j)})\Delta T_{i,n})^2 + D_\lambda(\lambda_n|\boldsymbol{X}_n,\hat{\boldsymbol{\Theta}}_{(j)})\Delta T^2_{i,n}] \tag{2.43}$$

令式（2.41）~式（2.43）等于0，可得

$$\hat{\mu}_{\lambda(j+1)} = \frac{1}{N}\sum_{n=1}^{N}E_\lambda(\lambda_n|\boldsymbol{X}_n,\hat{\boldsymbol{\Theta}}_{(j)}) \tag{2.44}$$

$$\hat{\sigma}^2_{\lambda(j+1)} = \frac{1}{N}\sum_{n=1}^{N}[(E_\lambda(\lambda_n|\boldsymbol{X}_n,\hat{\boldsymbol{\Theta}}_{(j)}) - \hat{\mu}_{\lambda(j+1)})^2 + D_\lambda(\lambda_n|\boldsymbol{X}_n,\hat{\boldsymbol{\Theta}}_{(j)})] \tag{2.45}$$

$$\hat{\sigma}^2_{B(j+1)} = \frac{\sum_{n=1}^{N}\sum_{i=1}^{m_n}\frac{1}{\Delta t_{i,n}}[(\Delta X_{i,n} - E_\lambda(\lambda_n|\boldsymbol{X}_n,\hat{\boldsymbol{\Theta}}_{(j)})\Delta T_{i,n})^2 + D_\lambda(\lambda_n|\boldsymbol{X}_n,\hat{\boldsymbol{\Theta}}_{(j)})\Delta T^2_{i,n}]}{\sum_{n=1}^{N}m_n}$$

(2.46)

将式（2.44）~式（2.46）代入式（2.37），可得

$$L(\boldsymbol{\Theta}|\hat{\boldsymbol{\Theta}}_{(j)},\hat{\mu}_{\lambda(j+1)},\hat{\sigma}^2_{\lambda(j+1)},\hat{\sigma}^2_{B(j+1)}) = -\frac{1}{2}\sum_{n=1}^{N}\sum_{i=1}^{m_n}\ln\Delta t_{i,n} - \frac{1+N}{2}\ln 2\pi - \frac{\ln 2\pi}{2}\sum_{n=1}^{N}m_n - \\ -\frac{1}{2}\sum_{n=1}^{N}m_n(\ln\hat{\sigma}^2_{B(j+1)}) - \frac{N}{2}(\ln\hat{\sigma}^2_{\lambda(j+1)}) - \\ \sum_{n=1}^{N}\sum_{i=1}^{m_n}\frac{1}{\Delta t_{i,n}}[(\Delta X_{i,n} - E_\lambda(\lambda_n|\boldsymbol{X}_n,\hat{\boldsymbol{\Theta}}_{(j)})\Delta T_{i,n})^2 + \\ D_\lambda(\lambda_n|\boldsymbol{X}_n,\hat{\boldsymbol{\Theta}}_{(j)})\Delta T^2_{i,n}] \tag{2.47}$$

求解函数 $L(\boldsymbol{\Theta}|\hat{\boldsymbol{\Theta}}_{(j)},\hat{\mu}_{\lambda(j+1)},\hat{\sigma}^2_{\lambda(j+1)},\hat{\sigma}^2_{B(j+1)})$ 的最大值，即可得到 $\hat{\boldsymbol{\theta}}_{(j+1)}$。通过迭代进行 E 步和 M 步计算，直至 $\|\hat{\boldsymbol{\Theta}}_{(j+1)}-\hat{\boldsymbol{\Theta}}_{(j)}\|$ 小于规定阈值时终止，即可得到退化模型的先验参数估计值 $\hat{\boldsymbol{\Theta}}$。

2.5 设备剩余寿命预测

2.5.1 基于贝叶斯原理的设备退化状态在线更新

本节基于贝叶斯原理，建立设备退化状态的在线更新机制，并利用目标设备的性能退化数据 $X(t)$ 更新漂移系数的后验分布，进而实现对设备退化状态在线更新。假设 $\boldsymbol{X}_{1:k}=[X_1,X_2,\cdots,X_i,\cdots,X_k]^{\mathrm{T}}$ 为目标设备在 $t_1,t_2,\cdots,t_i,\cdots,t_k$ 时刻（时间间隔可不恒定）的性能退化量。为了在贝叶斯框架下实现对漂移系数的在线更新，给出引理 2.4。

引理 2.4[85] 若 Wiener 过程中漂移系数 λ 的先验分布服从正态分布，则其后验分布也服从正态分布。

令 λ 的先验分布为 $N(\mu_{\lambda_0},\sigma^2_{\lambda_0})$，后验分布为 $N(\mu_{\lambda_k},\sigma^2_{\lambda_k})$，基于引理 2.4 可得漂移系数的更新公式，具体表达如下：

$$\mu_{\lambda_k} = \frac{\sigma^2_{\lambda_0}\sum_{i=1}^{k}\frac{\Delta T_i\Delta X_i}{\Delta t_i} + \sigma^2_B\mu_{\lambda_0}}{\sigma^2_{\lambda_0}\sum_{i=1}^{k}\frac{(\Delta T_i)^2}{\Delta t_i} + \sigma^2_B} \tag{2.48}$$

$$\sigma^2_{\lambda_k} = \frac{\sigma^2_{\lambda_0}\sigma^2_B}{\sigma^2_{\lambda_0}\sum_{i=1}^{k}\frac{(\Delta T_i)^2}{\Delta t_i} + \sigma^2_B} \tag{2.49}$$

引理 2.4 的具体证明过程如下：

由前文分析可知，设备的性能退化量 $X(t)$ 服从非线性 Wiener 过程，基于 Wiener 过程的基本性质可得

$$f_{\boldsymbol{X}_{1:k}}(\boldsymbol{X}_{1:k} \mid \lambda) = (2\pi)^{-\frac{k}{2}} \left|\boldsymbol{\Sigma}_k\right|^{-\frac{1}{2}} \cdot \exp\left(-\frac{1}{2}(\Delta\boldsymbol{X}_k - \lambda\Delta\boldsymbol{T}_k)^{\mathrm{T}} \boldsymbol{\Sigma}_k^{-1} (\Delta\boldsymbol{X}_k - \lambda\boldsymbol{T}_k) \right) \tag{2.50}$$

式中：$\Delta\boldsymbol{X}_k = [\Delta X_{1,}, \Delta X_2, \cdots, \Delta X_k]^{\mathrm{T}}$，其中 $\Delta X_k = X(t_k) - X(t_{k-1})$；$\Delta\boldsymbol{T}_k = [\Delta T_{1,}, \Delta T_2, \cdots, \Delta T_k]^{\mathrm{T}}$，其中 $\Delta T_k = \Lambda(t_k \mid \boldsymbol{\theta}) - \Lambda(t_{k-1} \mid \boldsymbol{\theta})$；$\boldsymbol{\Sigma}_k = \sigma_B^2 \mathrm{diag}(\Delta t_1, \Delta t_2, \cdots, \Delta t_k)$，其中 $\Delta t_k = t_k - t_{k-1}$，$t_0 = 0$，$X(0) = 0$。

假设漂移系数 λ 的先验分布服从正态分布，由正态分布随机变量后验分布的共轭性知漂移系数 λ 仍服从正态分布[87]，即 $\lambda \mid \boldsymbol{X}_{1:k} \sim N(\mu_{\lambda,k}, \sigma_{\lambda,k}^2)$。基于贝叶斯原理可得

$$\begin{aligned}
&f_{\lambda \mid \boldsymbol{X}_{1:k}}(\lambda \mid \boldsymbol{X}_{1:k}) \propto f_{\boldsymbol{X}_{1:k} \mid \lambda}(\boldsymbol{X}_{1:k} \mid \lambda) f(\lambda) \propto \\
&\exp\left(-\frac{1}{2}(\Delta\boldsymbol{X}_k - \lambda\Delta\boldsymbol{T}_k)^{\mathrm{T}} \boldsymbol{\Sigma}_k^{-1} (\Delta\boldsymbol{X}_k - \lambda\Delta\boldsymbol{T}_k) \right) \exp\left(-\frac{1}{2\sigma_\lambda^2}(\lambda - \mu_\lambda)^2 \right) \propto \\
&\exp\left\{ -\frac{1}{2}\left[\lambda^2 \left(\frac{\sigma_\lambda^2 \Delta\boldsymbol{T}_k^{\mathrm{T}} \boldsymbol{\Sigma}_k^{-1} \Delta\boldsymbol{T}_k + 1}{\sigma_\lambda^2} \right) - 2\lambda \left(\frac{\sigma_\lambda^2 \Delta\boldsymbol{X}_k^{\mathrm{T}} \boldsymbol{\Sigma}_k^{-1} \Delta\boldsymbol{T}_k + \mu_\lambda}{\sigma_\lambda^2} \right) \right] \right\} \propto \\
&\exp\left\{ -\frac{1}{2\left(\frac{\sigma_\lambda^2}{\sigma_\lambda^2 \Delta\boldsymbol{T}_k^{\mathrm{T}} \boldsymbol{\Sigma}_k^{-1} \Delta\boldsymbol{T}_k + 1} \right)} \left[\lambda - \left(\frac{\sigma_\lambda^2 \Delta\boldsymbol{X}_k^{\mathrm{T}} \boldsymbol{\Sigma}_k^{-1} \Delta\boldsymbol{T}_k + \mu_\lambda}{\sigma_\lambda^2 \Delta\boldsymbol{T}_k^{\mathrm{T}} \boldsymbol{\Sigma}_k^{-1} \Delta\boldsymbol{T}_k + 1} \right) \right]^2 \right\}
\end{aligned} \tag{2.51}$$

令

$$\mu_{\lambda_k} = \frac{\sigma_{\lambda_0}^2 \Delta\boldsymbol{X}_k^{\mathrm{T}} \boldsymbol{\Sigma}_k^{-1} \Delta\boldsymbol{T}_k + \mu_{\lambda_0}}{\sigma_{\lambda_0}^2 \Delta\boldsymbol{T}_k^{\mathrm{T}} \boldsymbol{\Sigma}_k^{-1} \Delta\boldsymbol{T}_k + 1} \tag{2.52}$$

$$\sigma_{\lambda_k}^2 = \frac{\sigma_{\lambda_0}^2}{\sigma_{\lambda_0}^2 \Delta\boldsymbol{T}_k^{\mathrm{T}} \boldsymbol{\Sigma}_k^{-1} \Delta\boldsymbol{T}_k + 1} \tag{2.53}$$

将式（2.52）、式（2.53）代入式（2.51）可得

$$f_{\lambda \mid \boldsymbol{X}_{1:k}}(\lambda \mid \boldsymbol{X}_{1:k}) \propto \exp\left(-\frac{1}{2\sigma_{\lambda_k}^2}(\lambda - \mu_{\lambda_k})^2 \right) \tag{2.54}$$

由此可以证明漂移系数 λ 的后验分布也服从正态分布，式（2.52）与式（2.53）为漂移系数的更新公式。将 $\Delta\boldsymbol{X}_k$，$\boldsymbol{\Sigma}_k$，$\Delta\boldsymbol{T}_k$ 代入式（2.52）与式（2.53），经过矩阵运算，可得到式（2.48）与式（2.49）所示的漂移系数的更新公式。

2.5.2 基于首达时分布的设备剩余寿命分布推导

假设 l_k 表示设备运行至 t_k 时刻具有的剩余寿命，则可得 $T=t_k+l_k$。基于式（2.4）可推导出 t_k 时刻设备的剩余寿命的定义式为

$$L=\inf\{l_k:X(t_k+l_k)\geqslant\omega\mid X(0)<\omega\} \tag{2.55}$$

令 $\tilde{X}(l_k)=X(t_k+l_k)-X(t_k)$，若设备性能退化过程如式（2.8）所示，则

$$\tilde{X}(l_k)=a\psi(l_k)+bB(l_k) \tag{2.56}$$

式中：$\psi(l_k)=\Lambda(t_k+l_k\mid\boldsymbol{\theta})-\Lambda(t_k\mid\boldsymbol{\theta})$。不失一般性可令 $\tilde{X}(0)=0$。

基于上述分析可知，设备的性能退化状态 $\tilde{X}(l_k)$ 仍满足非线性 Wiener 过程。由此，可将设备剩余寿命的定义式进一步转化为

$$L=\inf\{l_k:\tilde{X}(l_k)\geqslant\omega-x_k\mid\tilde{X}(0)<\omega-x_k\} \tag{2.57}$$

在此基础上，若给定失效阈值 ω，对应式（2.24）所示设备失效分布函数，可得设备剩余寿命的概率密度函数为

$$f_{L_k\mid\omega}(l_k\mid\omega)\approx\frac{(\omega-x_k-\lambda\beta(l_k))}{\sqrt{2\pi\sigma_B^2l_k^3}}\exp\left(-\frac{(\omega-x_k-\lambda\psi(l_k))^2}{2\sigma_B^2l_k}\right) \tag{2.58}$$

其中，

$$\beta(l_k)=\psi(l_k)-(\mathrm{d}\psi(l_k)/\mathrm{d}l_k)l_k$$

考虑设备退化过程的个体差异性，基于全概率公式可得

$$f_{L_k\mid\omega}(l_k\mid\omega)=\int_{-\infty}^{+\infty}f_{L_k\mid\lambda}(l_k\mid\lambda,\omega)\mathrm{d}\lambda=E_\lambda[f_{L_k\mid\lambda}(l_k\mid\lambda,\omega)] \tag{2.59}$$

令式（2.58）中 $\omega-x_k=A$，$\lambda=D$，$\beta(l_k)=E$，$\psi(l_k)=F$，$\sigma_B^2l_k=G$，并将漂移系数的后验估计值代入式（2.59），基于引理 2.3，可得考虑个体差异性时非线性退化设备剩余寿命的概率密度函数为

$$f_{L_k\mid\omega}(l_k\mid\omega)=\left(\omega-x_k-\beta(l_k)\frac{\psi(l_k)\sigma_{\lambda_k}^2(\omega-x_k)+\mu_{\lambda_k}\sigma_B^2l_k}{\psi(l_k)^2\sigma_{\lambda_k}^2+\sigma_B^2l_k}\right)\times$$
$$\frac{1}{\sqrt{2\pi l_k^2(\psi(l_k)^2\sigma_{\lambda_k}^2+\sigma_B^2l_k)}}\exp\left(-\frac{(\omega-x_k-\psi(l_k)\mu_{\lambda_k})^2}{2(\psi(l_k)^2\sigma_{\lambda_k}^2+\sigma_B^2l_k)}\right) \tag{2.60}$$

基于上述分析，可得设备剩余寿命的累积分布函数、可靠度与期望分别为

$$F_{L_k\mid\omega}(l_k\mid\omega)=\int_0^{l_k}f_{L_k\mid\omega}(\tau\mid\omega)\mathrm{d}\tau \tag{2.61}$$

$$R(l_k) = 1 - \int_0^{l_k} f_{L_k \mid \omega}(\tau \mid \omega)\mathrm{d}\tau \tag{2.62}$$

$$E(l_k) = \int_0^{+\infty} l_k f_{L_k \mid \omega}(l_k \mid \omega)\mathrm{d}l_k \tag{2.63}$$

在工程实践中常使用剩余寿命的期望值来直观体现剩余寿命的预测效果，因此也将其称为剩余寿命的预测值。

第3章 随机失效阈值影响下机载设备剩余寿命预测方法

3.1 引言

失效阈值是判定设备退化失效的准则，工程上通常用经验法或统计法来确定，且一般认为失效阈值是固定常数[182-190]。在实际应用过程中，受制造工艺、环境应力、人员操作、维修手段等因素的不确定性影响，导致同类设备不同个体间也存在一定的差异性，这种个体差异在退化过程中主要表现为漂移系数随机性，在失效过程中体现为失效阈值的随机性。例如，机载蓄电池的容量、机载燃油泵的压力等都会随着运行环境和目标个体的不同而发生变化。由第2章分析可知，失效阈值的取值与剩余寿命的分布直接相关，进而对基于剩余寿命预测信息的维修决策产生影响。然而，现有针对随机失效阈值的研究大多以定性分析为主，既缺乏对随机失效阈值分布的合理描述，也未能定量分析随机失效阈值对剩余寿命预测和维修决策的不确定影响。其具体表现为两点不足：一是未提出一种有效的失效阈值分布系数估计方法，难以实现对随机失效阈值的准确估计；二是未开展非线性退化条件下基于随机失效阈值的剩余寿命预测研究，难以实现对剩余寿命的准确预测。

针对上述问题，本章在第2章研究的基础上讨论了随机失效阈值对设备剩余寿命预测的影响问题。首先建立考虑测量误差与个体差异的非线性 Wiener 退化模型和基于截断正态分布的随机失效阈值模型；其次提出基于 EM 算法的参数估计法；再次基于 KF 算法在线更新设备的退化状态，并推导出随机失效阈值影响下设备剩余寿命概率密度函数的近似解析表达式；最后通过数值仿真算例和燃油泵实例分析来验证所提方法的正确性与有效性。

3.2 考虑测量误差与个体差异的设备退化建模

3.2.1 考虑测量误差与个体差异的非线性 Wiener 退化模型

采用2.3.3节提出的考虑个体差异的非线性 Wiener 退化模型构建设备的非线性随机退化模型。在此基础上，考虑到测量手段不完美导致的测量结果不准确的问题，将测量误差引入随机退化建模，得到考虑测量误差与个体差异的非线性 Wiener 退化模型，具体可表示为

$$Y(t)=X(0)+\lambda\Lambda(t\,|\,\boldsymbol{\theta})+\sigma_B B(t)+\varepsilon \tag{3.1}$$

式中：$Y(t)$为设备性能退化量的测量值；λ 为漂移系数，满足 $\lambda\sim N(\mu_\lambda,\sigma_\lambda^2)$，用来反映不同设备个体间退化过程的差异性；$\varepsilon$ 为测量误差项，满足 $\varepsilon\sim N(0,\sigma_\varepsilon^2)$，用来反映因测量手段不完美而导致的退化数据获取的非真实性。为便于分析，常令 λ、ε 与 $B(t)$相互独立。

由设备首达时的概念可知，考虑测量误差条件下设备寿命的定义为[64]

$$T=\inf\{t:X(t)\geqslant\omega\,|\,X(0)<\omega\}=\inf\{t:Y(t)\geqslant\omega+\varepsilon\,|\,X(0)<\omega\}$$

3.2.2 测量误差影响下的非线性 Wiener 退化过程特征分析

在测量误差的影响下，设备的随机退化过程呈现出区别以往模型的新退化特征，其具体表现如下：

(1) 性能退化量测量值的增量存在相关性。

若给定漂移系数 λ，且令 $\Delta Y_k=Y(t_k)-Y(t_{k-1})$，$\Delta t_k=t_k-t_{k-1}$，$t_0=0$，则 ΔY_k 与 ΔY_j 的相关系数为

$$\operatorname{cov}(Y_k,Y_j)=\begin{cases}\sigma_B^2\Delta t_k+\sigma_\varepsilon^2, & k=j=1\\ \sigma_B^2\Delta t_k+2\sigma_\varepsilon^2, & k=j\geqslant 2\\ -\sigma_\varepsilon^2, & k=j+1 \text{ 或 } j=k+1\\ 0, & \text{其他}\end{cases}$$

(2) 性能退化量测量值的增量服从正态分布。

若给定漂移系数 λ，且令 $\Delta\Lambda(t_k\,|\,\boldsymbol{\theta})=\Lambda(t_k\,|\,\boldsymbol{\theta})-\Lambda(t_{k-1}\,|\,\boldsymbol{\theta})$，则可得

$$\Delta Y_k\,|\,\lambda\sim N(\lambda\Delta\Lambda(t_k\,|\,\boldsymbol{\theta}),\sigma_B^2\Delta t_k+\sigma_\varepsilon^2)$$

令 $\Delta\boldsymbol{Y}=(\Delta Y_1,\Delta Y_2,\cdots,\Delta Y_k,\cdots)$表示一台设备对应的全部性能退化量测量值的增量，$\Delta\boldsymbol{\Lambda}=(\Delta\Lambda(t_1\,|\,\boldsymbol{\theta}),\Delta\Lambda(t_2\,|\,\boldsymbol{\theta}),\cdots,\Delta\Lambda(t_k\,|\,\boldsymbol{\theta}),\cdots)$表示全部监测时间的增量，则基于上述特征可知，在给定漂移系数 λ 的条件下，$\Delta\boldsymbol{Y}$ 服从多元正态分

布，且满足

$$\Delta \boldsymbol{Y} | \lambda \sim N(\lambda \Delta \boldsymbol{\Lambda}, \boldsymbol{\Sigma})$$

式中：协方差矩阵 $\boldsymbol{\Sigma}$ 的元素为 $\mathrm{cov}(Y_k, Y_j), k=1,2,\cdots,M, j=1,2,\cdots,M$。

3.3 基于 EM 算法的参数估计

3.3.1 退化模型先验参数估计

由于考虑测量误差与个体差异的非线性 Wiener 退化模型具有复杂性和隐含性，为进一步提升参数估计的准确性，采用 EM 算法对退化模型中的未知参数进行估计。

假设有 N 台设备的进行性能退化试验，第 n 台设备对应的状态监测时刻分别为 $t_{1,n}, t_{2,n}, \cdots, t_{m_n,n}$，在 $t_{i,n}$ 时刻性能退化量的测量值为 $Y_n(t_{i,n})$，而其对应的设备真实性能退化量为 $X_n(t_{i,n})$。若 $\boldsymbol{Y}_n = [Y_n(t_{1,n}), Y_n(t_{2,n}), \cdots, Y_n(t_{m_n,n})]^{\mathrm{T}}$ 表示第 n 台设备的退化监测数据，则 $\boldsymbol{Y}_{1:N} = \{\boldsymbol{Y}_1, \boldsymbol{Y}_2, \cdots, \boldsymbol{Y}_N\}$ 表示所有设备所对应的全部性能退化监测数据。不妨令 $\Delta Y_n(t_{i,n}) = Y_n(t_{i,n}) - Y_n(t_{i-1,n}), \Delta T_{i,n} = \Lambda(t_{i,n} | \boldsymbol{\theta}) - \Lambda(t_{i-1,n} | \boldsymbol{\theta}), \Delta t_{i,n} = t_{i,n} - t_{i-1,n}$，则可得性能退化增量向量 $\Delta \boldsymbol{Y}_n = [\Delta Y_n(t_{1,n}), \Delta Y_n(t_{2,n}), \cdots, \Delta Y_n(t_{m_n,n})]^{\mathrm{T}}$ 与时间增量向量 $\Delta \boldsymbol{T}_n = [\Delta T_{1,n}, \Delta T_{2,n}, \cdots, \Delta T_{m_n,n}]^{\mathrm{T}}$。若设备的性能退化过程如式（3.1）所示，则基于 3.2.2 节分析可知，性能退化的增量 $\Delta \boldsymbol{Y}_n$ 服从多元正态分布，即 $\Delta \boldsymbol{Y}_n \sim N(\boldsymbol{\mu}_n, \boldsymbol{\Sigma}_n)$，其中 $\boldsymbol{\mu}_n$ 为期望，$\boldsymbol{\Sigma}_n$ 为协方差矩阵。

假设 λ_n 为第 n 台设备对应的漂移系数，则 $\boldsymbol{\mu}_n$ 和 $\boldsymbol{\Sigma}_n$ 可表示为

$$\boldsymbol{\mu}_n = \lambda_n \Delta \boldsymbol{T}_n \tag{3.2}$$

$$\boldsymbol{\Sigma}_n = \sigma_B^2 \boldsymbol{D}_n + \sigma_\varepsilon^2 \boldsymbol{F}_n \tag{3.3}$$

式中：λ_n 为独立同分布的正态随机变量；$\boldsymbol{F}_n$ 与 $\boldsymbol{D}_n$ 的具体形式为

$$\boldsymbol{F}_n = \begin{pmatrix} 1 & -1 & 0 & \cdots & 0 \\ -1 & 2 & -1 & \cdots & \vdots \\ 0 & -1 & 2 & & 0 \\ \vdots & \vdots & \vdots & & -1 \\ 0 & 0 & \cdots & -1 & 2 \end{pmatrix}_{m_n \times m_n} \tag{3.4}$$

$$\boldsymbol{D}_n = \begin{pmatrix} \Delta t_{1,n} & & & \\ & \Delta t_{2,n} & & \\ & & \ddots & \\ & & & \Delta t_{m_n,n} \end{pmatrix}_{m_n \times m_n} \tag{3.5}$$

由此可知，$\boldsymbol{Y}_{1:N}$与漂移系数 λ 对应联合对数似然函数为

$$\begin{aligned}\ln L(\boldsymbol{Y}_{1:N},\lambda\mid\boldsymbol{\Theta}) =& -\frac{\ln 2\pi}{2}\sum_{n=1}^{N}m_n-\frac{1}{2}\sum_{n=1}^{N}\ln|\boldsymbol{\Sigma}_n|-\\ &\frac{1}{2}\sum_{n=1}^{N}(\Delta\boldsymbol{Y}_n-\boldsymbol{\mu}_n)^{\mathrm{T}}\boldsymbol{\Sigma}_n^{-1}(\Delta\boldsymbol{Y}_n-\boldsymbol{\mu}_n)-\\ &\frac{N}{2}\ln(2\pi)-\frac{N}{2}\ln\sigma_\lambda^2-\frac{1}{2\sigma_\lambda^2}\sum_{n=1}^{N}(\lambda_n-\mu_\lambda)^2\end{aligned}\tag{3.6}$$

令 $\hat{\boldsymbol{\Theta}}_{(j)}=(\hat{\mu}_{\lambda(j)},\hat{\sigma}_{\lambda(j)}^2,\hat{\boldsymbol{\theta}}_{(j)},\hat{\sigma}_{B(j)}^2,\hat{\sigma}_{\varepsilon(j)}^2)$表示第 j 步迭代后的退化模型先验参数估计值，则第 $j+1$ 步迭代过程可分为如下两部分：

E 步：计算联合对数似然函数的期望。

$$\begin{aligned}L(\boldsymbol{\Theta}|\hat{\boldsymbol{\Theta}}_{(j)}) =& E_{\lambda\mid\boldsymbol{Y}_{1:N},\hat{\boldsymbol{\Theta}}_{(j)}}(\ln L(\boldsymbol{Y}_{1:N},\lambda\mid\hat{\boldsymbol{\Theta}}_j))\\ =& -\frac{\ln(2\pi)}{2}\sum_{n=1}^{N}m_n-\frac{N}{2}\ln 2\pi-\frac{N}{2}\ln\hat{\sigma}_{\lambda(j)}^2-\\ &\frac{1}{2}\sum_{n=1}^{N}\ln|\boldsymbol{\Sigma}_n(\hat{\sigma}_{B(j)}^2,\hat{\sigma}_{\varepsilon(j)}^2)|-\\ &\frac{1}{2}\sum_{n=1}^{N}[(\Delta\boldsymbol{Y}_n-E_\lambda(\lambda_n|\boldsymbol{Y}_n,\hat{\boldsymbol{\Theta}}_{(j)})\Delta\boldsymbol{T}_n)^{\mathrm{T}}\times\\ &\boldsymbol{\Sigma}_n^{-1}(\hat{\sigma}_{B(j)}^2,\hat{\sigma}_{\varepsilon(j)}^2)(\Delta\boldsymbol{Y}_n-E_\lambda(\lambda_n|\boldsymbol{Y}_n,\hat{\boldsymbol{\Theta}}_{(j)})\Delta\boldsymbol{T}_n)+\\ &D_\lambda(\lambda_n|\boldsymbol{Y}_n,\hat{\boldsymbol{\Theta}}_{(j)})\Delta\boldsymbol{T}_n^{\mathrm{T}}\boldsymbol{\Sigma}_n^{-1}(\hat{\sigma}_{B(j)}^2,\hat{\sigma}_{\varepsilon(j)}^2)\Delta\boldsymbol{T}_n]-\\ &\frac{1}{2\hat{\sigma}_{\lambda(j)}^2}\sum_{n=1}^{N}[(E_\lambda(\lambda_n|\boldsymbol{Y}_n,\hat{\boldsymbol{\Theta}}_{(j)})-\hat{\mu}_{\lambda(j)})^2+D_\lambda(\lambda_n|\boldsymbol{Y}_n,\hat{\boldsymbol{\Theta}}_{(j)})]\end{aligned}\tag{3.7}$$

已知 $\hat{\boldsymbol{\Theta}}_{(j)}$与 $\boldsymbol{Y}_n$ 的情况下，根据贝叶斯原理可知，$\lambda_n|\boldsymbol{Y}_n,\hat{\boldsymbol{\Theta}}_{(j)}$服从正态分布。令 $\lambda_n|\boldsymbol{Y}_n,\hat{\boldsymbol{\Theta}}_{(j)}\sim N(E_\lambda(\lambda_n|\boldsymbol{Y}_n,\hat{\boldsymbol{\Theta}}_{(j)}),D_\lambda(\lambda_n|\boldsymbol{Y}_n,\hat{\boldsymbol{\Theta}}_{(j)}))$，可得

$$E_\lambda(\lambda_n|\boldsymbol{Y}_n,\hat{\boldsymbol{\Theta}}_{(j)})=\frac{\hat{\sigma}_{\lambda(j)}^2\Delta\boldsymbol{T}_n^{\mathrm{T}}\boldsymbol{\Sigma}_{n(j)}(\hat{\sigma}_{B(j)}^2,\hat{\sigma}_{\varepsilon(j)}^2)^{-1}\Delta\boldsymbol{Y}_n+\hat{\mu}_{\lambda(j)}}{\hat{\sigma}_{\lambda(j)}^2\Delta\boldsymbol{T}_n^{\mathrm{T}}\boldsymbol{\Sigma}_{n(j)}(\hat{\sigma}_{B(j)}^2,\hat{\sigma}_{\varepsilon(j)}^2)^{-1}\Delta\boldsymbol{T}_n+1}\tag{3.8}$$

$$D_\lambda(\lambda_n|\boldsymbol{Y}_n,\hat{\boldsymbol{\Theta}}_{(j)})=\frac{\hat{\sigma}_{\lambda(j)}^2}{\hat{\sigma}_{\lambda(j)}^2\Delta\boldsymbol{T}_n^{\mathrm{T}}\boldsymbol{\Sigma}_{n(j)}(\hat{\sigma}_{B(j)}^2,\hat{\sigma}_{\varepsilon(j)}^2)^{-1}\Delta\boldsymbol{T}_n+1}\tag{3.9}$$

M 步：最大化 $L(\boldsymbol{\Theta}|\hat{\boldsymbol{\Theta}}_{(j)})$。

$$\hat{\boldsymbol{\Theta}}_{(j+1)}=\arg\max_{\boldsymbol{\Theta}}L(\boldsymbol{\Theta}|\hat{\boldsymbol{\Theta}}_{(j)})\tag{3.10}$$

对式（3.7）分别求 $\hat{\mu}_{\lambda(j)}$与 $\hat{\sigma}_{\lambda(j)}^2$的偏导数，可得

$$\frac{\partial L(\boldsymbol{\Theta}|\hat{\boldsymbol{\Theta}}_{(j)})}{\partial\hat{\mu}_\lambda}=\frac{1}{\hat{\sigma}_\lambda^2}\sum_{n=1}^{N}(\hat{\mu}_\lambda-E_\lambda(\lambda_n|\boldsymbol{Y}_n,\hat{\boldsymbol{\Theta}}_{(j)}))\tag{3.11}$$

$$\frac{\partial L(\boldsymbol{\Theta}|\hat{\boldsymbol{\Theta}}_{(j)})}{\partial\hat{\sigma}_\lambda^2} = -\frac{N}{2\hat{\sigma}_\lambda^2} + \frac{1}{2(\hat{\sigma}_\lambda^2)^2}\sum_{n=1}^{N}[(E_\lambda(\lambda_n|\boldsymbol{Y}_n,\hat{\boldsymbol{\Theta}}_{(j)}) - \hat{\mu}_\lambda)^2 + D_\lambda(\lambda_n|\boldsymbol{Y}_n,\hat{\boldsymbol{\Theta}}_{(j)})] \tag{3.12}$$

令式（3.11）、式（3.12）等于0，可得

$$\hat{\mu}_{\lambda(j+1)} = \frac{1}{N}\sum_{n=1}^{N}E_\lambda(\lambda_n|\boldsymbol{Y}_n,\hat{\boldsymbol{\Theta}}_{(j)}) \tag{3.13}$$

$$\hat{\sigma}_{\lambda(j+1)}^2 = \frac{1}{N}\sum_{n=1}^{N}[(E_\lambda(\lambda_n|\boldsymbol{Y}_n,\hat{\boldsymbol{\Theta}}_{(j)}) - \hat{\mu}_{\lambda(j+1)})^2 + D_\lambda(\lambda_n|\boldsymbol{Y}_n,\hat{\boldsymbol{\Theta}}_{(j)})] \tag{3.14}$$

进一步分析可知，$\hat{\mu}_{\lambda(j+1)}$与$\hat{\sigma}_{\lambda(j+1)}^2$存在且唯一，具体证明详见文献［191］。将式（3.13）与式（3.14）代入式（3.7）可得$\boldsymbol{Y}_{1:N}$关于未知参数$\hat{\boldsymbol{\theta}}_{(j)}$、$\hat{\sigma}_{B(j)}^2$、$\hat{\sigma}_{\varepsilon(j)}^2$的轮廓对数似然函数：

$$\begin{aligned} L(\boldsymbol{\Theta}|\hat{\boldsymbol{\Theta}}_{(j)},\hat{\mu}_{\lambda(j+1)},\hat{\sigma}_{\lambda(j+1)}^2) = & -\frac{\ln 2\pi}{2}\sum_{n=1}^{N}m_n - \frac{1+\ln 2\pi}{2}N - \\ & \frac{N}{2}\ln\hat{\sigma}_{\lambda(j+1)}^2 - \frac{1}{2}\sum_{n=1}^{N}\ln|\boldsymbol{\Sigma}_{n(j)}(\hat{\sigma}_{B(j)}^2,\hat{\sigma}_{\varepsilon(j)}^2)| - \\ & \frac{1}{2}\sum_{n=1}^{N}[(\Delta\boldsymbol{Y}_n - E_\lambda(\lambda_n|\boldsymbol{Y}_n,\hat{\boldsymbol{\Theta}}_{(j)})\Delta\boldsymbol{T}_n)^{\mathrm{T}}\cdot \\ & \boldsymbol{\Sigma}_{n(j)}^{-1}(\hat{\sigma}_{B(j)}^2,\hat{\sigma}_{\varepsilon(j)}^2)(\Delta\boldsymbol{Y}_n - E_\lambda(\lambda_n|\boldsymbol{Y}_n,\hat{\boldsymbol{\Theta}}_{(j)})\Delta\boldsymbol{T}_n) + \\ & D_\lambda(\lambda_n|\boldsymbol{Y}_n,\hat{\boldsymbol{\Theta}}_{(j)})\Delta\boldsymbol{T}_n^{\mathrm{T}}\boldsymbol{\Sigma}_{n(j)}^{-1}(\hat{\sigma}_{B(j)}^2,\hat{\sigma}_{\varepsilon(j)}^2)\Delta\boldsymbol{T}_n] \end{aligned} \tag{3.15}$$

通过最大化$L(\boldsymbol{\Theta}|\hat{\boldsymbol{\Theta}}_{(j)},\hat{\mu}_{\lambda(j+1)},\hat{\sigma}_{\lambda(j+1)}^2)$，可得到$\hat{\boldsymbol{\theta}}_{(j+1)}$、$\hat{\sigma}_{B(j+1)}^2$、$\hat{\sigma}_{\varepsilon(j+1)}^2$。通过迭代进行E步和M步计算，直至$\|\hat{\boldsymbol{\Theta}}_{(j+1)} - \hat{\boldsymbol{\Theta}}_{(j)}\|$小于规定阈值时终止。一般情况下，EM算法的收敛性与其初始值的选取密切相关，为提升EM算法的收敛速度，可利用文献［27］提出的基于MLE算法的参数估计方法先对退化模型进行参数估计，再将得到的参数估计值作为EM算法的初始值输入。

3.3.2 失效阈值分布系数估计

由设备首达时的定义可知，退化失效阈值应不小于设备在初始时刻的性能退化量$X(0)=0$。为使传统正态分布失效阈值满足大于零的约束，可以采用截断正态分布来描述不确定失效阈值[139]。目前，针对随机失效阈值非负约束条件下的分布系数的估计方法主要可以归结为基于MLE算法的估计法[27]和基于EM算法的估计法[139]。进一步分析可以发现，采用MLE算法得到的随机失效阈值对数似然函数不存在解析形式，仅能通过泰勒级数展开得到近似解，从而降低了参数估

计的准确性；而基于 EM 算法的方法仅能估计随机失效阈值的均值，而无法估计方差，不利于实现对分布系数的准确估计。针对传统方法存在的不足，本节提出一种新的基于 EM 算法的失效阈值分布系数估计方法，以实现对随机失效阈值均值和方差的同步估计。

首先给出截断正态分布的定义。若随机变量 x 满足正态分布 $N(\mu,\sigma^2)$，且 $x\geqslant\kappa$，则称随机变量 x 服从截断正态分布。其对应的截断区间为 $[\kappa,+\infty)$，记为 $x\sim N(\mu,\sigma^2|[\kappa,+\infty))$。$x$ 对应的概率密度函数为

$$f(x)=\frac{1}{\sqrt{2\pi\sigma^2}\left(1-\Phi\left(\frac{\kappa-\mu}{\sigma}\right)\right)}\exp\left(-\frac{(x-\mu)^2}{2\sigma^2}\right) \tag{3.16}$$

式中：$\Phi(\cdot)$ 为标准正态分布的累积分布函数。

基于上述分析可知，满足非负约束的随机失效阈值应服从截断正态分布，且对应截断区间为 $[0,+\infty)$，即 $\omega\sim N(\mu_\omega,\sigma_\omega^2|[0,+\infty))$。为便于分析，记 $[0,+\infty)$ 区间内的截断正态分布为 $\omega\sim \mathrm{TN}(\mu_\omega,\sigma_\omega^2)$，则其对应的概率密度函数可表示为

$$f(\omega)=\frac{1}{\sqrt{2\pi\sigma_\omega^2}\Phi(\mu_\omega/\sigma_\omega)}\exp\left(-\frac{(\omega-\mu_\omega)^2}{2\sigma_\omega^2}\right) \tag{3.17}$$

由于 $\Phi(\cdot)$ 不存在解析表达式，难以采用传统极大似然估计法对其进行参数估计，为此提出基于 EM 算法的随机失效阈值分布系数估计方法。由于 EM 算法针对缺失/隐含数据情形下的参数估计具有良好效果，适用于估算截断正态分布的分布系数。

假设存在 $\boldsymbol{\omega}=[\omega_1',\omega_2',\cdots,\omega_R',\omega_1'',\omega_2'',\cdots,\omega_S'']$，来自正态分布总体 $N(\mu_\omega,\sigma_\omega^2)$，其中：$\omega'=[\omega_1',\omega_2',\cdots,\omega_R']$，且 ω' 中各元素均小于 0，则称 $\omega'\sim N(\mu_\omega,\sigma_\omega^2|(-\infty,0))$；$\omega''=[\omega_1'',\omega_2'',\cdots,\omega_S'']$，且 ω'' 中各元素均大于 0，则称 $\omega''\sim N(\mu_\omega,\sigma_\omega^2|[0,+\infty))$。基于随机失效阈值的非负假设，$\omega''$ 表示 S 个样本的失效阈值数据，ω' 表示未观测到的虚拟失效阈值数据。基于上述分析可得 $\boldsymbol{\omega}$ 的完全轮廓似然函数为

$$\ln L(\omega|\boldsymbol{\omega})=-\frac{R+S}{2}\ln(2\pi\sigma_\omega^2)-\sum_{i=1}^{R}\frac{(\omega_i'-\mu_\omega)^2}{2\sigma_\omega^2}-\sum_{i=1}^{S}\frac{(\omega_i''-\mu_\omega)^2}{2\sigma_\omega^2} \tag{3.18}$$

令 $\mu_{\omega,j}$ 与 $\sigma_{\omega,j}^2$ 表示 EM 算法第 j 次迭代的计算结果，则第 $j+1$ 次迭代过程可分解为 E 步和 M 步。

E 步：对式（3.18）求虚拟失效阈值 ω' 的期望，可得

$$\begin{aligned}W(\mu_\omega,\sigma_\omega^2|\mu_{\omega,j},\sigma_{\omega,j}^2)&=E_{\omega'}(\ln L(\omega|\boldsymbol{\omega}))\\&=-\frac{R+S}{2}\ln(2\pi\sigma_\omega^2)-\sum_{i=1}^{S}\frac{(\omega_i''-\mu_\omega)^2}{2\sigma_\omega^2}-\end{aligned}$$

$$\sum_{i=1}^{R}\frac{(E(\omega_i'|\mu_{\omega,j},\sigma_{\omega,j}^2)-\mu_\omega)^2}{2\sigma_\omega^2}-\sum_{i=1}^{R}\frac{D(\omega_i'|\mu_{\omega,j},\sigma_{\omega,j}^2)}{2\sigma_\omega^2} \tag{3.19}$$

由截断正态分布的性质可知，对于任意 ω_i'均满足

$$E(\omega_i'|\mu_{\omega,j},\sigma_{\omega,j}^2)=\mu_{\omega,j}-\frac{\sigma_{\omega,j}\exp(-\mu_{\omega,j}^2/2\sigma_{\omega,j}^2)}{\sqrt{2\pi}(1-\Phi(\mu_{\omega,j}/\sigma_{\omega,j}))} \tag{3.20}$$

$$D(\omega_i'|\mu_{\omega,j},\sigma_{\omega,j}^2)=\sigma_{\omega,j}^2\left[1+\frac{\mu_{\omega,j}\exp(-\mu_{\omega,j}^2/2\sigma_{\omega,j}^2)}{\sqrt{2\pi\sigma_{\omega,j}^2}(1-\Phi(\mu_{\omega,j}/\sigma_{\omega,j}))}-\frac{\exp(2(-\mu_{\omega,j}^2/2\sigma_{\omega,j}^2))}{(1-\Phi(\mu_{\omega,j}/\sigma_{\omega,j}))^2}\right] \tag{3.21}$$

M 步：求 $W(\mu_\omega,\sigma_\omega^2|\mu_{\omega,j},\sigma_{\omega,j}^2)$最大值，则

$$(\mu_{\omega,j},\sigma_{\omega,j}^2)=\arg\max_{\mu_\omega,\sigma_\omega^2}W(\mu_\omega,\sigma_\omega^2|\mu_{\omega,j},\sigma_{\omega,j}^2) \tag{3.22}$$

对 $W(\mu_\omega,\sigma_\omega^2|\mu_{\omega,j},\sigma_{\omega,j}^2)$求关于 μ_ω 和 σ_ω^2 的偏导，可得

$$\frac{\partial W(\mu_\omega,\sigma_\omega^2|\mu_{\omega,j},\sigma_{\omega,j}^2)}{\partial\mu_\omega}=\frac{1}{\sigma_\omega^2}\sum_{i=1}^{S}\omega_i''+\frac{1}{\sigma_\omega^2}\sum_{i=1}^{R}E(\omega_i'|\mu_{\omega,j},\sigma_{\omega,j}^2)-\frac{1}{\sigma_\omega^2}\sum_{i=1}^{S+R}\mu_\omega \tag{3.23}$$

$$\frac{\partial W(\mu_\omega,\sigma_\omega^2|\mu_{\omega,j},\sigma_{\omega,j}^2)}{\partial\sigma_\omega^2}=-\frac{R+S}{2\sigma_\omega^2}+\sum_{i=1}^{S}\frac{(\omega_i''-\mu_\omega)^2}{2(\sigma_\omega^2)^2}+\sum_{i=1}^{R}\frac{D(\omega_i'|\mu_{\omega,j},\sigma_{\omega,j}^2)}{2(\sigma_\omega^2)^2}+\sum_{i=1}^{R}\frac{(E(\omega_i'|\mu_{\omega,j},\sigma_{\omega,j}^2)-\mu_\omega)^2}{2(\sigma_\omega^2)^2} \tag{3.24}$$

令式（3.23）与式（3.24）等于0，可得

$$\mu_{\omega,j+1}=\frac{\sum_{i=1}^{S}\omega_i''+RE(\omega'|\mu_{\omega,j},\sigma_{\omega,j}^2)}{S+R} \tag{3.25}$$

$$\sigma_{\omega,j+1}^2=\frac{R}{R+S}D(\omega'|\mu_{\omega,j},\sigma_{\omega,j}^2)+\frac{R}{R+S}(E(\omega'|\mu_{\omega,j},\sigma_{\omega,j}^2)-\mu_{\omega,j+1})^2+\frac{1}{R+S}\sum_{i=1}^{S}(\omega_i''-\mu_{\omega,j+1})^2 \tag{3.26}$$

由于 R 未知，还需计算 $E(R)$。文献［192］给出了 $E(R)$的计算方法，具体表示如下：

$$E(R)=\frac{S(1-\Phi(\mu_\omega/\sigma_\omega))}{\Phi(\mu_\omega/\sigma_\omega)} \tag{3.27}$$

将式（3.27）代入式（3.25）与式（3.26），可得到 M 步的迭代公式：

$$\mu_{\omega,j+1}=\frac{\sum_{i=1}^{S}\omega_i''+R_jE(\omega'\,|\,\mu_{\omega,j},\sigma_{\omega,j}^2)}{S+R_j} \tag{3.28}$$

$$\sigma_{\omega,j+1}^2=\frac{R_j}{R_j+S}D(\omega'|\mu_{\omega,j},\sigma_{\omega,j}^2)+\frac{R_j}{R_j+S}(E(\omega'|\mu_{\omega,j},\sigma_{\omega,j}^2)-\mu_{\omega,j+1})^2+\frac{1}{R_j+S}\sum_{i=1}^{S}(\omega_i''-\mu_{\omega,j+1})^2 \tag{3.29}$$

式中

$$R_j=E(R\,|\,\mu_{\omega,j},\sigma_{\omega,j}^2)=\frac{S(1-\Phi(\mu_{\omega,j}/\sigma_{\omega,j}))}{\Phi(\mu_{\omega,j}/\sigma_{\omega,j})} \tag{3.30}$$

将 EM 算法的 E 步和 M 步不断迭代，直至 $\|(\mu_{\omega,j+1},\sigma_{\omega,j+1}^2)-(\mu_{\omega,j},\sigma_{\omega,j}^2)\|$ 小于预先设定的阈值，可得到随机失效阈值 ω 分布系数的估计值 $\hat{\mu}_\omega$ 和 $\hat{\sigma}_\omega^2$。

3.4 考虑随机失效阈值影响的设备剩余寿命预测

3.4.1 基于 KF 算法的退化状态在线更新

考虑测量误差对设备退化状态监测的影响，只能得到设备性能退化量的测量值。为了保证剩余寿命预测的准确性，仅更新漂移系数 λ 的后验分布是不够的，还需对设备的真实性能退化量 $X(t)$ 进行更新。为此，基于 KF 算法对设备真实性能退化量 $X(t)$ 与漂移系数 λ 同步进行更新。

若设备的退化过程如式（3.1）所示，则其对应的状态方程为

$$\begin{cases}x_k=x_{k-1}+\lambda_{k-1}(\Lambda(t_k,b)-\Lambda(t_{k-1},b))+\Gamma_k\\ \lambda_k=\lambda_{k-1}\\ y_k=x_k+\varepsilon\end{cases} \tag{3.31}$$

式中：$x_k=X(t_k)$；$\Gamma_k=\sigma_BB(t_k-t_{k-1})$；$y_k=Y(t_k)$。由标准布朗运动的性质易知，$B(t)\sim N(0,t)$，由此可得 $\Gamma_k\sim N(0,\sigma_B^2\Delta t_k)$，且 $\Delta t_k=t_k-t_{k-1},t_0=0$。此外，$\lambda_k=\lambda_{k-1}$表示针对同一设备其漂移系数保持恒定。

基于上述分析可建立基于 KF 算法的设备退化状态更新机制，具体表达式为

$$\begin{cases}\boldsymbol{Z}_k=\boldsymbol{A}_k\boldsymbol{Z}_{k-1}+\boldsymbol{B}_k\\ y_k=\boldsymbol{C}\boldsymbol{Z}_{k-1}+\varepsilon\end{cases} \tag{3.32}$$

式中：$\boldsymbol{Z}_k=[x_k,\lambda_k]^{\mathrm{T}}$；$\boldsymbol{A}_k=\begin{bmatrix}1 & \Lambda(t_k\,|\,\boldsymbol{\theta})-\Lambda(t_{k-1}\,|\,\boldsymbol{\theta})\\ 0 & 1\end{bmatrix}$；$\boldsymbol{B}_k=[\sigma_B^2\Delta t_k,0]^{\mathrm{T}}$；$\boldsymbol{C}=[1,0]$。

假设 $\boldsymbol{Y}_{1:k}=(y_1,y_2,\cdots,y_k)^{\mathrm{T}}$ 与 $\boldsymbol{X}_{1:k}=(x_1,x_2,\cdots,x_k)^{\mathrm{T}}$ 分别表示 $t_1,t_2,\cdots,t_k$ 时刻设备性能退化的测量值与真实值。状态变量 $\boldsymbol{Z}_k$ 的期望和方差分别为

$$E(\boldsymbol{Z}_k \mid \boldsymbol{Y}_{1:k})=\hat{\boldsymbol{Z}}_{k\mid k}=\begin{bmatrix}\hat{x}_{k\mid k}\\ \hat{\lambda}_{k\mid k}\end{bmatrix} \tag{3.33}$$

$$\mathrm{var}(\boldsymbol{Z}_k \mid \boldsymbol{Y}_{1:k})=\hat{\boldsymbol{P}}_{k\mid k}=\begin{bmatrix}\vartheta^2_{x,k} & \vartheta^2_{\theta,k}\\ \vartheta^2_{\theta,k} & \vartheta^2_{\lambda,k}\end{bmatrix} \tag{3.34}$$

式中：$\hat{x}_{k\mid k}=E(x_k\mid \boldsymbol{Y}_{1:k})$；$\hat{\lambda}_{k\mid k}=E(\lambda_k\mid \boldsymbol{Y}_{1:k})$；$\vartheta^2_{x,k}=\mathrm{var}(x_k\mid \boldsymbol{Y}_{1:k})$；$\vartheta^2_{\theta,k}=\mathrm{Cov}(x_k,\lambda_k\mid \boldsymbol{Y}_{1:k})$；$\vartheta^2_{\lambda,k}=\mathrm{Var}(\lambda_k\mid \boldsymbol{Y}_{1:k})$。

同理，状态变量 $\boldsymbol{Z}_k$ 进一步估计的期望和方差分别为

$$E(\boldsymbol{Z}_k \mid \boldsymbol{Y}_{1:k-1})=\hat{\boldsymbol{Z}}_{k\mid k-1}=\begin{bmatrix}\hat{x}_{k\mid k-1}\\ \hat{\lambda}_{k\mid k-1}\end{bmatrix} \tag{3.35}$$

$$\mathrm{var}(\boldsymbol{Z}_k \mid \boldsymbol{Y}_{1:k-1})=\hat{\boldsymbol{P}}_{k\mid k-1}=\begin{bmatrix}\vartheta^2_{x,k-1} & \vartheta^2_{\theta,k-1}\\ \vartheta^2_{\theta,k-1} & \vartheta^2_{\lambda,k-1}\end{bmatrix} \tag{3.36}$$

基于上述分析，运用 KF 算法对隐含状态 x_k 和 λ 进行同步更新，具体过程如下：

$$\hat{\boldsymbol{Z}}_{k\mid k}=\hat{\boldsymbol{Z}}_{k\mid k-1}+\boldsymbol{\varPsi}_k(y_k-\boldsymbol{C}\hat{\boldsymbol{Z}}_{k\mid k-1}) \tag{3.37}$$

$$\hat{\boldsymbol{Z}}_{k\mid k-1}=\boldsymbol{A}_k\hat{\boldsymbol{Z}}_{k-1\mid k-1} \tag{3.38}$$

$$\boldsymbol{P}_{k\mid k}=\boldsymbol{P}_{k\mid k-1}-\boldsymbol{\varPsi}_k\boldsymbol{C}\boldsymbol{P}_{k\mid k-1} \tag{3.39}$$

$$\boldsymbol{P}_{k\mid k-1}=\boldsymbol{A}_k\boldsymbol{P}_{k-1\mid k-1}\boldsymbol{A}_k^{\mathrm{T}}+\boldsymbol{D}_k \tag{3.40}$$

$$\boldsymbol{\varPsi}_k=\boldsymbol{P}_{k\mid k-1}\boldsymbol{C}^{\mathrm{T}}\left(\boldsymbol{C}\boldsymbol{P}_{k\mid k-1}\boldsymbol{C}^{\mathrm{T}}+\sigma_\varepsilon^2\right)^{-1} \tag{3.41}$$

$$\boldsymbol{D}_k=\begin{bmatrix}\sigma_B^2\Delta t_k & 0\\ 0 & 0\end{bmatrix} \tag{3.42}$$

由于 KF 算法在本质上具备线性高斯特性，易知 $\boldsymbol{Z}_k\mid \boldsymbol{Y}_{1:k}\sim N(\hat{\boldsymbol{Z}}_{k\mid k},\boldsymbol{P}_{k\mid k})$，由此可得

$$\lambda_k\mid \boldsymbol{Y}_{1:k}\sim N(\hat{\lambda}_{k\mid k},\vartheta^2_{\lambda,k}) \tag{3.43}$$

$$x_k\mid \boldsymbol{Y}_{1:k}\sim N(\hat{x}_{k\mid k},\vartheta^2_{x,k}) \tag{3.44}$$

$$x_k\mid \lambda_k,\boldsymbol{Y}_{1:k}\sim N(\mu_{x_k},\sigma^2_{x_k}) \tag{3.45}$$

$$\mu_{x_k}=\hat{x}_{k\mid k}-\frac{\vartheta^2_{\theta,k}}{\vartheta^2_{\lambda,k}}(\lambda_k-\hat{\lambda}_{k\mid k}) \tag{3.46}$$

$$\sigma^2_{x_k}=\vartheta^2_{x,k}-\frac{\vartheta^4_{\theta,k}}{\vartheta^2_{\lambda,k}} \tag{3.47}$$

令 EM 算法求解得到的漂移系数估计值为 KF 初值，即

$$\hat{\boldsymbol{Z}}_{0|0}=\begin{bmatrix}0\\ \hat{\mu}_{\lambda}\end{bmatrix} \tag{3.48}$$

$$\boldsymbol{P}_{0|0}=\begin{bmatrix}0 & 0\\ 0 & \hat{\sigma}_{\lambda}^{2}\end{bmatrix} \tag{3.49}$$

利用式（3.37）~式（3.49），可实现对设备退化状态的在线更新。

3.4.2 考虑随机失效阈值的剩余寿命分布推导

基于 2.5.2 节分析可知，在给定漂移系数与失效阈值条件下设备剩余寿命的条件概率密度函数为

$$f_{L_k|\omega,\lambda_k,\boldsymbol{X}_{1:k}}(l_k|\omega,\lambda_k,\boldsymbol{X}_{1:k})\approx\frac{1}{\sqrt{2\pi\sigma_B^2 l_k^3}}(\omega-\lambda_k\beta(l_k)-x_k)\exp\left(-\frac{(\omega-\lambda_k\psi(l_k)-x_k)^2}{2\sigma_B^2 l_k}\right) \tag{3.50}$$

其中

$$\psi(l_k)=\Lambda(t_k+l_k,b)-\Lambda(t_k,b),\beta(l_k)=\psi(l_k)-(\mathrm{d}\psi(l_k)/\mathrm{d}l_k)l_k$$

由前文分析可知，设备的随机失效阈值满足截断正态分布。为了推导考虑随机失效阈值影响下设备剩余寿命的概率密度函数，给出引理 3.1、引理 3.2 与引理 3.3。

引理 3.1[76]　若 $D\sim N(\mu,\sigma^2)$，且 $E,F\in\mathbf{R},G\in\mathbf{R}_+$，则

$$E_D\left[(E-D)\exp\left(-\frac{(F-D)^2}{2G}\right)\right]=\sqrt{\frac{G}{\sigma^2+G}}\left(E-\frac{F\sigma^2+\mu G}{\sigma^2+G}\right)\exp\left(-\frac{(F-\mu)^2}{2(\sigma^2+G)}\right) \tag{3.51}$$

引理 3.2[76]　若 $D\sim N(\mu,\sigma^2)$，且 $E,F,H_1,H_2\in\mathbf{R},G\in\mathbf{R}_+$，则

$$E_D\left[(E-H_1D)\exp\left(-\frac{(F-H_2D)^2}{2G}\right)\right]=\sqrt{\frac{G}{H_2^2\sigma^2+G}}\left(E-H_1\frac{H_2^2F\sigma^2+\mu G}{H_2^2\sigma^2+G}\right)\times \exp\left(-\frac{(F-H_2\mu)^2}{2(H_2^2\sigma^2+G)}\right) \tag{3.52}$$

引理 3.1 与引理 3.2 的证明过程详见文献［76］，本书不再详细说明。

引理 3.3[64]　若 $D\sim \mathrm{TN}(\mu,\sigma^2),E,F\in\mathbf{R},G\in\mathbf{R}_+$，则

$$E_D\left[(D-E)\exp\left(-\frac{(D-F)^2}{2G}\right)\right]=\frac{1}{\sqrt{2\pi\sigma^2}\Phi(\mu/\sigma)}\exp\left(-\frac{(\mu-F)^2}{2(G+\sigma^2)}\right)\times \left[\frac{G\sigma^2}{G+\sigma^2}\exp\left(-\frac{(F\sigma^2+G\mu)^2}{2(G+\sigma^2)G\sigma^2}\right)+\right.$$

$$\left(\frac{F\sigma^2+G\mu}{G+\sigma^2}-E\right)\sqrt{\frac{2\pi G\sigma^2}{G+\sigma^2}}\Phi\left(\frac{F\sigma^2+G\mu}{\sqrt{(G+\sigma^2)G\sigma^2}}\right)\Bigg] \tag{3.53}$$

引理3.3可由文献［64］中的引理1经拓展推导得出，其具体证明过程如下：

$$E_D\left[(D-E)\exp\left(-\frac{(D-F)^2}{2G}\right)\right]=E_D\left[D\exp\left(-\frac{(D-F)^2}{2G}\right)\right]-E_D\left[E\exp\left(-\frac{(D-F)^2}{2G}\right)\right] \tag{3.54}$$

若 D 服从截断正态分布 $D\sim \mathrm{TN}(\mu,\sigma^2)$，则基于截断正态分布的概率密度函数可得

$$\begin{aligned}E_D\left[D\exp\left(-\frac{(D-F)^2}{2G}\right)\right]&=\frac{1}{\sqrt{2\pi\sigma^2}\Phi(\mu/\sigma)}\int_0^{+\infty}D\exp\left(-\frac{(D-F)^2}{2G}\right)\exp\left(-\frac{(D-\mu)^2}{2G\sigma^2}\right)\mathrm{d}D\\&=\frac{1}{\sqrt{2\pi\sigma^2}\Phi(\mu/\sigma)}\exp\left(-\frac{F^2\sigma^2+\mu^2G}{2\sigma^2G}\right)\exp\left(\frac{(F\sigma^2+\mu G)^2}{2\sigma^2G(\sigma^2+G)}\right)\times\\&\quad\int_0^{+\infty}D\exp\left(-\frac{\left(D-\frac{F\sigma^2+\mu G}{G+\sigma^2}\right)^2}{\frac{2G\sigma^2}{G+\sigma^2}}\right)\mathrm{d}D\end{aligned} \tag{3.55}$$

令

$$A=\frac{F\sigma^2+\mu G}{G+\sigma^2} \tag{3.56}$$

$$B=\frac{G\sigma^2}{G+\sigma^2} \tag{3.57}$$

则可得

$$\begin{aligned}E_D\left[D\exp\left(-\frac{(D-F)^2}{2G}\right)\right]&=\frac{1}{\sqrt{2\pi\sigma^2}\Phi(\mu/\sigma)}\exp\left(-\frac{(F-\mu)^2}{2(\sigma^2+G)}\right)\int_0^{+\infty}D\exp\left(-\frac{(D-A)^2}{B}\right)\mathrm{d}D\\&=\frac{1}{\sqrt{2\pi\sigma^2}\Phi(\mu/\sigma)}\exp\left(-\frac{(F-\mu)^2}{2(\sigma^2+G)}\right)(I_1+AI_2)\end{aligned} \tag{3.58}$$

式中

$$\begin{aligned}I_1&=\int_0^{+\infty}(D-A)\exp\left(-\frac{(D-A)^2}{B}\right)\mathrm{d}D\\&=B\exp\left(-\frac{A^2}{2B}\right)\end{aligned} \tag{3.59}$$

$$\begin{aligned}I_2&=\int_0^{+\infty}\exp\left(-\frac{(D-A)^2}{B}\right)\mathrm{d}D\\&=\sqrt{B}\int_{-\frac{A}{\sqrt{B}}}^{+\infty}\exp\left(-\frac{x^2}{2}\right)\mathrm{d}x=\sqrt{2\pi B}\Phi\left(\frac{A}{\sqrt{B}}\right)\end{aligned} \tag{3.60}$$

进一步可以得出

$$E_D\left[D\exp\left(-\frac{(D-F)^2}{2G}\right)\right]=\frac{1}{\sqrt{2\pi\sigma^2}\Phi(\mu/\sigma)}\exp\left(-\frac{(F-\mu)^2}{2(\sigma^2+G)}\right)\cdot$$
$$\left[\frac{G\sigma^2}{G+\sigma^2}\exp\left(-\frac{(F\sigma^2+\mu G)^2}{2\sigma^2 G(\sigma^2+G)}\right)+\right.$$
$$\left.\frac{F\sigma^2+\mu G}{\sigma^2+G}\sqrt{\frac{2\pi\sigma^2 G}{\sigma^2+G}}\Phi\left(\frac{(F\sigma^2+\mu G)}{\sqrt{\sigma^2 G(\sigma^2+G)}}\right)\right] \tag{3.61}$$

$$\begin{aligned}E_D\left[E\exp\left(-\frac{(D-F)^2}{2G}\right)\right]&=\frac{E}{\sqrt{2\pi\sigma^2}\Phi(\mu/\sigma)}\int_0^{+\infty}\exp\left(-\frac{(D-F)^2}{2G}\right)\exp\left(-\frac{(D-\mu)^2}{2G\sigma^2}\right)\mathrm{d}D\\&=\frac{E}{\sqrt{2\pi\sigma^2}\Phi(\mu/\sigma)}\exp\left(-\frac{(F-\mu)^2}{2(\sigma^2+G)}\right)\int_0^{+\infty}\exp\left(-\frac{(D-A)^2}{2B}\right)\mathrm{d}D\\&=\frac{E}{\sqrt{2\pi\sigma^2}\Phi(\mu/\sigma)}\exp\left(-\frac{(F-\mu)^2}{2(\sigma^2+G)}\right)\sqrt{\frac{2\pi G\sigma^2}{G+\sigma^2}}B\Phi\left(\frac{F\sigma^2+\mu G}{\sqrt{G\sigma^2(G+\sigma^2)}}\right)\end{aligned} \tag{3.62}$$

式（3.61）减去式（3.62），可得到式（3.53）。

进一步分析可得

$$\begin{aligned}&f_{L_k\mid\omega,\lambda_k,\boldsymbol{Y}_{1:k},\boldsymbol{X}_{1:k}}(l_k\mid\omega,\lambda_k,\boldsymbol{Y}_{1:k},\boldsymbol{X}_{1:k})=\\&\frac{\mathrm{d}}{\mathrm{d}l_k}F_{L_k\mid\omega,\lambda_k,\boldsymbol{Y}_{1:k},\boldsymbol{X}_{1:k}}(l_k\mid\omega,\lambda_k,\boldsymbol{Y}_{1:k},\boldsymbol{X}_{1:k})=\\&\frac{\mathrm{d}}{\mathrm{d}l_k}P(L_k\leqslant l_k\mid\omega,\lambda_k,\boldsymbol{Y}_{1:k},\boldsymbol{X}_{1:k})=\\&\frac{\mathrm{d}}{\mathrm{d}l_k}P(\sup_{l_k>0}X_k(t_k+l_k)\mid\omega,\lambda_k,\boldsymbol{Y}_{1:k},\boldsymbol{X}_{1:k})=\\&\frac{\mathrm{d}}{\mathrm{d}l_k}P(\sup_{l_k>0}X_k(t_k+l_k)\mid\omega,\lambda_k,\boldsymbol{X}_{1:k})=\\&f_{L_k\mid\omega,\lambda_k,\boldsymbol{X}_{1:k}}(l_k\mid\omega,\lambda_k,\boldsymbol{X}_{1:k})\end{aligned} \tag{3.63}$$

基于全概率公式，若已知 $\boldsymbol{Y}_{1:k}$，则考虑随机失效阈值影响下设备的剩余寿命可表示为

$$\begin{aligned}f_{L_k\mid\boldsymbol{Y}_{1:k}}(l_k\mid\boldsymbol{Y}_{1:k})&=\int_{-\infty}^{+\infty}\int_{-\infty}^{+\infty}\int_{-\infty}^{+\infty}f_{L_k\mid\omega,\lambda_k,\boldsymbol{Y}_{1:k},\boldsymbol{X}_{1:k}}(l_k\mid\omega,\lambda_k,\boldsymbol{Y}_{1:k},\boldsymbol{X}_{1:k})\times\\&\quad p(x_k\mid\lambda_k,\omega,\boldsymbol{Y}_{1:k})p(\lambda_k\mid\omega,\boldsymbol{Y}_{1:k})p(\omega\mid\boldsymbol{Y}_{1:k})\mathrm{d}x_k\mathrm{d}\lambda_k\mathrm{d}\omega\\&=E_\omega\{E_{\lambda_k\mid\omega}\{E_{x_k\mid\omega,\lambda_k}[f_{L_k\mid\omega,\lambda_k,\boldsymbol{X}_{1:k}}(l_k\mid\omega,\lambda_k,\boldsymbol{X}_{1:k})]\}\}\end{aligned} \tag{3.64}$$

基于式（3.50）、式（3.64）及引理 3.1，并令 $D=x_k$，$E=\omega-\lambda_k\beta(l_k)$，

$F=\omega-\lambda_k\psi(l_k)$，$G=\sigma_B^2 l_k$，可得

$$f_{L_k|\omega,\lambda_k,\boldsymbol{Y}_{1:k}}(l_k|\omega,\boldsymbol{\lambda}_k,\boldsymbol{Y}_{1:k})=E_{x_k|\omega,\lambda_k}[f_{L_k|\omega,\lambda_k,\boldsymbol{X}_{1:k}}(l_k|\omega,\boldsymbol{\lambda}_k,\boldsymbol{X}_{1:k})]$$
$$\approx\sqrt{\frac{1}{2\pi(\sigma_{x_k}^2+\sigma_B^2 l_k)}}\left(\frac{\omega\sigma_B^2}{\sigma_{x_k}^2+\sigma_B^2 l_k}-J_2-J_1\boldsymbol{\lambda}_k\right)\times$$
$$\exp\left(-\frac{(\omega+I\hat{\boldsymbol{\lambda}}_{k|k}-\hat{x}_{k|k}-(\psi(l_k)+I)\boldsymbol{\lambda}_k)^2}{2(\sigma_{x_k}^2+\sigma_B^2 l_k)}\right)\tag{3.65}$$

式中

$$I=\frac{\vartheta_{\theta,k}^2}{\vartheta_{\lambda,k}^2}\tag{3.66}$$

$$J_1=\frac{\beta(l_k)}{l_k}+\frac{\sigma_B^2 l_k I-\psi(l_k)\sigma_{x_k}^2}{\sigma_{x_k}^2 l_k+\sigma_B^2 l_k^2}\tag{3.67}$$

$$J_2=\frac{\hat{x}_{k|k}\sigma_B^2-I\sigma_B^2\hat{\boldsymbol{\lambda}}_{k|k}}{\sigma_{x_k}^2+\sigma_B^2 l_k}\tag{3.68}$$

基于式（3.65）与引理3.2，并令

$$E=(\omega\sigma_B^2)/(\sigma_{x_k}^2+\sigma_B^2 l_k)-J_2,F=\omega+I\hat{\boldsymbol{\lambda}}_{k|k}-\hat{x}_{k|k},$$
$$G=\sigma_{x_k}^2+\sigma_B^2 l_k,H_1=J_1,H_2=\psi(l_k)+I$$

可得

$$f_{L_k|\omega,\boldsymbol{Y}_{1:k}}(l_k|\omega,\boldsymbol{Y}_{1:k})=E_{\lambda_k|\omega}\{f_{L_k|\omega,\lambda_k,\boldsymbol{X}_{1:k}}(l_k|\omega,\boldsymbol{\lambda}_k,\boldsymbol{X}_{1:k})\}$$
$$=\sqrt{\frac{K_3^2}{2\pi K_1}}\left(\omega-\frac{K_2}{K_3}\right)\exp\left(-\frac{(\omega-K_4)^2}{2K_1}\right)\tag{3.69}$$

式中

$$K_1=(\psi(l_k)+I)^2\vartheta_{\lambda,k}^2+\sigma_{x_k}^2+\sigma_B^2 l_k\tag{3.70}$$

$$K_2=J_1\frac{\hat{\boldsymbol{\lambda}}_{k|k}(\sigma_{x_k}^2+\sigma_B^2 l_k)}{K_1}+J_2+\frac{J_1(\psi(l_k)+I)(I\hat{\boldsymbol{\lambda}}_{k|k}-\hat{x}_{k|k})\vartheta_{\lambda,k}^2}{K_1}\tag{3.71}$$

$$K_3=\frac{\sigma_B^2}{\sigma_{x_k}^2+\sigma_B^2 l_k}-J_1\frac{(\psi(l_k)+I)\vartheta_{\lambda,k}^2}{K_1}\tag{3.72}$$

$$K_4=\hat{x}_{k|k}+\psi(l_k)\hat{\boldsymbol{\lambda}}_{k|k}\tag{3.73}$$

基于式（3.69）与引理3.3，并令$D=\omega$，$F=K_4$，$E=K_2/K_3$，$G=K_1$，可得

$$f_{L_k|\boldsymbol{Y}_{1:k}}(l_k|\boldsymbol{Y}_{1:k})=E_\omega[f_{L_k|\omega,\boldsymbol{Y}_{1:k}}(l_k|\omega,\boldsymbol{Y}_{1:k})]=\frac{K_3}{2\pi\Phi(\mu_\omega/\sigma_\omega)}\exp\left(-\frac{(\mu_\omega-K_4)^2}{2(K_1+\sigma_\omega^2)}\right)\times$$
$$\left[\frac{\sqrt{K_1\sigma_\omega^2}}{K_1+\sigma_\omega^2}\exp\left(-\frac{(K_4\sigma_\omega^2+K_1\mu_\omega)^2}{2(K_1+\sigma_\omega^2)K_1\sigma_\omega^2}\right)+\right.$$

$$\left(\frac{K_4\sigma_\omega^2+K_1\mu_\omega}{K_1+\sigma_\omega^2}-\frac{K_2}{K_3}\right)\sqrt{\frac{2\pi}{K_1+\sigma_\omega^2}}\Phi\left(\frac{K_4\sigma_\omega^2+K_1\mu_\omega}{\sqrt{(K_1+\sigma_\omega^2)K_1\sigma_\omega^2}}\right)\Bigg] \tag{3.74}$$

进一步，可得考虑随机失效阈值影响下设备剩余寿命的累积分布函数、可靠度与期望分别为

$$F_{L_k|Y_{1k}}(l_k|\boldsymbol{Y}_{1:k}) = \int_0^{l_k} f_{L_k|\boldsymbol{Y}_{1:k}}(\tau|\boldsymbol{Y}_{1:k})\mathrm{d}\tau \tag{3.75}$$

$$R(l_k) = 1 - \int_0^{l_k} f_{L_k|\boldsymbol{Y}_{1:k}}(\tau|\boldsymbol{Y}_{1:k})\mathrm{d}\tau \tag{3.76}$$

$$E(l_k) = \int_0^{+\infty} l_k f_{L_k|\boldsymbol{Y}_{1:k}}(l_k|\boldsymbol{Y}_{1:k})\mathrm{d}l_k \tag{3.77}$$

3.5 算例分析

3.5.1 数值仿真示例

本小节通过蒙特卡罗方法仿真设备的退化数据，并据此开展分析验证。具体仿真参数设定：仿真步长为0.1周期；仿真样本量为6；非线性函数为$\Lambda(t|\boldsymbol{\theta}) = t^{\theta}$；退化模型参数为$\mu_\lambda=3$，$\sigma_\lambda^2=0.0004$，$\sigma_B^2=0.1$，$\theta=1.5$，$\sigma_\varepsilon^2=0.001$；随机失效阈值满足截断正态分布，且分布系数为$\mu_\omega=3.16$，$\sigma_\omega^2=0.20$。具体仿真退化数据如图3.1所示。

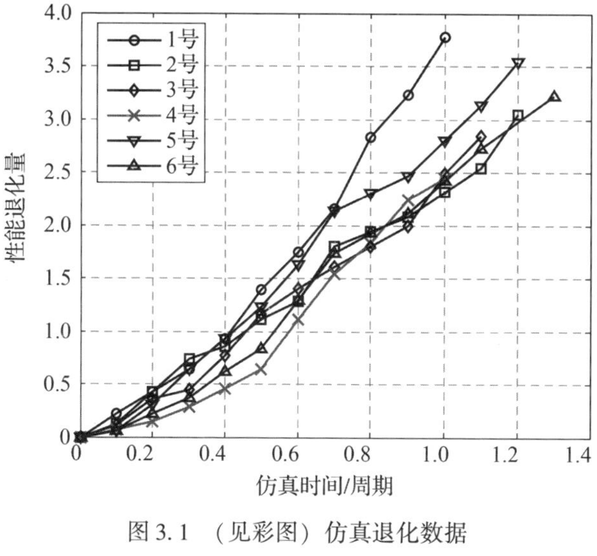

图3.1 （见彩图）仿真退化数据

1. 参数估计

1）退化模型先验参数估计

以 4 号设备为目标设备进行分析。基于除 4 号设备以外的仿真退化数据，利用基于 EM 算法的退化模型先验参数估计法，可得到退化模型先验参数的估计值。为便于比较分析，给出基于 MLE 算法得到的参数估计，如表 3.1 所列。

表 3.1　退化模型参数估计

参数	μ_λ	σ_λ^2	σ_B^2	σ_ε^2	θ
真实值	3	0.0004	0.1	0.001	1.5
EM	2.9211	0.0103	0.0958	0.0011	1.4848
MLE	3.4328	0.0305	0.0758	0.0012	1.5404

由表 3.1 易知，本书所提出的基于 EM 算法的参数估计方法得到退化模型参数估计值更接近于仿真初值，表明基于 EM 算法的参数估计法较基于 MLE 算法的参数估计法准确性更高、性能更优。

2）失效阈值分布系数估计

失效阈值定义为设备发生失效时的性能退化量，由此可知 1# ~ 6#样本对应的失效阈值数据分别为 3.7743、3.0510、2.8412、2.4503、3.5414、3.2225。假设设备的失效阈值具有不确定性且满足非负约束，则基于 3.3.2 节提出的失效阈值分布系数估计法，并设定初值为 $\mu_{\omega,0}=3$，$\sigma_{\omega,0}^2=0.1$，迭代终止阈值为10^{-5}，可得到随机失效阈值分析系数的估计值。具体迭代过程和分布系数估计结果如图 3.2 和表 3.2 所示。

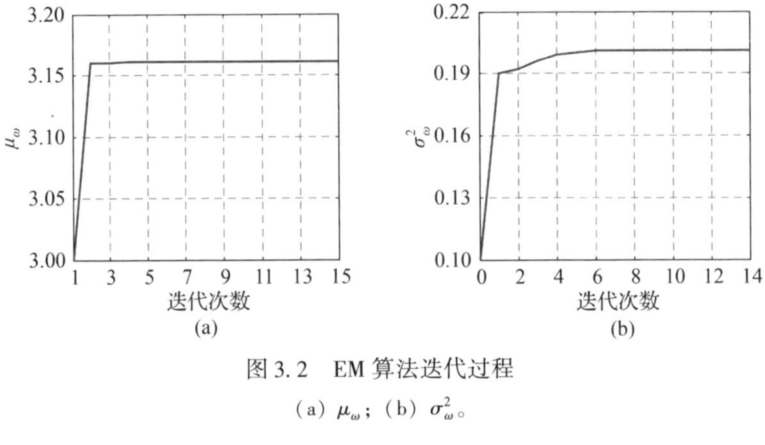

图 3.2　EM 算法迭代过程

（a）μ_ω；（b）σ_ω^2。

为了验证本书所提基于 EM 算法的失效阈值分布系数估计法较文献［34］和文献［108］提出的 MLE 算法更具优势，本书引入均方误差（mean squared error，MSE）作为判别标准进行分析。此外，在原有仿真参数的基础上，本书再分别仿真出 50 组、500 组退化数据，分别对应得到 50 个、500 个仿真退化失效阈值数据，并采用 EM 算法与 MLE 算法分别进行参数估计，得到参数估计结果如表 3.2 所列。

表 3.2 失效阈值分布系数估计

仿真参数		μ_ω	σ_ω^2	MSE
		3.16	0.20	—
MLE	5 组	3.1450	0.2274	4.48×10^{-4}
	50 组	3.1513	0.2165	1.74×10^{-4}
	500 组	3.1588	0.2023	3.37×10^{-6}
EM	5 组	3.1613	0.2024	3.73×10^{-6}
	50 组	3.1615	0.2021	3.33×10^{-6}
	500 组	3.1613	0.1978	3.27×10^{-6}

表 3.2 中 MLE 算法对应的失效阈值分布系数估计值由 MATLAB 软件中 normfit 命令求出。由表 3.2 可知，在仿真数据量相同的条件下，基于 EM 算法得到的随机失效阈值分布系数估计值较基于 MLE 算法得到的估计值更贴近仿真初值，且 MSE 值更小，表明 EM 算法具有更高的估计准确性。进一步分析可以发现，MLE 算法对仿真数据量较为敏感，随着仿真数据量的增多，MLE 算法的参数估计值逐步接近仿真参数的真实值，且对应 MSE 值逐步减小；而 EM 算法对仿真数据量变化的鲁棒性更好，随着仿真数据的增多 EM 算法估计结果波动较小，参数估计误差变化不明显。基于上述分析，在中、小样本条件下，EM 算法的准确性明显优于传统的 MLE 算法；而在实际使用过程中，退化试验大多具有小样本特性。这进一步说明了本书所提基于 EM 算法的失效阈值分布系数估计法适用性更强。

2. 剩余寿命预测

1）退化状态在线更新

基于目标设备的仿真性能退化数据，利用本书所提基于 KF 算法的退化状态更新方法，即可实现对目标设备退化状态的在线更新。设备退化状态的具体更新过程如图 3.3 所示。

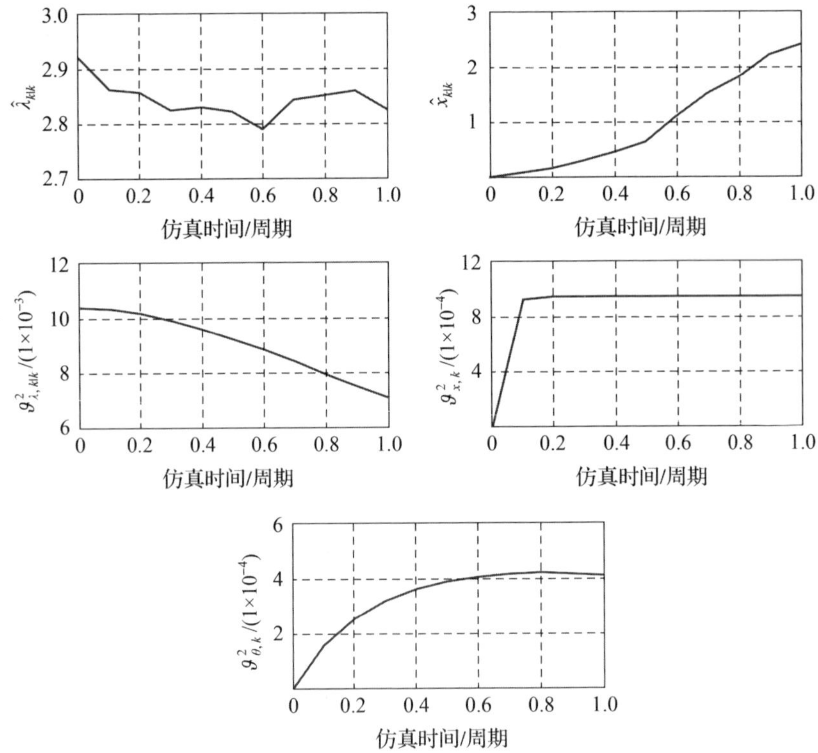

图 3.3　退化状态更新过程

2）剩余寿命预测结果

结合前文得出的退化模型先验参数估计值与退化状态在线更新结果，可实现对目标设备剩余寿命的在线预测。为便于分析，记本书所提考虑随机失效阈值影响的剩余寿命预测方法为 M0，而不考虑随机失效阈值影响的剩余寿命预测方法为 M1（对应固定失效阈值为 2.5）。针对 M0 与 M1 方法，在不同状态监测时刻（0.2 周期、0.4 周期、0.6 周期、0.8 周期）对应的目标设备剩余寿命预测情况如图 3.4 所示。

由图 3.4 可知，在不同状态监测时刻，M0 对应剩余寿命概率密度函数曲线较 M1 更分散，表明 M0 预测不确定性较 M1 更大。原因主要是本书提出的剩余寿命预测方法考虑了失效阈值的随机性，并将其引入剩余寿命的预测过程，这在一定程度上增大了预测结果的不确定性。进一步分析可以发现，当设备运行至 0.6 周期及以后，M1 对应剩余寿命分布曲线已无法包含目标设备的真实剩余寿命，而 M0 对应剩余寿命分布曲线可以始终包含目标设备的真实剩余寿命，由此即可证明本书所提方法的优越性，表明考虑随机失效阈值有助于提升设备剩余寿命预测的准确性。

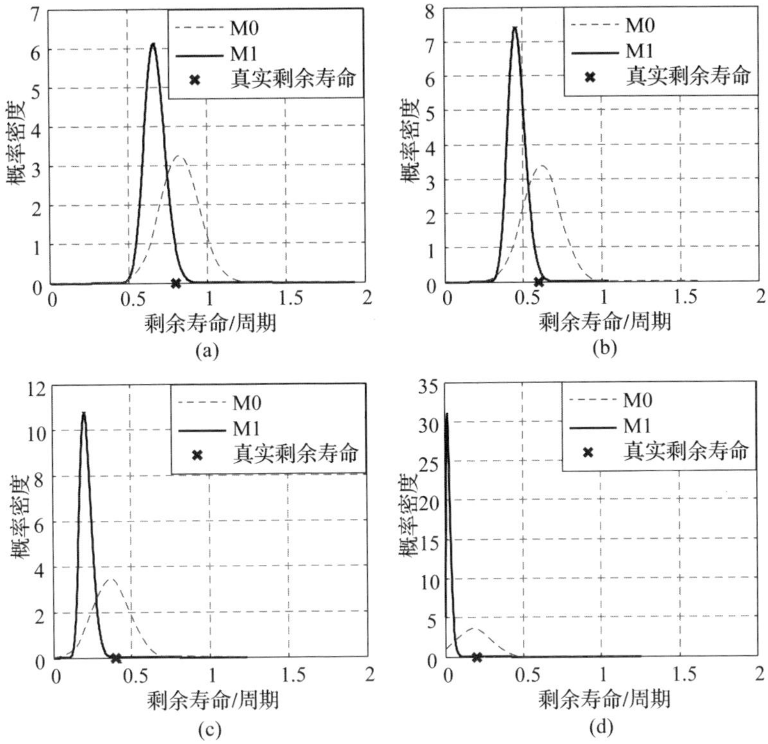

图 3.4 （见彩图）剩余寿命预测结果

（a）t_k =0.2 周期；（b）t_k =0.4 周期；（c）t_k =0.6 周期；（d）t_k =0.8 周期。

3.5.2 燃油泵实例

燃油泵是飞机燃油系统的关键组成设备，向发动机可靠供油，因此其性能的好坏对飞行安全具有显著影响。本节结合某型机载燃油泵性能退化试验开展分析验证，具体试验数据如图 3.5 所示。

图 3.5 给出了 6 台燃油泵在循环注油条件下的压力变化情况。由图 3.5 可知，6 台试验燃油泵的初始性能退化量并不相同，且性能退化过程具有递减趋势。由前文分析可知，具有递减趋势的退化过程不利于开展退化模型参数估计与剩余寿命预测分析。为此，采用 2.2.2 节给出变换方法的对燃油泵退化数据进行变换，具体变换公式为

$$Y'(t) = Y(0) - Y(t) \tag{3.78}$$

式中：$Y(t)$为设备性能退化数据；$Y'(t)$为经变换后设备的性能退化数据。

变换后燃油泵的性能退化数据如图 3.6 所示。

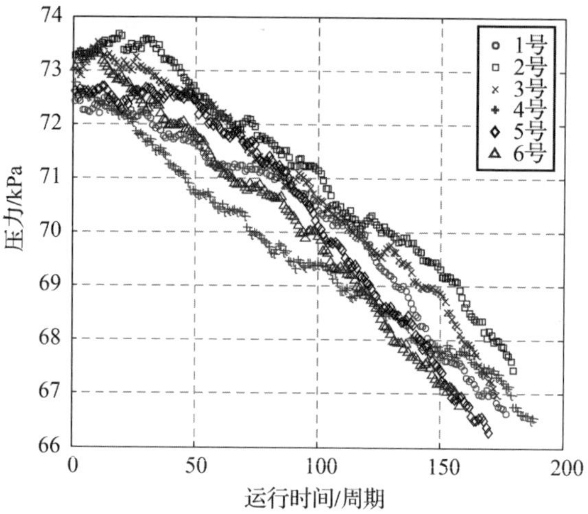

图 3.5 （见彩图）燃油泵退化试验数据

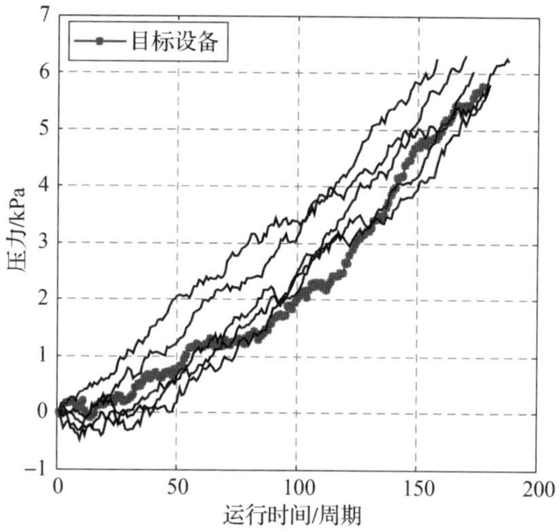

图 3.6 （见彩图）变换后燃油泵性能退化数据

选取 2～6 号燃油泵作为同类设备，其性能退化数据用于进行退化模型先验参数估计和失效阈值分布系数估计；选取 1 号燃油泵作为目标设备，其性能退化数据用于进行剩余寿命预测与维修决策研究。当前，实际应用中常认为该型燃油泵压力小于 67MPa 后无法满足功能需要，即发生失效，则目标设备对应的固定失效阈值应为 $\omega = 72.4173 - 67 = 5.4173$(MPa)。为便于对比分析，记本书所提剩余寿命预测方法和维修决策模型为 M0，采用固定失效阈值的剩余寿命预测方法和维修决策模型为 M1，而将考虑随机失效阈值但忽略非线性退化的剩余寿命预测方法和维修决策模型，记为 M2。

1. 参数估计

1）退化模型先验参数估计

由图3.6可知，燃油泵的性能退化过程带有明显的非单调性，因此适合采用Wiener过程对其进行退化建模。为了进一步验证燃油泵的退化过程满足Wiener过程，还需对退化数据进行Wiener过程的辨识。目前，常用的Wiener过程辨识方法主要有自相关函数法、似然比检验法和序惯的方法[175]。本节主要采用自相关函数法来对燃油泵退化过程进行辨识。基于Wiener过程的基本性质，可知式（2.1）所示的基本线性Wiener过程属于一元Wiener过程，其对应的自相关函数可表示为

$$E[X(s)X(t)] = \lambda^2 st + \sigma_B^2 \min(s,t) \tag{3.79}$$

由此可得基本线性Wiener过程的自相关函数曲线，具体如图3.7所示。

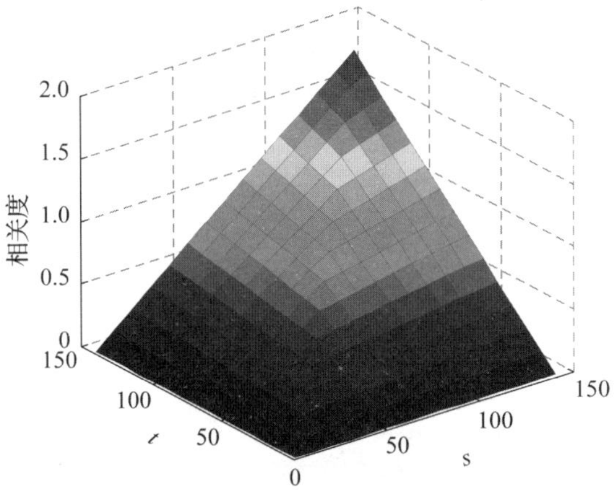

图3.7 （见彩图）一元Wiener过程自相关函数曲线

由于式（3.1）所示的非线性Wiener过程考虑到了测量误差的影响，易知设备退化数据监测值的增量存在相关性，即$\boldsymbol{Y}_n$满足多元Wiener过程。在该种情况下，先对$\boldsymbol{Y}_n$进行适当变化，再进行自相关函数的估计。

若设备的性能退化过程如式（3.1）所示，则基于Wiener过程的正交不变性，可以证明存在一个正交变换矩阵$\boldsymbol{E}$使得Wiener过程的协方差矩阵$\boldsymbol{\Sigma}_n$转化为对角矩阵$\dot{\boldsymbol{\Sigma}}_n$，即

$$\dot{\boldsymbol{\Sigma}}_n = \boldsymbol{E}^{\mathrm{T}}\boldsymbol{\Sigma}_n\boldsymbol{E} = \begin{pmatrix} \dot{\sigma}_{1,n}^2 & 0 & \cdots & 0 \\ 0 & \dot{\sigma}_{2,n}^2 & \ddots & \vdots \\ \vdots & \ddots & \ddots & 0 \\ 0 & \cdots & 0 & \dot{\sigma}_{m_n,n}^2 \end{pmatrix}_{m_n \times m_n} \tag{3.80}$$

正交矩阵变换 $\boldsymbol{E}$ 的计算方法可参考文献［193］，本书不再详细说明。在上述分析的基础上，令

$$\dot{\boldsymbol{Y}}_n = \boldsymbol{E}\boldsymbol{Y}_n \tag{3.81}$$

则基于 Wiener 过程的正交不变性，可以证明 $\dot{\boldsymbol{Y}}_n$ 仍旧为 Wiener 过程[194]。进一步，易知 $\dot{\boldsymbol{Y}}_n$ 的协方差矩阵为 $\dot{\boldsymbol{\Sigma}}_n$，由此可得 $\dot{\boldsymbol{Y}}_n$ 中各分量相互独立，即 $\dot{\boldsymbol{Y}}_n$ 满足一元 Wiener 过程。

令 $\dot{\boldsymbol{Y}}_n$ 表示设备的伪退化数据，若证明其满足一元 Wiener 过程，即可证明 $\boldsymbol{Y}_n$ 满足多元 Wiener 过程。进一步，利用文献［175］所提方法计算设备退化数据自相关函数的矩估计值：

$$\hat{\Gamma}_{s,t} = \frac{1}{N}\sum_{n=1}^{N}\left(\dot{Y}_{s,n} - \frac{1}{N}\sum_{n=1}^{N}\dot{Y}_{s,n}\right)\left(\dot{Y}_{t,n} - \frac{1}{N}\sum_{n=1}^{N}\dot{Y}_{t,n}\right) \tag{3.82}$$

综上所述，即可求出燃油泵伪退化数据自相关函数的矩估计值，其对应的曲线如图 3.8 所示。

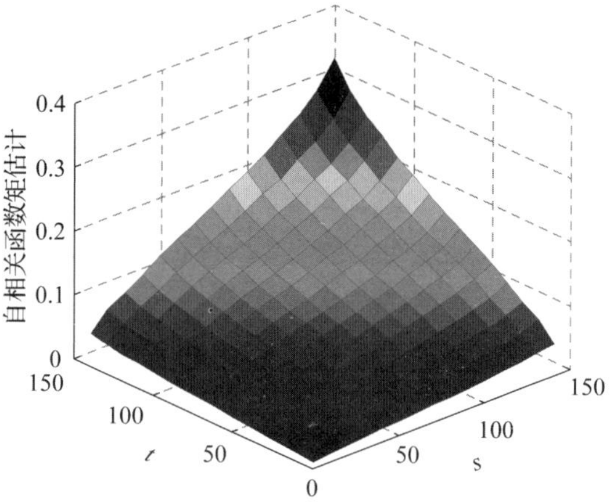

图 3.8 （见彩图）燃油泵伪退化数据自相关函数的矩估计

通过对比图 3.7 与图 3.8，可知燃油泵伪退化数据 $\dot{\boldsymbol{Y}}_n$ 自相关函数的矩估计与一元 Wiener 过程自相关函数的曲线相似度较高，表明其满足一元 Wiener 过程，从而验证了燃油泵性能退化数据 $\boldsymbol{Y}_n$ 满足 Wiener 过程。

此外，由图 3.6 可得 1~6 号燃油泵的历史寿命数据分别为 176 周期、179 周期、172 周期、187 周期、169 周期、157 周期。对上述 6 台燃油泵的历史寿命数据进行分布假设检验，不能拒绝其服从逆高斯分布的假设，从而进一步证明了采用 Wiener 过程建模燃油泵性能退化规律的合理性。

由图 3.6 可知，燃油泵的性能退化过程具有明显的非线性，为此假设 $\Lambda(t|\boldsymbol{\theta}) = t^{\theta}$。基于 2~6 号燃油泵的性能退化数据，利用 3.3.1 节提出的基于 EM 算法的先验参数估计法，可得到燃油泵退化模型参数的估计值。本节中 EM 算法的初值由文献［27］提出的 MLE 算法估计得到，而迭代停止阈值设定为 1.5×10^{-6}，由此可得 M0、M1 与 M2 对应的参数估计结果，具体如表 3.3 所列。此外，本节还给出了 M0 对应的参数估计迭代过程，具体如图 3.9 所示。

表 3.3　随机退化模型参数估计结果

参数	M0	M1	M2
μ_λ	1.2111×10^{-2}	1.2111×10^{-2}	3.5113×10^{-2}
σ_λ^2	1.1299×10^{-4}	1.1299×10^{-4}	1.1459×10^{-4}
σ_B^2	5.9194×10^{-4}	5.9194×10^{-4}	3.0434×10^{-3}
σ_ε^2	2.7401×10^{-8}	2.7401×10^{-8}	5.7342×10^{-6}
θ	1.4778	1.4778	1

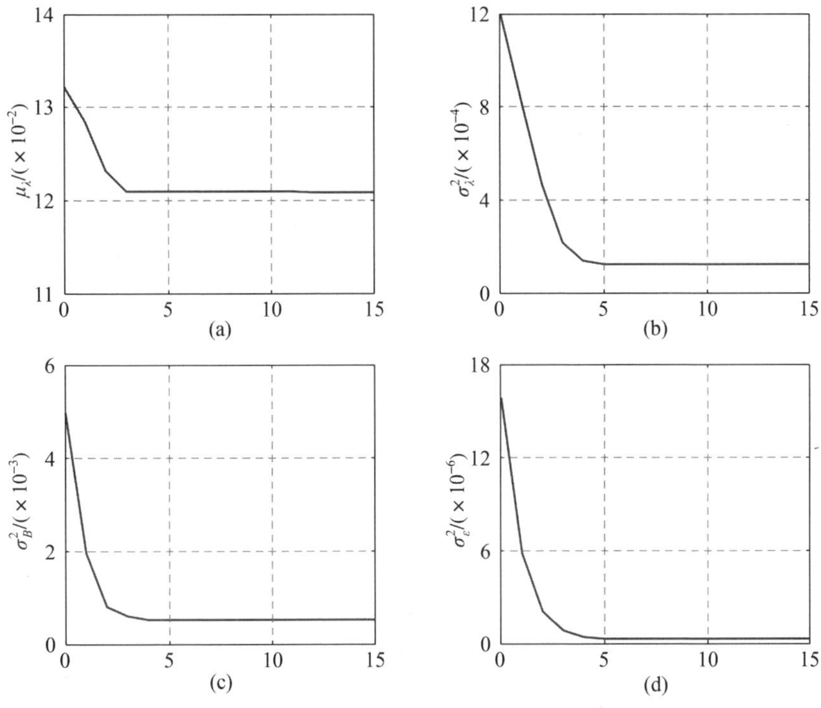

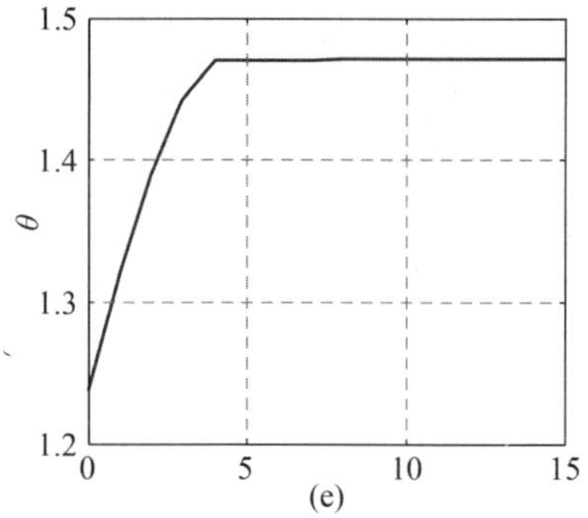

图 3.9 M0 对应参数估计迭代过程

(a) λ 迭代次数；(b) σ_λ^2 迭代次数；(c) σ_B^2 迭代次数；(d) σ_ε^2 迭代次数；(e) θ 迭代次数。

2) 失效阈值分布系数估计

失效阈值定义为设备在失效时刻对应的性能退化量。6 台燃油泵的失效阈值如表 3.4 所列。

表 3.4 燃油泵的失效阈值

燃油泵	失效阈值
1 号	5.7843
2 号	5.6877
3 号	6.0045
4 号	6.2115
5 号	6.3652
6 号	6.2084

为确定随机失效阈值的具体分布类型，对 2～6 号燃油泵的退化失效阈值进行 K－S 假设检验，得到结果如表 3.5 所列。

表 3.5 随机失效阈值分布 K－S 检验

分布类型	假设检验 P 值	结果
截断正态分布	0.8523	不拒绝
威布尔分布	0.8449	不拒绝
正态分布	0.7880	不拒绝
对数正态分布	0.7791	不拒绝
伽马分布	0.7136	不拒绝

续表

分布类型	假设检验 P 值	结果
泊松分布	0.2349	不拒绝
瑞利分布	0.0394	拒绝
指数分布	0.0273	拒绝

由表 3.5 可知，采用截断正态分布描述燃油泵性能退化的随机失效阈值更为合理。在此基础上，利用 3.3.2 节提出的失效阈值分布系数估计方法，设初值为 $\mu_{\omega,0}=6$，$\sigma^2_{\omega,0}=0.5$，迭代终止阈值为 5×10^{-4}，即可得到燃油泵退化失效阈值的分布系数估计值为 $\hat{\mu}_{\omega}=6.0574$，$\hat{\sigma}^2_{\omega}=0.5170$。

2. 剩余寿命预测

1）退化状态在线更新

基于本章提出的退化状态在线更新方法，利用目标设备的退化数据，可对其退化状态进行在线更新，更新结果如图 3.10 所示。

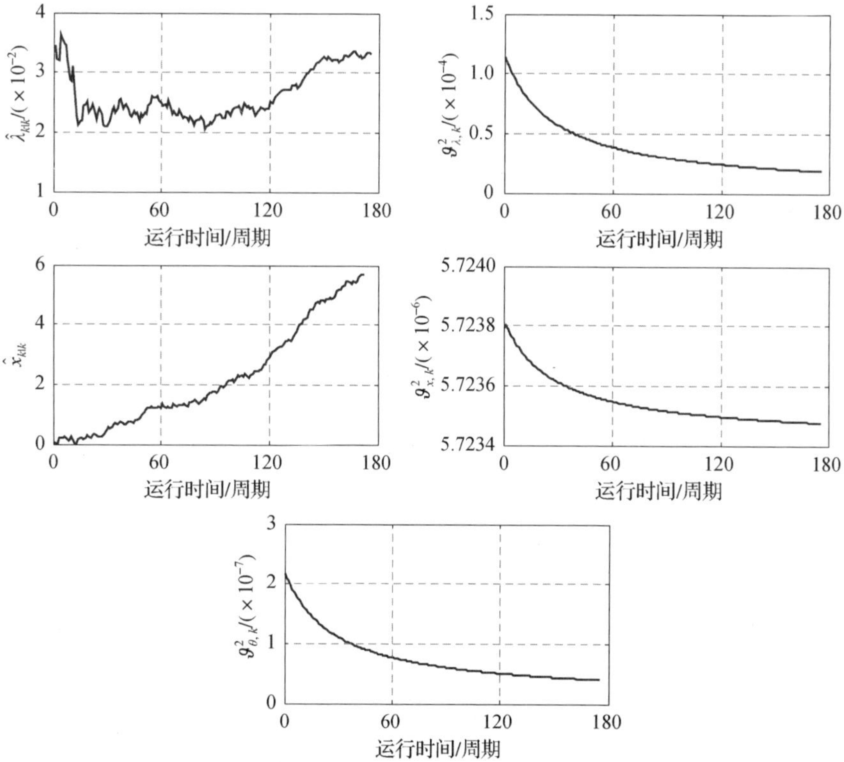

图 3.10　退化状态在线更新

2）剩余寿命预测结果

基于目标设备退化状态的在线更新结果，可以分别计算出 M0、M1 与 M2 对应燃油泵剩余寿命预测的 95% 置信区间与剩余寿命预测误差。为便于分析，以运行时间［80，140］周期内的剩余寿命预测数据为例进行说明，其他时间段内的分析过程与之相同，具体如图 3.11 与图 3.12 所示。其中，预测误差采用 MSE 来表征，该指标主要用来衡量预测剩余寿命与真实剩余寿命之间的偏差情况，且 MSE 越小，表明预测准确性越高。具体计算方法为

$$\mathrm{MSE}=\int_0^{\infty}(l_k-T+t_k)^2 f_{L_k\mid \boldsymbol{Y}_{1:k}}(l_k\mid \boldsymbol{Y}_{1:k})\,\mathrm{d}l_k \tag{3.83}$$

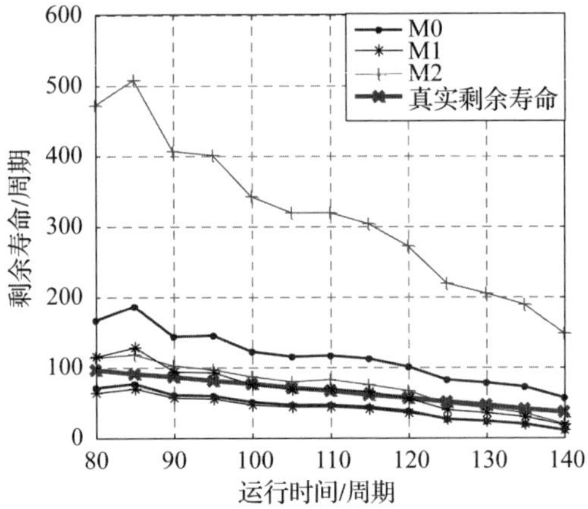

图 3.11 （见彩图）剩余寿命预测的 95% 置信区间

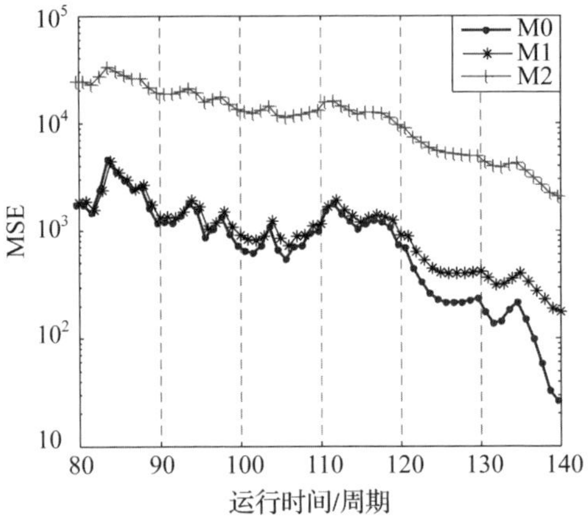

图 3.12 （见彩图）剩余寿命预测误差

由图 3.11 可知，M1 对应的剩余寿命预测置信区间最窄，但在 120 周期后已无法包含目标设备的真实剩余寿命，M0 的置信区间较 M1 虽然更宽，但在［80，

140］周期可以完全包含目标设备的真实剩余寿命，且经计算可知目标设备的真实剩余寿命始终位于 M0 对应的剩余寿命置信区间之内，由此说明 M0 较 M1 预测的准确性更高。其原因主要是忽略失效阈值的随机性将降低剩余寿命预测的不确定性，造成置信区间过窄，以至于出现无法包含真实剩余寿命的情况。由图 3.11 还可以发现，M2 具有最宽的剩余寿命预测置信区间，但在［80，122］周期区间内，目标设备的真实剩余寿命位于 M2 对应置信区间之外，表明 M2 在剩余寿命预测的准确性和精确度上均不及 M0。上述现象说明，忽略非线性退化将导致预测不确定性的进一步增大，且会大幅降低剩余寿命预测的准确性。图 3.12 表明 M0 较 M1 与 M2 预测剩余寿命的误差更小，从而进一步验证了本章所提方法的优势。

为了更加深入地剖析随机失效阈值对设备剩余寿命预测结果的影响机理，给出了目标设备在不同运行时刻对应的剩余寿命预测情况，对应的剩余寿命分布情况如图 3.13 所示。

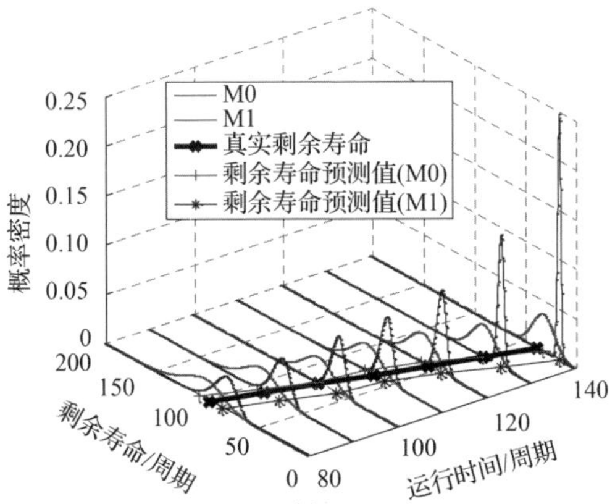

(a)

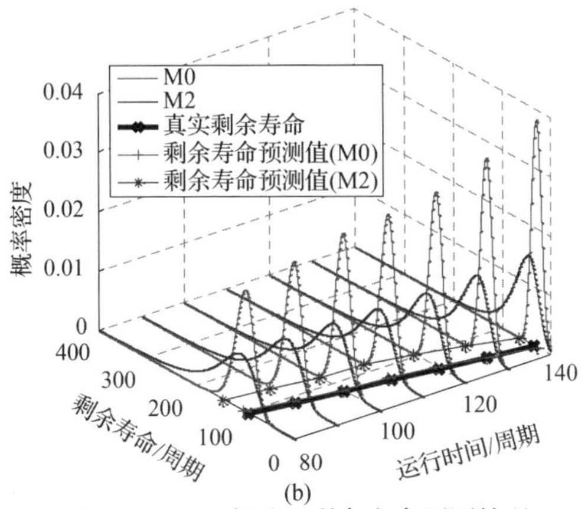

(b)

图 3.13 （见彩图）剩余寿命预测情况

（a）M0 与 M1；（b）M0 与 M2。

由图 3.13 可知，随着燃油泵运行时间的增长，M0、M1 与 M2 得到的剩余寿命概率密度函数曲线均变窄，表明随着状态监测数据的增多，剩余寿命预测的不确定性逐渐减小。进一步，由图 3.13（a）可以发现，M1 对应剩余寿命的概率分布 M0 更为集中，说明 M1 方法预测的不确定性更低，但过低的预测不确定性也导致了其对应的剩余寿命概率密度函数无法包含目标设备的真实剩余寿命，使其预测准确性较差，其直观体现为在 130 周期以后 M1 对应剩余寿命概率密度函数已无法包含目标设备的真实剩余寿命。与之相反，M0 对应的剩余寿命概率密度函数可以实现对目标设备真实剩余寿命的全覆盖，表明考虑随机失效阈值虽然增大了预测的不确定性，但有助于提升预测的准确性，该结论也与仿真分析结果相一致。此外，M1 方法可能产生对设备剩余寿命的悲观估计，从而造成对燃油泵的提前维修或更换，导致维修资源的浪费。上述情况的原因是目标设备的真实失效阈值（5.7843MPa）大于依据经验给出的固定失效阈值（5.4173MPa），而采用固定失效阈值预测燃油泵的剩余寿命时，导致对剩余寿命的估计值偏小。

由图 3.13（b）可以发现，M2 对应剩余寿命的概率分布较 M0 更为分散，说明 M2 的预测不确定性远大于 M0，从而进一步验证了 M0 较 M2 具备更高的预测精度。其原因主要是采用线性退化模型拟合非线性退化数据，会出现拟合误差，增大退化过程的不确定性。其直观体现就是出现对参数 σ_B^2 的过大估计（表 3.3），导致剩余寿命分布变宽，预测精度降低。此外，忽略非线性退化过程可能产生对剩余寿命的乐观估计，导致维修或替换的延迟，增大发生事故的风险。

综上所述，忽略非线性退化特征或失效阈值随机性都不利于实现对剩余寿命的科学准确预测，因此，有必要在剩余寿命预测过程中综合考虑非线性退化与随机失效阈值的影响。

第4章 考虑随机失效阈值与多源退化数据融合的机载设备剩余寿命预测方法

4.1 引言

随着任务需求的不断增加，机载设备的功能结构日趋复杂，性能参数日益增多。因此，如何科学运用获得的多源退化数据，准确建模退化过程并预测其剩余寿命成为亟待解决的问题。然而，现有基于数模联动的剩余寿命预测方法将健康指标对应的失效阈值设定为固定值，并未考虑随机失效阈值的影响，这在一定程度上降低了剩余寿命预测的准确性。

针对上述问题，本章在第3章研究的基础上提出了一种考虑随机失效阈值的多源退化数据融合与剩余寿命预测方法，具体流程如图4.1所示。首先基于考虑随机失效阈值的维纳过程构建退化模型并估计模型参数，进而以寿命预测均方误差和最小为准则确定融合系数；其次基于贝叶斯原理更新健康指标退化模型参数，并推导出随机失效阈值影响下剩余寿命概率分布的解析表达式。通过美国航空航天局（NASA）公开提供的商用模块化航空推进系统仿真（commercial modular aero propulsion system simulation，C－MAPSS）数据集验证了方法的有效性。

4.2 健康指标构建

4.2.1 退化数据预处理

受设备运行环境干扰和传感器生产工艺缺陷等因素的影响，通过传感器监测得到的退化数据往往夹杂着众多干扰信号，使获取的退化数据偏离真实退化轨迹，影响建模和预测的准确性。此外，考虑同一设备不同传感器监测退化数据物理意义和量纲的不同，直接进行融合易产生较大误差，会对预测结果产生不良影

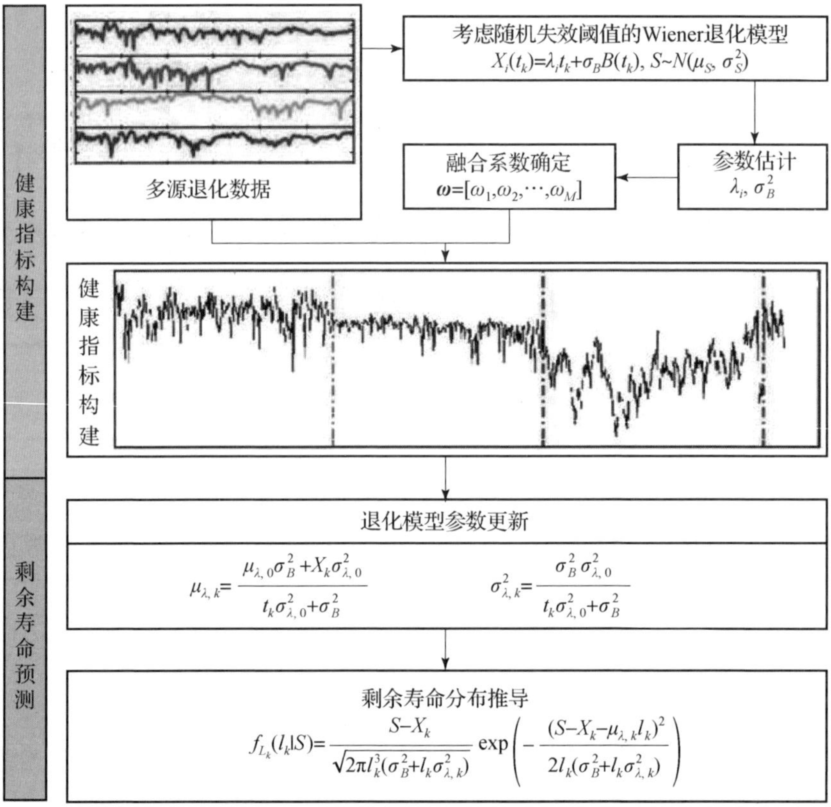
健康指标构建
剩余寿命预测
多源退化数据
考虑随机失效阈值的Wiener退化模型
$X_i(t_k)=\lambda_i t_k+\sigma_B B(t_k),\ S\sim N(\mu_S,\ \sigma_S^2)$
参数估计
$\lambda_i,\ \sigma_B^2$
融合系数确定
$\boldsymbol{\omega}=[\omega_1,\omega_2,\cdots,\omega_M]$
健康指标构建
退化模型参数更新
$\mu_{\lambda,k}=\frac{\mu_{\lambda,0}\sigma_B^2+X_k\sigma_{\lambda,0}^2}{t_k\sigma_{\lambda,0}^2+\sigma_B^2}$
$\sigma_{\lambda,k}^2=\frac{\sigma_B^2\sigma_{\lambda,0}^2}{t_k\sigma_{\lambda,0}^2+\sigma_B^2}$
剩余寿命分布推导
$f_{L_k}(l_k|S)=\frac{S-X_k}{\sqrt{2\pi l_k^3(\sigma_B^2+l_k\sigma_{\lambda,k}^2)}}\exp\left(-\frac{(S-X_k-\mu_{\lambda,k}l_k)^2}{2l_k(\sigma_B^2+l_k\sigma_{\lambda,k}^2)}\right)$

图 4.1　算法流程

响。针对上述问题，本节在构建健康指标的初始阶段首先对监测到的多源退化数据进行预处理，具体方法概括为“滤波 + 归一化”。

Step1：令 $Y_{i,j,k}$ 表示第 i 台设备中第 j 类传感器在第 k 个监测时刻获得的退化数据，$Y_{i,j,k}^*$ 表示经滤波处理后对应的退化数据，且 $i=1,2,\cdots,N, j=1,2,\cdots,M, k=1,2,\cdots,K_i$。其中，常用的滤波方法可采用高斯滤波、中值滤波等。

Step2：令 $D_{i,j,k}$ 表示经归一化处理后的退化数据，具体的归一化方法为

$$D_{i,j,k}=\frac{Y_{i,j,k}^*-\min(\boldsymbol{Y}_{\cdot,j,\cdot}^*)}{\max(\boldsymbol{Y}_{\cdot,j,\cdot}^*)-\min(\boldsymbol{Y}_{\cdot,j,\cdot}^*)} \tag{4.1}$$

式中：$\boldsymbol{Y}_{\cdot,j,\cdot}^*$ 为全体退化数据集中第 j 类传感器对应的所有退化数据，等价于该类传感器在不同设备全寿命周期中所得的全部监测数据，满足 $\boldsymbol{Y}_{\cdot,j,\cdot}^*=Y_{1:M,j,1:K_i}^*$；$\min(\cdot)$ 与 $\max(\cdot)$ 分别为最小值与最大值。

由式（4.1）易知，$D_{i,j,k}\in[0,1]$ 且 $D_{i,j,k}$ 无量纲，因此在后续分析中设备的

健康指标和相关参数无单位。

4.2.2 退化数据建模

采用 Wiener 过程对预处理后的退化数据进行建模，可得

$$D_{i,j,k}=D_{i,j}(t_k)=D_{i,j}(0)+\lambda_{i,j}^{*}t_k+(\sigma_B^{*})_jB(t_k) \tag{4.2}$$

式中：$D_{i,j}(0)$为第 i 台设备的第 j 类传感器在初始时刻对应的退化数据；$\lambda_{i,j}^{*}$为第 i 台设备的第 j 类传感器所对应的漂移系数；$(\sigma_B^{*})_j$ 为对应的扩散系数；$B(t)$为标准布朗运动，且满足 $B(t)\sim N(0,t)$。

令 $X_{i,k}$表示第 i 台设备在第 k 个监测时刻对应的健康指标，则

$$X_{i,k}=g(\boldsymbol{D}_{i,k},\boldsymbol{\omega}) \tag{4.3}$$

式中：$\boldsymbol{D}_{i,k}=[D_{i,1,k},D_{i,2,k},\cdots,D_{i,M,k}]$；$\boldsymbol{\omega}$ 为融合系数，$\boldsymbol{\omega}=[\omega_1,\omega_2,\cdots,\omega_M]$；$g(\cdot)$为融合函数。

采用线性融合的方法求解健康指标，则式（4.3）可表示为

$$X_{i,k}=\boldsymbol{D}_{i,k}\cdot\boldsymbol{\omega}^{\mathrm{T}} \tag{4.4}$$

式中：$\boldsymbol{\omega}^{\mathrm{T}}$ 为融合系数向量 $\boldsymbol{\omega}$ 的转置。

由 Wiener 过程的基本性质易知，基于线性融合方法得到的健康指标 $X_{i,k}$也服从维纳过程，即 $X_{i,k}$满足

$$X_{i,k}=X_i(t_k)=X_i(0)+\lambda_it_k+\sigma_BB(t_k) \tag{4.5}$$

式中：$X_i(0)$为第 i 台设备的初始健康指标；λ_i、σ_B 分别为对应的漂移与扩散系数。

4.2.3 退化参数估计

受运行环境、生产工艺、使用方法等因素的影响，同类设备不同个体的退化具有显著的随机性：一是退化“过程”的随机性，即不同设备退化模型对应的参数值不尽相同；二是退化“结果”的随机性，即不同设备对应的失效阈值各有差异。为了得到设备退化参数的估计值，本节分退化模型参数和随机失效阈值两部分进行分析。

1. 退化模型参数估计

维纳过程为独立增量过程，由其基本性质可知，设备健康指标的增量应满足正态分布，即 $\Delta X_{i,k}\sim N(\lambda_i\Delta t_k,\sigma_B^2\Delta t_k)$，而 $\Delta X_{i,k}=X_{i,k}-X_{i,k-1},\Delta t_k=t_k-\Delta t_{k-1}$。为便于分析，令 $t_0=0,X_{i,0}=X_{i,1}$。由此可得健康指标增量 $\Delta X_{i,k}$的轮廓似然函数为

$$\ln(L(\lambda_i,\sigma_B^2))=\sum_{i=1}^{N}\sum_{k=1}^{K_i}\ln\left(\frac{1}{\sqrt{2\pi\sigma_B^2\Delta t_k}}\right)-\sum_{i=1}^{N}\sum_{k=1}^{K_i}\left(\frac{(\Delta X_{i,k}-\lambda_i\Delta t_k)^2}{2\sigma_B^2\Delta t_k}\right) \tag{4.6}$$

采用极大似然估计法求解退化模型参数 λ_i 与 σ_B^2。对式（4.6）分别取 λ_i 与

σ_B^2 的偏导数并令其等于0，可得

$$\hat{\lambda}_i = \sum_{k=1}^{K_i} \Delta X_{i,k} / \sum_{k=1}^{K_i} \Delta t_k \tag{4.7}$$

$$\hat{\sigma}_B^2 = \frac{\sum_{i=1}^{N} \sum_{k=1}^{K_i} \frac{(\Delta X_{i,k} - \hat{\lambda}_i \Delta t_k)^2}{\Delta t_k}}{\sum_{i=1}^{N} K_i} \tag{4.8}$$

式（4.7）与式（4.8）为 λ_i 与 σ_B^2 的估计值计算公式。

2. 随机失效阈值估计

针对具体设备，其失效时对应的健康指标退化量常被定义为该设备的失效阈值，则 X_{i,K_i} 等价于第 i 台设备所对应的失效阈值。由于不同设备在运行过程中内外部应力难以一致，其失效阈值存在差异性。为了准确反映同类设备不同个体间失效阈值的差异性，常采用随机变量来描述失效阈值。目前，常采用的随机失效阈值分布类型有正态分布、截断正态分布等[34,118,136,139]。为便于分析，本书采用正态分布刻画失效阈值的随机性，其余分布类型失效阈值的分析过程与本书类似，在此不再赘述。令 S 表示设备的随机失效阈值，则其满足 $S \sim N(\mu_S, \sigma_S^2)$。

基于上述分析，可得随机失效阈值对应的轮廓似然函数为

$$\ln(L(\mu_S, \sigma_S^2)) = \sum_{i=1}^{N} \ln\left(\frac{1}{\sqrt{2\pi\sigma_S^2}}\right) - \sum_{i=1}^{N} \left(\frac{(X_{i,K_i} - \mu_S)^2}{2\sigma_S^2}\right) \tag{4.9}$$

利用极大似然估计法可得

$$\hat{\mu}_S = \frac{1}{N} \sum_{i=1}^{N} X_{i,K_i} \tag{4.10}$$

$$\hat{\sigma}_S^2 = \frac{1}{N} \sum_{i=1}^{N} (X_{i,K_i} - \hat{\mu}_S)^2 \tag{4.11}$$

4.2.4 融合系数确定

本书采用融合系数确定准则[108]，以寿命预测均方误差和最小为目标建立融合系数确定模型。为求解随机失效阈值影响下设备寿命的概率分布函数，本书给出引理4.1。

引理4.1 若 $Z \sim N(\mu, \sigma^2)$，$A \in \mathbf{R}$，$B \in \mathbf{R}^+$，则有如下等式成立：

$$E_Z\left(Z\exp\left(-\frac{(Z-A)^2}{2B}\right)\right) = \sqrt{\frac{B}{B+\sigma^2}} \frac{A\sigma^2 + B\mu}{B+\sigma^2} \exp\left(-\frac{(\mu - A)^2}{2(B+\sigma^2)}\right) \tag{4.12}$$

引理4.1可由文献［85］中引理2经推导得出，在此不详细证明。

固定失效阈值条件下维纳过程首达时分布的概率表达式为[108]

$$f_i(t|S) = \frac{S - X_{i,0}}{\sqrt{2\pi\sigma_B^2 t^3}} \exp\left(-\frac{(S - X_{i,0} - \lambda_i t)^2}{2\sigma_B^2 t}\right) \tag{4.13}$$

式中：$X_{i,0}$为设备健康指标的初始值，$X_{i,0} = X_i(0)$；$f(\cdot)$为概率密度函数。

进一步，基于全概率公式可得到考虑随机失效阈值时设备寿命对应的概率分布为

$$f_i(t) = \int_0^{+\infty} f_i(t|S) f(S) \mathrm{d}S = E_S(f_i(t|S)) \tag{4.14}$$

若设备的随机失效阈值 S 满足正态分布，并令 $Z = S - X_{i,0}$，则可知，$Z \sim N(\mu_S - X_{i,0}, \sigma_S^2)$。不妨令 $A = \lambda_i t$，$B = 2\sigma_B^2 t$。利用引理 4.1 得到式（4.14）的等价表达式为

$$f_i(t) = \frac{\lambda_i \sigma_S^2 + \sigma_B^2(\mu_S - X_{i,0})}{\sqrt{2\pi(\sigma_B^2 t + \sigma_S^2)^3}} \exp\left(-\frac{(\mu_S - X_{i,0} - \lambda_i t)^2}{2(\sigma_B^2 t + \sigma_S^2)}\right) \tag{4.15}$$

基于式（4.15）可求得设备寿命的期望为

$$\begin{aligned} E_i(t) &= \int_0^{+\infty} t f_i(t) \mathrm{d}t = \int_0^{+\infty} t \frac{\lambda_i \sigma_S^2 + \sigma_B^2(\mu_S - X_{i,0})}{\sqrt{2\pi(\sigma_B^2 t + \sigma_S^2)^3}} \exp\left(-\frac{(\mu_S - X_{i,0} - \lambda_i t)^2}{2(\sigma_B^2 t + \sigma_S^2)}\right) \mathrm{d}t \\ &= \int_0^{+\infty} \frac{(\sigma_B^2 t + \sigma_S^2) - \sigma_S^2}{\sigma_B^2} \frac{\lambda_i \sigma_S^2 + \sigma_B^2(\mu_S - X_{i,0})}{\sqrt{2\pi(\sigma_B^2 t + \sigma_S^2)^3}} \times \\ &\quad \exp\left(-\frac{(\mu_S - X_{i,0} - \lambda_i t)^2}{2(\sigma_B^2 t + \sigma_S^2)}\right) \mathrm{d}t \end{aligned} \tag{4.16}$$

进一步分析可知，式（4.16）可等价于 $I_1 - I_2$，其中：

$$I_1 = \int_0^{+\infty} \frac{\sigma_B^2 t + \sigma_S^2}{\sigma_B^2} \frac{\lambda_i \sigma_S^2 + \sigma_B^2(\mu_S - X_{i,0})}{\sqrt{2\pi(\sigma_B^2 t + \sigma_S^2)^3}} \exp\left(-\frac{(\mu_S - X_{i,0} - \lambda_i t)^2}{2(\sigma_B^2 t + \sigma_S^2)}\right) \mathrm{d}t \tag{4.17}$$

$$\begin{aligned} I_2 &= \frac{\sigma_S^2}{\sigma_B^2} \int_0^{+\infty} \frac{\lambda_i \sigma_S^2 + \sigma_B^2(\mu_S - X_{i,0})}{\sqrt{2\pi(\sigma_B^2 t + \sigma_S^2)^3}} \exp\left(-\frac{(\mu_S - X_{i,0} - \lambda_i t)^2}{2(\sigma_B^2 t + \sigma_S^2)}\right) \mathrm{d}t \\ &= \frac{\sigma_S^2}{\sigma_B^2} \int_0^{+\infty} f_i(t) \mathrm{d}t = \frac{\sigma_S^2}{\sigma_B^2} F_i(+\infty) \end{aligned} \tag{4.18}$$

式中：$F_i(t)$为寿命的累计分布函数。

由累计分布函数的性质可得 $F_i(+\infty) = 1$，则式（4.18）等价于 $I_2 = \sigma_S^2/\sigma_B^2$。令 $\sigma_B^2 t + \sigma_S^2 = \tau$，并将其代入式（4.17），可得

$$\begin{aligned} I_1 &= \int_{\sigma_S^2}^{+\infty} \frac{\tau}{\sigma_B^2} \frac{\lambda_i \sigma_S^2 + \sigma_B^2(\mu_S - X_{i,0})}{\sqrt{2\pi(\sigma_B^2)^2 \tau^3}} \exp\left(-\frac{((\mu_S - X_{i,0})\sigma_B^2 + \lambda_i \sigma_S^2 - \lambda_i \tau)^2}{2(\sigma_B^2)^2 \tau}\right) \mathrm{d}\tau \\ &= \int_0^{+\infty} \frac{\tau}{(\sigma_B)_i^2} \frac{\lambda_i \sigma_S^2 + \sigma_B^2(\mu_S - X_{i,0})}{\sqrt{2\pi(\sigma_B^2)^2 \tau^3}} \exp\left(-\frac{((\mu_S - X_{i,0})\sigma_B^2 + \lambda_i \sigma_S^2 - \lambda_i \tau)^2}{2(\sigma_B^2)^2 \tau}\right) \mathrm{d}\tau - \end{aligned}$$

$$\int_{0}^{\sigma_S^2} \frac{\tau}{\sigma_B^2} \frac{\lambda_i \sigma_S^2 + \sigma_B^2(\mu_S - X_{i,0})}{\sqrt{2\pi\ (\sigma_B^2)^2 \tau^3}} \exp\left(- \frac{((\mu_S - X_{i,0})\sigma_B^2 + \lambda_i \sigma_S^2 - \lambda_i \tau)^2}{2\ (\sigma_B^2)^2 \tau} \right) d\tau \tag{4.19}$$

在工程实践中随机失效阈值的方差 σ_S^2 通常极小，趋近于0，则基于定积分的基本性质可得式（4.19）的近似表达式为

$$I_1 \approx \int_{0}^{+\infty} \frac{\tau}{(\sigma_B)_i^2} \frac{\lambda_i \sigma_S^2 + \sigma_B^2(\mu_S - X_{i,0})}{\sqrt{2\pi\ (\sigma_B^2)^2 \tau^3}} \exp\left(- \frac{((\mu_S - X_{i,0})\sigma_B^2 + \lambda_i \sigma_S^2 - \lambda_i \tau)^2}{2\ (\sigma_B^2)^2 \tau} \right) d\tau - \frac{\sigma_S^2}{\sigma_B^2} \frac{\lambda_i \sigma_S^2 + \sigma_B^2(\mu_S - X_{i,0})}{\sqrt{2\pi\ (\sigma_B^2)^2\ (\sigma_S^2)^3}} \exp\left(- \frac{((\mu_S - X_{i,0})\sigma_B^2 + \lambda_i \sigma_S^2 - \lambda_i \sigma_S^2)^2}{2\ (\sigma_B^2)^2 \sigma_S^2} \right) \sigma_S^2 \tag{4.20}$$

令 $\eta_1 = \lambda_i \sigma_S^2 + \sigma_B^2(\mu_S - X_{i,0})$，$\eta_2 = \sigma_B^2$，并将其代入式（4.20），可得

$$I_1 = \int_{0}^{+\infty} \frac{\tau}{\eta_2} \frac{\eta_1}{\sqrt{2\pi \eta_2^2 \tau^3}} \exp\left(- \frac{(\eta_1 - \lambda_i \tau)^2}{2\eta_2^2 \tau} \right) d\tau - \sqrt{\frac{\eta_1^2 \sigma_S^2}{2\pi \eta_2^4}} \exp\left(- \frac{(\mu_S - X_{i,0})^2}{2\sigma_S^2} \right) \tag{4.21}$$

进一步分析可知，式（4.21）中积分项为逆高斯分布求解期望的标准形式，因此可得

$$I_1 = \frac{1}{\eta_2} \times \frac{\eta_1}{\lambda_i} - \sqrt{\frac{\eta_1^2 \sigma_S^2}{2\pi \eta_2^4}} \exp\left(- \frac{(\mu_S - X_{i,0})^2}{2\sigma_S^2} \right) \tag{4.22}$$

基于上述分析可得考虑随机失效阈值时设备寿命的期望值为

$$E_i(t) = \frac{\mu_S - X_{i,0}}{\lambda_i} - \exp\left(- \frac{(\mu_S - X_{i,0})^2}{2\sigma_S^2} \right) \sqrt{\frac{\sigma_S^2\ (\lambda_i \sigma_S^2 + \sigma_B^2(\mu_S - X_{i,0}))^2}{2\pi\ (\sigma_B^2)^4}} \tag{4.23}$$

令 $\tilde{T}_i$ 表示设备的真实寿命，则寿命预测的均方误差和为

$$\text{Error} = \sum_{i=1}^{N} (E_i(t) - \tilde{T}_i)^2 \tag{4.24}$$

对式（4.24）求最小值，可得到设备健康指标的融合系数。进一步分析可知，对式（4.24）求最小值等价于一个无约束多元非线性规划问题，因此采用MATLAB中的fminunc函数可对其进行求解。

4.3 剩余寿命预测

4.3.1 参数在线更新

假设目标设备在 $1 \sim t_k$ 时刻对应的健康指标分别为 $\boldsymbol{X}_{1:k} = \{X_1, X_2, \cdots X_k\}$，则

其退化模型可表示为

$$X_k = X(t_k) = X(0) + \lambda t_k + \sigma_B B(t_k) \tag{4.25}$$

为了能准确地表征设备的退化规律，常令漂移系数 λ 满足 $N(\mu_\lambda, \sigma_\lambda^2)$，以体现不同设备间退化的差异性。在剩余寿命预测环节，为了进一步提升预测的准确性，常对漂移系数进行更新。依据贝叶斯原理可得其更新过程为[108]

$$\mu_{\lambda,k} = \frac{\mu_{\lambda,0}\sigma_B^2 + X_k\sigma_{\lambda,0}^2}{t_k\sigma_{\lambda,0}^2 + \sigma_B^2} \tag{4.26}$$

$$\sigma_{\lambda,k}^2 = \frac{\sigma_B^2\sigma_{\lambda,0}^2}{t_k\sigma_{\lambda,0}^2 + \sigma_B^2} \tag{4.27}$$

式中

$$\mu_{\lambda,0} = \frac{1}{N}\sum_{i=1}^{N}\hat{\lambda}_i \tag{4.28}$$

$$\sigma_{\lambda,0}^2 = \frac{1}{N}\sum_{i=1}^{N}(\hat{\lambda}_i - \mu_{\lambda,0})^2 \tag{4.29}$$

4.3.2 剩余寿命分布推导

考虑漂移系数随机效应时设备剩余寿命的概率分布表达式为[108]

$$f_{L_k}(l_k \mid S) = \frac{S - X_k}{\sqrt{2\pi l_k^3(\sigma_B^2 + l_k\sigma_{\lambda,k}^2)}}\exp\left(-\frac{(S - X_k - \mu_{\lambda,k}l_k)^2}{2l_k(\sigma_B^2 + l_k\sigma_{\lambda,k}^2)}\right) \tag{4.30}$$

若考虑随机失效阈值的影响，则 $S - X_k$ 满足正态分布，且服从 $N(\mu_S - X_k, \sigma_S^2)$。令 $Z = S - X_k$，$B = l_k(\sigma_B^2 + l_k\sigma_{\lambda,k}^2)$，$A = \mu_{\lambda,k}l_k$，基于全概率公式并利用引理 4.1 可得

$$f_{L_k}(l_k) = \int_0^{+\infty} f_{L_k}(l_k \mid S)f(S)\,\mathrm{d}S = \sqrt{\frac{1}{2\pi l_k^2(l_k^2\sigma_{\lambda,k}^2 + l_k\sigma_B^2 + \sigma_S^2)}} \times \frac{\mu_{\lambda,k}l_k\sigma_S^2 + l_k(\sigma_B^2 + l_k\sigma_{\lambda,k}^2)(\mu_S - X_k)}{(l_k^2\sigma_{\lambda,k}^2 + l_k\sigma_B^2 + \sigma_S^2)}\exp\left(-\frac{(\mu_S - X_k - \mu_{\lambda,k}l_k)^2}{2(l_k^2\sigma_{\lambda,k}^2 + l_k\sigma_B^2 + \sigma_S^2)}\right) \tag{4.31}$$

进一步，可得考虑随机失效阈值条件下设备剩余寿命的期望为

$$E(l_k) = \int_0^{+\infty} l_k f_{L_k}(l_k)\,\mathrm{d}l_k \tag{4.32}$$

$E(l_k)$ 也称预测剩余寿命，常用于衡量预测结果的好坏。

4.4 算例分析

本书基于 NASA 公开发布的 C－MAPSS 数据集进行分析。具体研究对象选定

为 FD001 子集所对应的全体训练集数据，该数据集共包含 21 种传感器对 100 台航空发动机监测所得的全寿命周期退化数据。传感器对应的监测数据信息如表 4.1 所列。

表 4.1　传感器监测数据信息

序号	监测数据	单位
1	风机进口总温度 T_2	K
2	低压压气机出口总温度 T_{24}	K
3	高压压气机出口总温度 T_{30}	K
4	低压涡轮出口总温度 T_{50}	K
5	风机入口压力 P_2	kPa
6	旁路管道总压力 P_{15}	kPa
7	高压压气机出口总压力 P_{30}	kPa
8	发动机风扇转速 N_f	r/min
9	发动机核心转速 N_c	r/min
10	发动机压力比 e_{pr}	—
11	高压压气机出口静压 P_{s30}	Pa
12	燃料流量与 P_{s30} 的比率 phi	m^3/（Pa·s）
13	校正风扇转速 N_{Rf}	r/min
14	校正核心转速 N_{Rc}	r/min
15	旁路比率（BPR）	—
16	燃烧器燃料空气比 B_{fa}	—
17	出血焓（Bleed）	—
18	要求风扇转速 N_{f_dmd}	r/min
19	要求校正风扇转速 NR_{f_dmd}	r/min
20	高压涡轮冷却剂排放 W_{31}	m^3/s
21	低压涡轮冷却剂排放 W_{32}	m^3/s

采用本书提出的退化数据预处理方法对监测数据进行预处理。选用高斯滤波，窗宽设定为 20，在此基础上对传感器监测退化数据进行归一化处理。经分析可知，归一化处理后风机进口总温度、风机入口压力、发动机压力比、燃烧器

燃料空气比、要求风扇转速及要求校正风扇转速6类监测退化数据始终为0，表明这6类数据对健康指标融合结果无影响。为简化计算，在后续研究中将上述6类数据从研究对象中进行了剔除。

为便于对比分析，记本书提出的考虑随机失效阈值的多源退化数据融合与剩余寿命预测方法为M0；文献［108］提出的不考虑随机失效阈值的多源退化数据融合与剩余寿命预测方法为M1。此外，本书还设置了随机失效阈值影响下基于一元退化数据的剩余寿命预测方法作为对照组，并记为M2。M2中传感器退化数据的选取依据文献［109］提出的皮尔逊相关系数标准进行，某一类退化数据的皮尔逊相关系数绝对值越大，表明该类数据与维纳过程的相关性越好。由文献［109］可知，发动机高压压气机出口静压在21组传感器监测退化数据中具有最大绝对值的皮尔逊相关系数，因此本书选用高压压气机出口静压作为一元退化数据进行分析。依据不同方法确定的融合系数见表4.2。在融合系数确定的条件下，即可进行健康指标融合，本书以FD001训练集中第8台发动机为例进行说明，其对应的退化数据与融合后的健康指标如图4.2所示。

表4.2 融合系数确定结果

监测数据	融合系数		
	M0	M1	M2
T_{24}	0.5072	0.6453	0
T_{30}	0.4066	0.0959	0
T_{50}	0.3876	0.7278	0
P_{15}	0.0009	0.0021	0
P_{30}	-0.2574	-0.6689	0
N_f	0.6760	2.0389	0
N_c	0.2078	0.4110	0
P_{s30}	0.2165	0.5566	1
Phi	-0.5358	-0.6491	0
N_{Rf}	0.1714	2.0661	0
N_{Rc}	0.1629	0.4430	0
BPR	0.4697	0.3762	0
Bleed	0.1910	0.4710	0
W_{31}	-0.9532	-0.9899	0
W_{32}	-0.1975	-0.8606	0

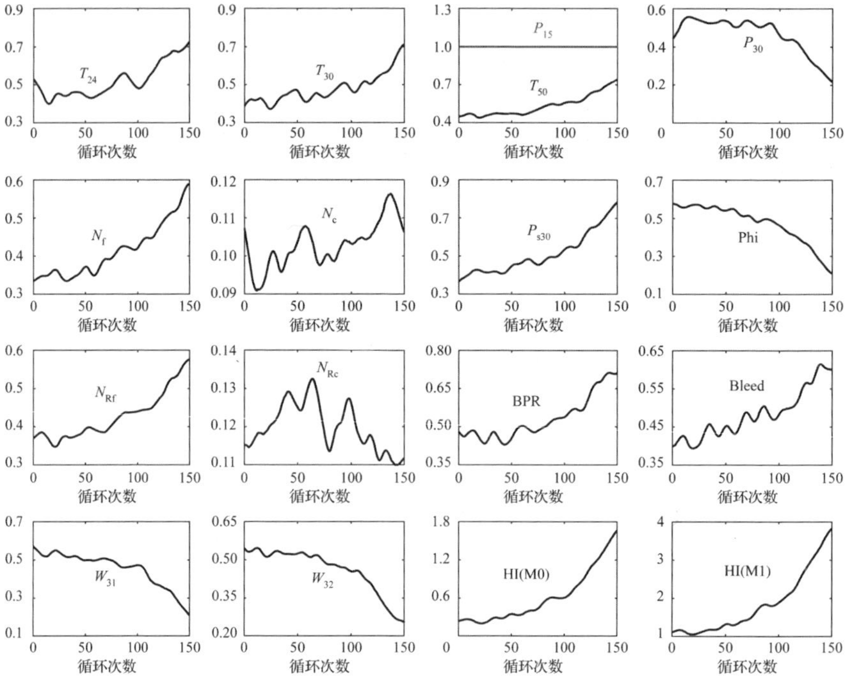

图 4.2 退化数据与健康指标

由图 4.2 可知，发动机不同性能参数与其健康指标的退化过程具有显著的非单调性，因此适合采用维纳过程对其进行退化建模。为了进一步验证采用 Wiener 过程建模退化过程的合理性，本书采用文献［118］中提出的 Wiener 过程辨识方法。得到 Wiener 过程的自相关函数值曲线和发动机健康指标（M0）自相关函数的矩估计值曲线，如图 4.3 和图 4.4 所示。

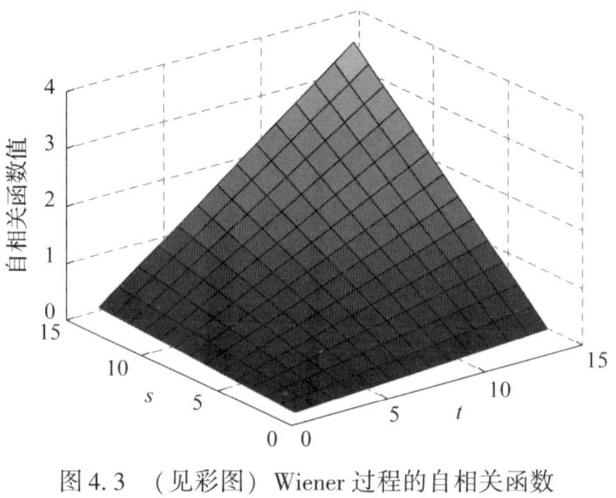

图 4.3 （见彩图）Wiener 过程的自相关函数

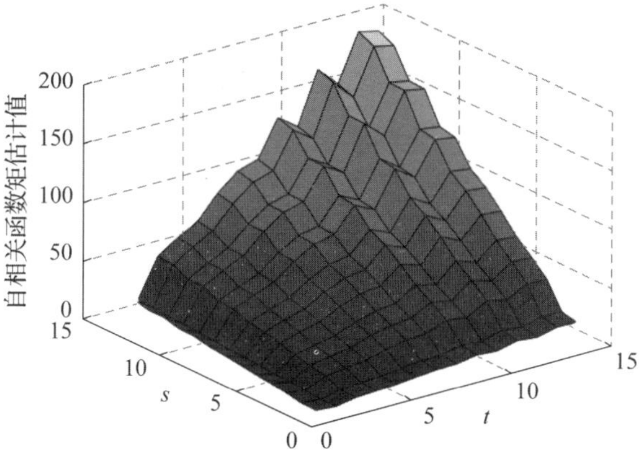

图 4.4 （见彩图）发动机健康指标自相关函数的矩估计

通过对比图 4.3 与图 4.4 可知，发动机健康指标自相关函数的矩估计与 Wiener 过程的自相关函数曲线相似，由文献［118］给出的 Wiener 过程辨识方法可知，发动机健康指标退化模型满足 Wiener 过程。此外，本书还对图 4.2 所示的 14 类发动机性能参数和 M1 对应健康指标进行了 Wiener 过程辨识分析，均能够得到其退化过程满足 Wiener 过程的结论，由此也进一步证明了本书提出的模型的合理性。

进一步，基于本书提出的退化参数估计方法，可对发动机退化参数进行估计，具体结果见表 4.3。

表 4.3 退化参数估计值

退化参数	方法		
	M0	M1	M2
μ_λ	1.7586×10^{-2}	1.7927×10^{-2}	2.4078×10^{-3}
σ_λ^2	1.1355×10^{-7}	4.1341×10^{-7}	1.1197×10^{-6}
σ_B^2	1.3314×10^{-4}	4.8477×10^{-4}	1.3129×10^{-5}
μ_S	1.6653	3.5915	0.8041
σ_S^2	1.6004×10^{-2}	0	1.7811×10^{-3}

图 4.5 与图 4.6 分别给出了 M0 方法与 M2 方法中 100 台发动机失效阈值整体分布针对正态分布的分位图（Quantile－Quantile plot，Q－Q）图。由图 4.2 与图 4.3 可知，发动机健康指标与高压压气机出口静压对应失效阈值基本分布在一条直线上，这可以说明发动机健康指标与高压压气机出口静压的失效阈值均服从正态分布。由此证明了本书假设发动机失效阈值服从正态分布的合理性。

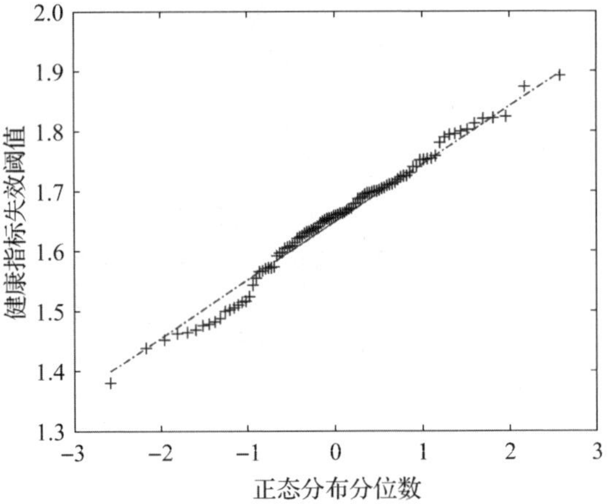

图 4.5　健康指标失效阈值 Q－Q 图

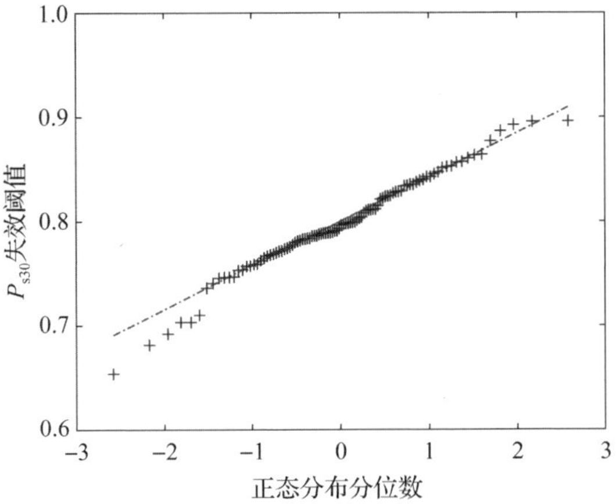

图 4.6　P_{s30}失效阈值 Q－Q 图

基于退化参数的估计值，利用本书所提方法可实现对发动机剩余寿命的预测。选用 FD001 训练集中的 8 号发动机（图 4.2）作为目标设备进行验证分析，具体剩余寿命预测结果如图 4.7 所示。由图 4.7（a）可知，M0 对应剩余寿命概率密度曲线可以完全覆盖目标设备的真实剩余寿命，而 M1 对应剩余寿命分布曲线无法完全覆盖目标设备的真实剩余寿命（如运行时间为 105 周期、120 周期时），从而表明 M0 较 M1 剩余寿命预测的准确性更高。由图 4.7（b）可知，M0 与 M1 对应的剩余寿命概率密度曲线均可完全覆盖目标设备的真实剩余寿命，但 M0 对应剩余寿命概率分布曲线较 M2 更为集中，表明 M0 的预测不确定性较 M2 更小，说明 M0 预测精度较 M2 更高。

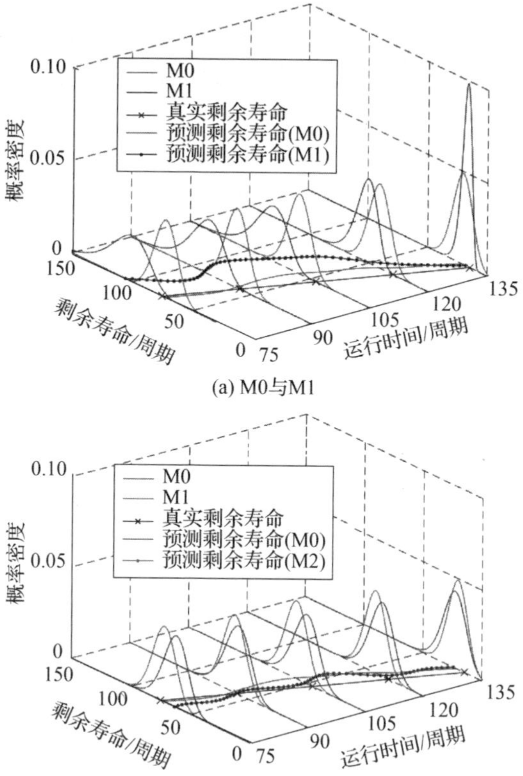

(a) M0与M1

(b) M0与M2

图 4.7 （见彩图）剩余寿命预测结果

为了进一步证明本书所提考虑随机失效阈值的数据融合与剩余寿命预测方法在预测性能上更具优势，给出了目标设备在不同运行时间下剩余寿命的预测值、预测 95% 置信区间及预测绝对误差，见图 4.8 与表 4.4。

由图 4.8 可知，在发动机运行的早期，M0、M1 与 M2 预测剩余寿命的性能普遍较差，这一阶段预测误差较大的主要原因是监测数据偏少导致的预测不确定性偏大；随着运行时间的延长，监测数据获取量增多，预测准确性也逐步提升；在发动机运行末期，三种方法均可较为准确地预测剩余寿命。通过分析表 4.4 可以发现，在发动机运行的中后期（运行时间大于 60 周期），M0 对应的剩余寿命绝对误差明显小于 M1，表明 M1 的预测准确性更好，说明在健康指标融合与剩余寿命预测过程中考虑随机失效阈值具有必要性。与此同时，M0 对应的剩余寿命预测置信区间则普遍较 M2 更窄，表明 M0 在保证预测准确性的同时兼具更低的预测不确定性，说明融合多源传感器数据较单一传感器数据在提升剩余寿命预测精度方面更具优势。

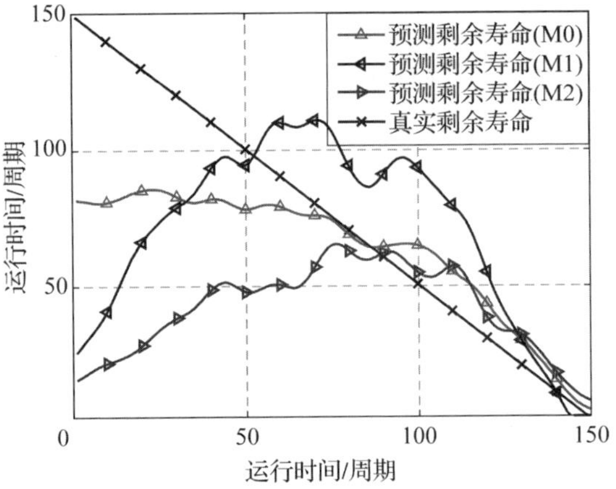

图 4.8 （见彩图）M0、M1 与 M2 的预测剩余寿命

表 4.4 剩余寿命预测的 95% 置信区间和绝对误差

运行时间	真实剩余寿命	M0		M1		M2	
		剩余寿命绝对误差	95% 置信区间	剩余寿命绝对误差	95% 置信区间	剩余寿命绝对误差	95% 置信区间
15	135	53.5	[108.8, 67.7]	82.1	[65.9, 42.9]	112.6	[28.1, 17.0]
30	120	38.6	[100.9, 63.4]	42.6	[101.2, 60.8]	83.3	[46.8, 27.5]
45	105	25.8	[98.7, 61.1]	8.9	[129.7, 72.4]	55.5	[64.2, 36.6]
60	90	12.3	[97.4, 59.5]	18.7	[149.9, 80.2]	41.1	[65.7, 34.5]
75	75	2.2	[92.4, 54.7]	30.5	[146.0, 77.3]	11.5	[85.3, 44.8]
90	60	2.9	[82.0, 45.3]	29.6	[123.4, 65.6]	0.5	[83.3, 40.8]
105	45	6.5	[78.9, 42.2]	40.1	[118.4, 61.5]	6.7	[72.2, 32.2]
120	30	7.8	[59.9, 25.2]	23.4	[74.9, 37.8]	6.7	[57.4, 18.3]
135	15	6.5	[38.7, 6.4]	6.7	[28.6, 18.7]	9.2	[44.7, 6.9]

第 5 章
不完全维护影响下机载设备剩余寿命预测方法

5.1 引言

维护是保持和恢复机载设备性能状态的重要技术手段，在机务保障工作中占据重要地位。机载设备在实际使用过程中，受不可逆退化与维修成本等因素的制约，大多数维护活动均难以使设备恢复至全新状态，而是介于全新和维护前状态的中间状态，即维护不完全，也称不完全维护[195-200]。例如，对风扇进行除尘和润滑作业、对电机转子进行动平衡调整、对陀螺仪进行漂移量校准等均属于不完全维护。设备在经历不完全维护后，其当前退化状态会发生显著变化，由第 2 章分析可知，当前退化状态的改变会直接影响对应剩余寿命的分布，进而对基于剩余寿命预测信息的维修决策产生影响。然而，当前有关不完全维护的研究大多围绕线性退化过程展开分析，且未能定量分析不完全维护对剩余寿命预测和维修决策的不确定影响。其具体表现为两点不足：一是采用齐次泊松过程建立不完全维护模型具有局限性，难以客观反映设备真实的维护活动实施规律；二是缺乏不完全维护影响下的非线性退化建模分析，且忽略了对个体差异性的考量，从而降低了剩余寿命预测的准确性。

针对上述问题，本章在第 2 章研究的基础上对经历不完全维护设备的剩余寿命预测问题进行了拓展研究。首先融合考虑个体差异的非线性 Wiener 退化模型和基于复合非齐次泊松过程的不完全维护模型构建设备的综合退化模型；其次提出基于 EM 算法的退化模型先验参数估计法和基于 MLE 算法的不完全维护模型参数估计法；再次基于贝叶斯原理在线更新设备的退化状态，并推导出融入不完全维护效果的设备剩余寿命概率密度函数；最后通过仿真算例和陀螺仪实例分析验证所提方法的有效性。

5.2 融入不完全维护效果的设备退化建模

针对经历不完全维护的设备，建立融入不完全维护效果的随机退化模型，其中，设备所经历的不完全维护活动采用复合非齐次泊松过程进行建模，设备的正常退化过程采用考虑个体差异非线性 Wiener 过程进行建模。

5.2.1 基于复合非齐次泊松过程的不完全维护模型

采用非齐次泊松过程与特定随机变量构建复合非齐次泊松过程，以反映不完全维护活动对设备退化状态恢复效果的随机特性。其具体表现为采用非齐次泊松过程描述实施不完全维护的时机，采用独立同分布的随机变量衡量不完全维护的恢复效果。进一步，可给出如下假设：

(1) 维护活动仅对设备的退化状态起到恢复作用，而不改变设备原有的退化机理，即在经历维护活动后设备的退化程度降低，但退化速率、不确定性等特性与未发生维护前相同。

(2) 维护活动属于不完全维护，即经过维护后设备的性能状态得到恢复，但恢复后的性能状态介于全新（修复如新）和原有状态（修复如旧）之间。其直观表现为性能指标恢复量满足 $0 < E_k < X(T_k)$，其中 $X(T_k)$ 表示实施不完全维护作业前设备的性能退化量，T_k 表示进行不完全维护的时刻。

(3) 设备每次进行维护的时间远小于其寿命周期总时间，因此可以忽略维护时间对设备运行的影响。

(4) 每次不完全维护对设备产生的性能指标的恢复量 E_i 均相互独立，且满足同一随机分布 $f_E(E|\boldsymbol{\Phi})$，其中 $\boldsymbol{\Phi}$ 表示分布系数。

(5) 设备在寿命周期 $(0,T]$ 内的任意时间段 $(t_{k-1},t_k]$ 所经历不完全维护作业的次数 $N(t_k - t_{k-1})$ 满足非齐次泊松分布，其强度函数为 $\rho(t|\boldsymbol{\eta})$，其中 $\boldsymbol{\eta}$ 表示未知参数，由此可得

$$P = (N(t_k - t_{k-1}) = n_k) = \frac{(m(t_k) - m(t_{k-1}))^{n_k}}{n_k!}\exp(m(t_{k-1}) - m(t_k)) \tag{5.1}$$

式中：$m(t)$ 为维护活动发生的强度，且 $m(t) = \int_0^t \rho(\delta|\boldsymbol{\eta})\mathrm{d}\delta$；$n_k$ 为 $(t_{k-1},t_k]$ 内不完全维护的次数，$t_0 = 0, t_{k-1} < t_k$。

综上，设备的不完全维护模型可表示为

$$M(t) = \sum_{i=0}^{N(t)} E_i \tag{5.2}$$

式中：$N(t)=N(t-t_0)$；E_0 为未进行维护时对应的设备性能回复量，易知 $E_0=0$。

5.2.2 考虑不完全维护影响的随机退化模型

采用 2.3.3 节提出的考虑个体差异的非线性 Wiener 退化模型来描述机载设备的随机退化过程：

$$X(t)=X(0)+\lambda\Lambda(t|\boldsymbol{\theta})+\sigma_B B(t) \tag{5.3}$$

建立融入不完全维护效果的设备随机退化模型，需要综合考虑设备自身的退化特性和维护活动的恢复特性。如图 5.1 所示，在不经历维护活动时，设备的退化过程满足式（5.3）所示非线性 Wiener 退化模型（图 5.1 中虚线）；而在经历不完全维护后，设备的退化状态得到一定程度（但不完全）的改善，性能退化量降低。由图 5.1 易知，不完全维护活动对设备退化状态的恢复程度具有累积效应，从而使设备的退化过程呈现出显著的阶段性特征（图 5.1 中实线）。

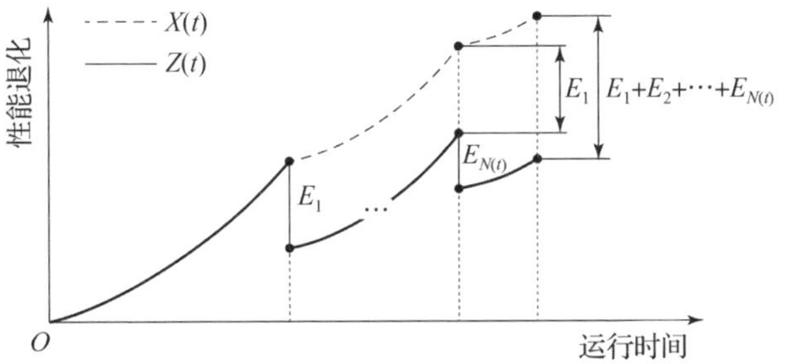

图 5.1 融入不完全维护效果的设备退化过程

基于上述分析，融入不完全维护效果的设备随机退化过程主要包含设备正常退化的正向过程和不完全维护的逆向过程两部分，由此可以建立设备的综合退化模型，具体表达式为

$$Z(t)=X(t)-M(t)=Z(0)+\lambda\Lambda(t|\boldsymbol{\theta})+\sigma_B B(t)-M(t) \tag{5.4}$$

式中：$Z(t)$ 为 t 时刻经过不完全维护后设备的性能退化量，不失一般性，令 $Z(0)=0$；$M(t)$ 前的负号“ - ”则体现了不完全维护效果对退化状态的改善特性，表明维护作业可以对设备性能状态的退化起到恢复作用。

5.3 基于 EM 算法和 MLE 算法的参数联合估计

5.3.1 基于 EM 算法的退化模型先验参数估计

假设有 N 台设备的性能退化数据，其中第 $n(i=1,2,\cdots,N)$ 台设备在第 $i(i=$

$1,2,\cdots,m_n$)时刻对应的性能退化量为 $Z(t_{i,n})$，则 $\boldsymbol{Z}_n=[Z(t_{1,n}),Z(t_{2,n}),\cdots,Z(t_{m_n,n})]^{\mathrm{T}}$ 表示第 n 台设备对应的全部性能退化数据，$\boldsymbol{Z}_{1:N}=\{\boldsymbol{Z}_1,\boldsymbol{Z}_2,\cdots,\boldsymbol{Z}_N\}$ 表示全部性能退化数据。记第 n 台设备进行第 $k(k=1,2,\cdots,d_k)$ 次不完全维护的时间为 $\overline{t}_{k,n}$，对应的性能指标恢复量为 $E_{k,n}$，则 d_n 表示第 n 台设备经历的不完全维护的总次数。

由式（5.4）可得

$$\lambda\Lambda(t\,|\,\boldsymbol{\theta})+\sigma_B B(t)=Z(t)+\sum_{n=0}^{N(t)}E_n \tag{5.5}$$

令

$$\widetilde{Y}(t)=Z(t)+\sum_{n=0}^{N(t)}E_n,E_0=0 \tag{5.6}$$

则可得

$$\widetilde{Y}(0)=0 \tag{5.7}$$

进一步可将式（5.6）转化为

$$\widetilde{Y}(t)=\widetilde{Y}(0)+\lambda\Lambda(t\,|\,\boldsymbol{\theta})+\sigma_B B(t) \tag{5.8}$$

$\widetilde{Y}(t)$称为设备的等效性能退化量。对比式（5.8）与式（5.3）可以发现，等效性能退化量 $\widetilde{Y}(t)$服从非线性 Wiener 过程。令 $\boldsymbol{\Theta}$ 表示随机退化模型的未知参数，则 $\boldsymbol{\Theta}=\{\mu_\lambda,\sigma_\lambda^2,\sigma_B^2,\boldsymbol{\theta}\}$。进一步，基于 2.4.2 节分析可知，等效性能退化量 $\widetilde{\boldsymbol{Y}}_{1:N}$与漂移系数 λ 关于 $\boldsymbol{\Theta}$ 的联合对数似然函数为

$$\begin{aligned}\ln L(\widetilde{\boldsymbol{Y}}_{1:N},\lambda\,|\,\boldsymbol{\Theta})=&-\frac{\ln(2\pi)+\ln\sigma_B^2}{2}\sum_{n=1}^{N}m_n-\frac{1}{2}\sum_{n=1}^{N}\sum_{i=1}^{m_n}\ln\Delta t_{i,n}-\\&\sum_{n=1}^{N}\sum_{i=1}^{m_n}\frac{1}{\Delta t_{i,n}}(\Delta\widetilde{Y}_{i,n}-\lambda_n\Delta T_{i,n})^2-\\&\frac{N\ln(2\pi)}{2}-\frac{N\ln\sigma_\lambda^2}{2}-\frac{1}{2\sigma_\lambda^2}\sum_{n=1}^{N}(\lambda_n-\mu_\lambda)^2\end{aligned} \tag{5.9}$$

式中：$\widetilde{\boldsymbol{Y}}_{1:N}=[\Delta\widetilde{\boldsymbol{Y}}_1,\Delta\widetilde{\boldsymbol{Y}}_2,\cdots,\Delta\widetilde{\boldsymbol{Y}}_N]$,其中 $\Delta\widetilde{\boldsymbol{Y}}_n=[\Delta\widetilde{Y}_{1,n},\Delta\widetilde{Y}_{2,n},\cdots,\Delta\widetilde{Y}_{m_n,n}]^{\mathrm{T}}$,$\Delta\widetilde{Y}_{i,n}=\widetilde{Y}(t_{i,n})-\widetilde{Y}(t_{i-1,n})$,$\Delta t_{i,n}=t_{i,n}-t_{i-1,n}$,$t_{0,n}=0$，$\widetilde{Y}(0)=0$；$\Delta T_{i,n}=\Lambda(t_{i,n}\,|\,\boldsymbol{\theta})-\Lambda(t_{i-1,n}\,|\,\boldsymbol{\theta})$。

令 $\hat{\boldsymbol{\Theta}}_{(j)}=(\hat{\mu}_{\lambda(j)},\hat{\sigma}_{\lambda(j)}^2,\hat{\boldsymbol{\theta}}_{(j)},\hat{\sigma}_{B(j)}^2)$表示第 j 步迭代后得到的退化模型先验参数估计值，则第 $j+1$ 步迭代过程可分为 E 步和 M 步两部分。

E 步：计算联合对数似然函数的期望。

$$
\begin{aligned}
L(\boldsymbol{\Theta}|\hat{\boldsymbol{\Theta}}_{(j)}) &= E_{\lambda|\tilde{\boldsymbol{Y}}_{1:N},\hat{\boldsymbol{\Theta}}_{(j)}}(\ln L(\tilde{Y}_{1:N},\lambda|\hat{\boldsymbol{\Theta}}_j)) \\
&= -\frac{N\ln 2\pi}{2}-\frac{N\ln\sigma_\lambda^2}{2}-\frac{\ln 2\pi+\ln\sigma_B^2}{2}\sum_{n=1}^{N}m_n-\frac{1}{2}\sum_{n=1}^{N}\sum_{i=1}^{m_n}\ln\Delta t_{i,n}- \\
&\quad \sum_{n=1}^{N}\sum_{i=1}^{m_n}\frac{1}{\Delta t_{i,n}}[(\Delta\tilde{Y}_{i,n}-E_\lambda(\lambda_n|\tilde{\boldsymbol{Y}}_n,\hat{\boldsymbol{\Theta}}_{(j)})\Delta T_{i,n})^2+ \\
&\quad D_\lambda(\lambda_n|\tilde{\boldsymbol{Y}}_n,\hat{\boldsymbol{\Theta}}_{(j)})\Delta T_{i,n}^2]- \\
&\quad \frac{1}{2\sigma_\lambda^2}\sum_{n=1}^{N}[(E_\lambda(\lambda_n|\tilde{\boldsymbol{Y}}_n,\hat{\boldsymbol{\Theta}}_{(j)})-\mu_\lambda)^2+D_\lambda(\lambda_n|\tilde{\boldsymbol{Y}}_n,\hat{\boldsymbol{\Theta}}_{(j)})]
\end{aligned}
\tag{5.10}
$$

在 $\hat{\boldsymbol{\Theta}}_{(j)}$ 与 $\tilde{\boldsymbol{Y}}_n$ 均已知的情况下，根据贝叶斯原理可知 $\lambda_n|\tilde{\boldsymbol{Y}}_n,\hat{\boldsymbol{\Theta}}_{(j)}$ 服从正态分布。令 $\lambda_n|\tilde{\boldsymbol{Y}}_n,\hat{\boldsymbol{\Theta}}_{(j)}\sim N(E_\lambda(\lambda_n|\tilde{\boldsymbol{Y}}_n,\hat{\boldsymbol{\Theta}}_{(j)}),D_\lambda(\lambda_n|\tilde{\boldsymbol{Y}}_n,\hat{\boldsymbol{\Theta}}_{(j)}))$，则可得

$$
E_\lambda(\lambda_n|\boldsymbol{Y}_n,\hat{\boldsymbol{\Theta}}_{(j)})=\frac{\hat{\sigma}_{\lambda(j)}^2\sum_{i=1}^{m_n}\dfrac{\Delta T_{i,n}\Delta\tilde{Y}_{i,n}}{\Delta t_{i,n}}+\hat{\sigma}_{B(j)}^2\hat{\mu}_{\lambda(j)}}{\hat{\sigma}_{\lambda(j)}^2\sum_{i=1}^{m_n}\dfrac{(\Delta T_{i,n})^2}{\Delta t_{i,n}}+\hat{\sigma}_{B(j)}^2}
\tag{5.11}
$$

$$
D_\lambda(\lambda_n|\boldsymbol{Y}_n,\hat{\boldsymbol{\Theta}}_{(j)})=\frac{1}{\dfrac{1}{\hat{\sigma}_{B(j)}^2}\sum_{i=1}^{m_n}\dfrac{(\Delta T_{i,n})^2}{\Delta t_{i,n}}+\dfrac{1}{\hat{\sigma}_{\lambda(j)}^2}}
\tag{5.12}
$$

M 步：最大化 $L(\boldsymbol{\Theta}|\hat{\boldsymbol{\Theta}}_{(j)})$。

$$
\hat{\boldsymbol{\Theta}}_{(j+1)}=\arg\max_{\boldsymbol{\Theta}}L(\boldsymbol{\Theta}|\hat{\boldsymbol{\Theta}}_{(j)})
\tag{5.13}
$$

对式（5.10）分别求 μ_λ、σ_λ^2 与 σ_B^2 偏导数，可得

$$
\frac{\partial L(\boldsymbol{\Theta}|\hat{\boldsymbol{\Theta}}_{(j)})}{\partial\mu_\lambda}=\frac{1}{\sigma_\lambda^2}\sum_{n=1}^{N}(\mu_\lambda-E_\lambda(\lambda_n|\tilde{\boldsymbol{Y}}_n,\hat{\boldsymbol{\Theta}}_{(j)}))
\tag{5.14}
$$

$$
\begin{aligned}
\frac{\partial L(\boldsymbol{\Theta}|\hat{\boldsymbol{\Theta}}_{(j)})}{\partial\sigma_\lambda^2} &= -\frac{N}{2\sigma_\lambda^2}+\frac{1}{2(\sigma_\lambda^2)^2}\sum_{n=1}^{N}[(E_\lambda(\lambda_n|\tilde{\boldsymbol{Y}}_n,\hat{\boldsymbol{\Theta}}_{(j)})- \\
&\quad \mu_\lambda)^2+D_\lambda(\lambda_n|\tilde{\boldsymbol{Y}}_n,\hat{\boldsymbol{\Theta}}_{(j)})]
\end{aligned}
\tag{5.15}
$$

$$
\begin{aligned}
\frac{\partial L(\boldsymbol{\Theta}|\hat{\boldsymbol{\Theta}}_{(j)})}{\partial\sigma_B^2} &= -\frac{1}{2\sigma_B^2}\sum_{n=1}^{N}m_n+\frac{1}{2(\sigma_B^2)^2}\times \\
&\quad \sum_{n=1}^{N}\sum_{i=1}^{m_n}\frac{1}{\Delta t_{i,n}}[(\Delta\tilde{Y}_{i,n}-E_\lambda(\lambda_n|\tilde{\boldsymbol{Y}}_n,\hat{\boldsymbol{\Theta}}_{(j)})\Delta T_{i,n})^2+
\end{aligned}
$$

$$D_{\lambda}(\lambda_n \mid \tilde{\boldsymbol{Y}}_n, \hat{\boldsymbol{\Theta}}_{(j)})\Delta T_{i,n}^2] \tag{5.16}$$

令式（5.14）、式（5.15）与式（5.16）等于0，可得

$$\hat{\mu}_{\lambda(j+1)} = \frac{1}{N}\sum_{n=1}^{N} E_{\lambda}(\lambda_n \mid \tilde{\boldsymbol{Y}}_n, \hat{\boldsymbol{\Theta}}_{(j)}) \tag{5.17}$$

$$\hat{\sigma}_{\lambda(j+1)}^2 = \frac{1}{N}\sum_{n=1}^{N}[(E_{\lambda}(\lambda_n \mid \tilde{\boldsymbol{Y}}_n, \hat{\boldsymbol{\Theta}}_{(j)}) - \hat{\mu}_{\lambda(j+1)})^2 + D_{\lambda}(\lambda_n \mid \tilde{\boldsymbol{Y}}_n, \hat{\boldsymbol{\Theta}}_{(j)})] \tag{5.18}$$

$$\hat{\sigma}_{B(j+1)}^2 = \frac{\sum_{n=1}^{N}\sum_{i=1}^{m_n}\frac{1}{\Delta t_{i,n}}[(\Delta\tilde{Y}_{i,n} - E_{\lambda}(\lambda_n \mid \tilde{\boldsymbol{Y}}_n, \hat{\boldsymbol{\Theta}}_{(j)})\Delta T_{i,n})^2 + D_{\lambda}(\lambda_n \mid \tilde{\boldsymbol{Y}}_n, \hat{\boldsymbol{\Theta}}_{(j)})\Delta T_{i,n}^2]}{\sum_{n=1}^{N} m_n} \tag{5.19}$$

将式（5.17）~式（5.19）代入式（5.10）可得

$$\begin{aligned} L(\boldsymbol{\Theta} \mid \hat{\boldsymbol{\Theta}}_{(j)}, \hat{\mu}_{\lambda(j+1)}, \hat{\sigma}_{\lambda(j+1)}^2, \hat{\sigma}_{B(j+1)}^2) = & -\frac{1}{2}\sum_{n=1}^{N}\sum_{i=1}^{m_n}\ln\Delta t_{i,n} - \frac{1+N}{2}\ln 2\pi - \frac{\ln(2\pi)}{2}\sum_{n=1}^{N} m_n - \\ & -\frac{1}{2}\sum_{n=1}^{N} m_n(\ln\hat{\sigma}_{B(j+1)}^2) - \frac{N}{2}(\ln\hat{\sigma}_{\lambda(j+1)}^2) - \\ & \sum_{n=1}^{N}\sum_{i=1}^{m_n}\frac{1}{\Delta t_{i,n}}[(\Delta\tilde{Y}_{i,n} - E_{\lambda}(\lambda_n \mid \tilde{\boldsymbol{Y}}_n, \hat{\boldsymbol{\Theta}}_{(j)})\Delta T_{i,n})^2 \\ & + D_{\lambda}(\lambda_n \mid \tilde{\boldsymbol{Y}}_n, \hat{\boldsymbol{\Theta}}_{(j)})\Delta T_{i,n}^2] \end{aligned} \tag{5.20}$$

求解函数$L(\boldsymbol{\Theta} \mid \hat{\boldsymbol{\Theta}}_{(j)}, \hat{\mu}_{\lambda(j+1)}, \hat{\sigma}_{\lambda(j+1)}^2, \hat{\sigma}_{B(j+1)}^2)$的最大值，即可得到$\hat{\boldsymbol{\theta}}_{(j+1)}$。通过迭代进行 E 步和 M 步计算，直至$\| \hat{\boldsymbol{\Theta}}_{(j+1)} - \hat{\boldsymbol{\Theta}}_{(j)} \|$小于规定阈值时终止，即可得到参数估计值$\hat{\boldsymbol{\Theta}}$。

5.3.2 基于 MLE 算法的不完全维护模型参数估计

1. 维护强度参数

为确保全寿命周期运行的安全性与维修的经济性，设备在一个寿命周期内所经历不完全维护的次数不是无限的，而是存在一个上限值（设为a），称为不完全维护活动的上限假设。进一步，假设设备在任意时间段$(t, t+s]$实施不完全维护作业的强度与剩余的不完全维护次数成正比（比值设为b），并称为不完全维护活动的比例关系假设。易知，维护强度参数$\boldsymbol{\eta} = (a, b)$，由此可得

$$\begin{cases}\lim\limits_{t\to+\infty} m(t)=a,t>0\\ \lim\limits_{t\to 0^+} m(t)=0,t>0\\ \dfrac{m(t+s)-m(t)}{(t+s)-t}=b(a-m(t)),t>0,s>0\end{cases}\tag{5.21}$$

令 $s\to 0^+$，可得

$$\begin{cases}m'(t)=b(a-m(t))\\ m(0)=0\\ m(+\infty)=a\end{cases}\tag{5.22}$$

求解式（5.22）可得

$$\begin{cases}m(t)=a(1-\exp(-bt))\\ \rho(t)=ab\exp(-bt)\end{cases}\tag{5.23}$$

本书基于 MLE 算法对维护强度参数 $\boldsymbol{\eta}=(a,b)$进行估计。

基于式（5.1）可得强度参数 a、b 的似然函数为

$$L(a,b)=\prod_{n=1}^{N}\prod_{k=1}^{d_i}\frac{(a(\exp(-b\bar{t}_{k-1,n})-\exp(-b\bar{t}_{k,n})))^{n_k}}{n_k!}\times \exp(-a(\exp(-b\bar{t}_{k-1,n})-\exp(-b\bar{t}_{k,n})))\tag{5.24}$$

在实际操作过程中，同一设备在同一时间段一般只经历一项维护活动，即在任意$(\bar{t}_{k-1,n},\bar{t}_{k,n}]$区间内不完全维护的次数恒为 1。由此可得，$n_k=1$，将其代入式（5.24）可得

$$L(a,b)=\prod_{n=1}^{N}\prod_{k=1}^{d_i}a(\exp(-b\bar{t}_{k-1,n})-\exp(-b\bar{t}_{k,n}))\times \exp(-a(\exp(-b\bar{t}_{k-1,n})-\exp(-b\bar{t}_{k,n})))\tag{5.25}$$

对式（5.25）取对数，可得

$$\ln(L(a,b))=\sum_{n=1}^{N}\sum_{k=1}^{d_n}\ln(a(\exp(-b\bar{t}_{k-1,n})-\exp(-b\bar{t}_{k,n})))-a\sum_{i=1}^{N}(1-\exp(b\bar{t}_{d_n,n}))\tag{5.26}$$

对式（5.26）分别求 a 与 b 的偏导数，可得

$$\frac{\partial\ln(L(a,b))}{\partial a}=\sum_{n=1}^{N}\frac{d_n}{a}-\sum_{i=1}^{N}(1-\exp(b\bar{t}_{d_n,n}))\tag{5.27}$$

$$\frac{\partial\ln(L(a,b))}{\partial b}=\sum_{n=1}^{N}\sum_{k=1}^{d_n}\frac{\bar{t}_{k,n}\exp(-b\bar{t}_{k,n})-\bar{t}_{k-1,n}\exp(-b\bar{t}_{k-1,n})}{\exp(-b\bar{t}_{k-1,n})-\exp(-b\bar{t}_{k,n})}-$$

$$a\sum_{n=1}^{N}\bar{t}_{d_n,n}\exp(-b\bar{t}_{d_n,n})\tag{5.28}$$

令式（5.27）和式（5.28）分别等于0可得

$$\hat{a}=\sum_{n=1}^{N}\frac{d_n}{\sum_{n=1}^{N}(1-\exp(\hat{b}\,\bar{t}_{d_n,n}))}\tag{5.29}$$

$$\sum_{n=1}^{N}\sum_{k=1}^{d_n}\frac{\bar{t}_{k,n}\exp(-b\bar{t}_{k,n})-\bar{t}_{k-1,n}\exp(-b\bar{t}_{k-1,n})}{\exp(-b\bar{t}_{k-1,n})-\exp(-b\bar{t}_{k,n})}=\hat{a}\sum_{n=1}^{N}\bar{t}_{d_n,n}\exp(-\hat{b}\,\bar{t}_{d_n,n})\tag{5.30}$$

联立式（5.29）与式（5.30）可得到参数 a、b 的估计值 $\hat{a}$、$\hat{b}$。

2. 维护效果参数

本书基于 MLE 算法估计维护效果参数。由前文假设可知，$E_{n,k}$独立同分布，则易求出维护效果参数 $\boldsymbol{\Phi}$ 对应的似然函数为

$$L(\boldsymbol{\Phi}|E)=\prod_{n=1}^{N}\prod_{k=1}^{d_n}f_E(E_{n,k}|\boldsymbol{\Phi})\tag{5.31}$$

最大化式（5.31）可得到参数 $\boldsymbol{\Phi}$ 的估计值 $\hat{\boldsymbol{\Phi}}$。

考虑到维护的不完全效果，其对设备的性能指标恢复量应不小于0，因此下面以截断正态分布和伽马分布为例说明参数 $\boldsymbol{\Phi}$ 值的具体估计过程，其他分布类型的求解方式与此类似。

1）截断正态分布

若经历不完全维护后设备的性能恢复量 E 总体满足正态分布 $N(\mu_E,\sigma_E^2)$，且 $E\geqslant0$，则称 E 服从截断正态分布，具体可表示为 $E\sim \mathrm{TN}(\mu_E,\sigma_E^2)$。由前文分析可知，其对应的概率密度函数为

$$f(E)=\frac{1}{\sqrt{2\pi\sigma_E^2}\Phi(\mu_E/\sigma_E)}\exp\left(-\frac{(\omega-\mu_E)^2}{2\sigma_E^2}\right)\tag{5.32}$$

式中：$\Phi(\cdot)$为标准正态分布的累积分布函数。

基于 E 服从截断正态分布的假设，则 E 的完全对数似然函数可表示为

$$\ln L(E)=-\sum_{n=1}^{N}\sum_{k=1}^{d_n}\frac{\ln(2\pi\sigma_E^2)}{2}-\sum_{n=1}^{N}\sum_{k=1}^{d_n}\frac{(E_{k,n}-\mu_E)^2}{2\sigma_E^2}-\ln\Phi(\frac{\mu_\omega}{\sigma_\omega})\sum_{n=1}^{N}d_n\tag{5.33}$$

最大化式（5.33）可求得 $\boldsymbol{\Phi}$ 的估计值 $\hat{\boldsymbol{\Phi}}$。由于 $\Phi(\cdot)$ 不存在解析形式，直接求解 $\hat{\mu}_E$、$\hat{\sigma}_E^2$ 存在困难，将求解 $\hat{\mu}_E$、$\hat{\sigma}_E^2$ 的问题转换为一个无约束最优化问题，并利用 MATLAB 软件中基于单纯形法的 fminsearch 函数求解出 μ_E、σ_E^2 的估计值。

2）伽马分布

若经历不完全维护后设备的性能恢复量 E 总体满足伽马分布 $\Gamma(\alpha,\beta)$。基于 E 服从伽马分布的假设，可得 E 对应的完全对数似然函数为

$$\ln L(E) = -\sum_{n=1}^{N}\sum_{k=1}^{d_n}\ln\Gamma(\alpha) - \sum_{n=1}^{N}\sum_{k=1}^{d_n}\ln\beta + (\alpha-1)\sum_{n=1}^{N}\sum_{k=1}^{d_n}\ln E_{k,n} - \frac{1}{\beta}\sum_{n=1}^{N}\sum_{k=1}^{d_n}E_{k,n} \tag{5.34}$$

对 $\ln L(E)$ 分别求解 μ_E、σ_E^2 的偏导数，并令其等于0，可得

$$\begin{cases} \phi(\alpha) + \ln\beta = \dfrac{\sum\limits_{n=1}^{N}\sum\limits_{k=1}^{d_n}\ln E_{k,n}}{\sum\limits_{n=1}^{N}d_n} \\ \alpha\beta = \dfrac{\sum\limits_{n=1}^{N}\sum\limits_{k=1}^{d_n}E_{k,n}}{\sum\limits_{n=1}^{N}d_n} \end{cases} \tag{5.35}$$

式中

$$\phi(\alpha) = \frac{\mathrm{d}\ln\Gamma(\alpha)}{\mathrm{d}\alpha} \tag{5.36}$$

当伽马分布参数 α、β 未知时，直接方程组（5.35）无法得到解析解。针对上述问题，可利用牛顿–拉夫森算法对方程组（5.35）进行迭代寻优，进而求出参数估计值 $\hat{\alpha}$、$\hat{\beta}$。

5.4 融入不完全维护效果的设备剩余寿命预测

5.4.1 基于贝叶斯原理的退化状态在线更新

本章基于贝叶斯原理制定经历不完全维护设备的退化状态更新机制，并利用目标设备的等效性能退化量 $\tilde{Y}(t)$ 更新退化模型漂移系数的后验分布，进而实现对目标设备退化状态的在线更新。

假设 $\tilde{\boldsymbol{Y}}_{1:k} = [\tilde{Y}_1, \tilde{Y}_2, \cdots, \tilde{Y}_i, \cdots, \tilde{Y}_k]^{\mathrm{T}}$ 为目标设备在 $t_1, t_2, \cdots, t_i, \cdots, t_k$ 时刻（时间间隔可不恒定）的等效性能退化量。令 λ 的先验分布为 $N(\mu_{\lambda_0}, \sigma_{\lambda_0}^2)$、后验分布为 $N(\mu_{\lambda_k}, \sigma_{\lambda_k}^2)$，则基于2.5.1节制定的基于贝叶斯原理的漂移系数更新机

制，可得漂移系数的更新公式为

$$\mu_{\lambda_k} = \frac{\sigma_{\lambda_0}^2 \sum_{i=1}^{k} \frac{\Delta T_i \Delta \tilde{Y}_i}{\Delta t_i} + \sigma_B^2 \mu_{\lambda_0}}{\sigma_{\lambda_0}^2 \sum_{i=1}^{k} \frac{(\Delta T_i)^2}{\Delta t_i} + \sigma_B^2} \tag{5.37}$$

$$\sigma_{\lambda_k}^2 = \frac{\sigma_{\lambda_0}^2 \sigma_B^2}{\sigma_{\lambda_0}^2 \sum_{i=1}^{k} \frac{(\Delta T_i)^2}{\Delta t_i} + \sigma_B^2} \tag{5.38}$$

5.4.2 融入不完全维护效果的剩余寿命分布推导

基于2.5.2节分析可知，若设备的退化过程如式（5.3）所示，则其在 t_k 时刻对应剩余寿命的概率密度函数为

$$\begin{aligned} f_{L_k|\omega}(l_k|\omega) = & \frac{1}{\sqrt{2\pi l_k^2(\psi(l_k)^2\sigma_{\lambda_k}^2 + \sigma_B^2 l_k)}} \times \\ & \exp\left(-\frac{(\omega - x_k - \psi(l_k)\mu_{\lambda_k})^2}{2(\psi(l_k)^2\sigma_{\lambda_k}^2 + \sigma_B^2 l_k)}\right) \times \\ & \left(\omega - x_k - \beta(l_k)\frac{\psi(l_k)\sigma_{\lambda_k}^2(\omega - x_k) + \mu_{\lambda_k}\sigma_B^2 l_k}{\psi(l_k)^2\sigma_{\lambda_k}^2 + \sigma_B^2 l_k}\right) \end{aligned} \tag{5.39}$$

考虑不完全维护对设备退化状态的影响，假设 $W(l_k) = Z(t_k + l_k) - Z(t_k)$，可得

$$\begin{aligned} W(l_k) &= X(t_k + l_k) - X(t_k) - (M(t_k + l_k) - M(t_k)) \\ &= \lambda\psi(l_k) + \sigma_B B(l_k) - \left(\sum_{i=0}^{N(t_k+l_k)} E_i - \sum_{i=0}^{N(t_k)} E_i\right) \\ &= \tilde{X}(l_k) - \left(\sum_{i=0}^{N(t_k+l_k)} E_i - \sum_{i=0}^{N(t_k)} E_i\right) \end{aligned} \tag{5.40}$$

式中

$$\tilde{X}(l_k) = X(t_k + l_k) - X(t_k)$$

进一步可将式（5.40）转换为

$$\tilde{X}(l_k) = W(l_k) + \sum_{i=0}^{N(l_k)} E_i \tag{5.41}$$

式中

$$\sum_{i=0}^{N(l_k)} E_i = \sum_{i=0}^{N(t_k+l_k)} E_i - \sum_{i=0}^{N(t_k)} E_i$$

基于上述分析可得融入不完全维护效果的设备剩余寿命的定义式为

$$L=\inf\{l_k:\tilde{X}(l_k)\geqslant\omega+\tilde{E}-z_k\mid\tilde{X}(0)<\omega+\tilde{E}-z_k\}\tag{5.42}$$

式中

$$z_k=Z(t_k),\tilde{E}=\sum_{i=0}^{N(l_k)}E_i$$

对比式（5.42）与式（2.55）可以发现，不完全维护活动对设备剩余寿命预测的影响等同于将随机退化模型的失效阈值 ω 变为可变失效阈值 $\omega'=\omega+\tilde{E}$，而其当前时刻对应的性能退化量变为 z_k。由于不完美维护 $M(t)$ 满足复合非齐次泊松过程，基于全概率式可得设备剩余寿命的概率密度函数为

$$\begin{aligned}f_{L_k}(l_k)&=E_{\omega'}(f_{L_k\mid\omega'}(l_k\mid\omega'))=\sum_{i=0}^{\infty}f_{\Omega}\Bigg(\frac{1}{\sqrt{2\pi l_k^2(\psi(l_k)^2\sigma_{\lambda_k}^2+\sigma_B^2l_k)}}\times\\&\left(\omega+R^i-z_k-\beta(l_k)\frac{\psi(l_k)\sigma_{\lambda_k}^2(\omega+R^i-z_k)+\mu_{\lambda_k}\sigma_B^2l_k}{\psi(l_k)^2\sigma_{\lambda_k}^2+\sigma_B^2l_k}\right)\times\\&\exp\left(-\frac{(\omega+R^i-z_k-\psi(l_k)\mu_{\lambda_k})^2}{2(\psi(l_k)^2\sigma_{\lambda_k}^2+\sigma_B^2l_k)}\right)\Bigg)f_{R^i}^i(R^i\mid\boldsymbol{v})\mathrm{d}R^i\times\\&\frac{(a(\exp(b(l_k+t_k))-\exp(bt_k)))^i}{i!}\times\\&\exp(-a(a(\exp(b(l_k+t_k))-\exp(bt_k)))))\end{aligned}\tag{5.43}$$

式中：R^i 为不完美维护的累积效应，且 $R^i=\sum_{j=0}^{i}E_j$；$f_{R^i}^i(R^i\mid\boldsymbol{v})$ 为 R^i 的概率密度函数，且 $\boldsymbol{v}$ 为分布系数；Ω 为 R^i 的取值范围。

5.5 算例分析

5.5.1 数值仿真示例

本节采用蒙特卡罗方法仿真设备经不完全维护后的退化数据，并据此开展验证分析。具体仿真模型参数设置：①仿真样本量为 3，仿真步长为 1 周期；②设备随机退化过程满足非线性 Wiener 过程，漂移系数 $\mu_\lambda=0.5$，$\sigma_\lambda^2=0.4$，扩散系数 $\sigma_B^2=4$；非线性退化过程为指数过程 $\Lambda(t\mid\boldsymbol{\theta})=t^\theta$，且 $\theta=0.8$；③不完全维护模型服从复合非齐次泊松过程，维护强度参数为 $a=5$，$b=0.002$；性能指标回复量服从伽马分布，且 $\alpha=30$，$\beta=1$。仿真退化数据如图 5.2 所示。

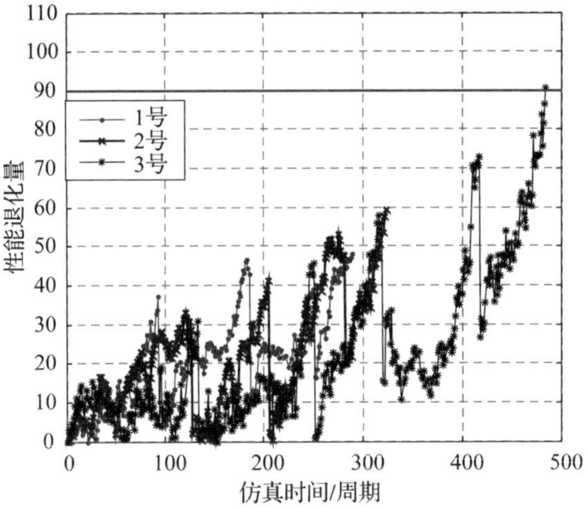

图 5.2 （见彩图）仿真性能退化数据

假设设备的退化失效阈值 $\omega=90$，则由图 5.2 可知，仅 3 号设备发生了失效，而 1 号和 2 号设备未发生失效。因此，选取 3 号设备作为目标设备进行分析，以便验证本章所提剩余寿命预测方法和维修决策模型的正确性。

1. 退化模型先验参数估计

基于 1 号与 2 号设备的性能退化数据对融入不完全维护效果的设备随机退化模型进行先验参数估计，得到的参数估计结果如表 5.1 所列。为便于分析，将本章提出的融入不完全维护效果的设备剩余寿命预测方法和对应维修决策模型记为 M0；将文献［91］提出的剩余寿命预测方法引入本章维修决策模型，并记为 M1。进一步可知，M0 与 M1 分别采用非齐次和齐次泊松过程来描述设备所经历的不完全维护活动。

表 5.1 参数估计结果

<table>
<tr><td rowspan="2">仿真参数</td><td>μ_λ</td><td>σ_λ^2</td><td>θ</td><td>σ_B^2</td><td>a</td><td>b</td><td>α</td><td>β</td></tr>
<tr><td>0.5</td><td>0.4</td><td>0.8</td><td>4</td><td>5</td><td>0.002</td><td>30</td><td>1</td></tr>
<tr><td rowspan="2">M0</td><td>μ_λ</td><td>σ_λ^2</td><td>θ</td><td>σ_B^2</td><td>a</td><td>b</td><td>α</td><td>β</td></tr>
<tr><td>0.6125</td><td>0.4078</td><td>0.9454</td><td>4.8810</td><td>5.1962</td><td>0.0021</td><td>30.0204</td><td>0.9628</td></tr>
<tr><td rowspan="2">M1</td><td>μ_λ</td><td>σ_λ^2</td><td>θ</td><td>σ_B^2</td><td colspan="2">ρ</td><td>α</td><td>β</td></tr>
<tr><td>0.6125</td><td>0.4078</td><td>0.9454</td><td>4.8810</td><td colspan="2">0.0112</td><td>30.0204</td><td>0.9628</td></tr>
</table>

2. 剩余寿命预测

由于每次不完全维护后设备的性能指标恢复量 $E_{i,k}$ 独立同分布，基于伽马分布的独立可加性可得随机变量 R^i 满足以 $\boldsymbol{v}=(30.02i,0.9628)$ 为参数的伽马分布，且其对应的概率密度函数可表示为

$$f_r^i(r\mid\boldsymbol{v})=\frac{1}{0.9628^{30.02i}\Gamma(30.02i)}r^{30.02i-1}\exp\left(-\frac{r}{0.9628}\right),r>0 \qquad (5.44)$$

将表 5.1 参数估计结果与式（5.44）代入式（5.43），可对经历不完全维护的设备进行剩余寿命预测。目标设备在不同运行时刻对应的剩余寿命预测值与预测置信区间见表 5.2。

表 5.2　剩余寿命预测结果

当前运行时刻 t_k/周期	真实剩余寿命 l_k/周期	M0		M1	
		剩余寿命预测值 $E(l_k)$/周期	置信区间（置信度 95%）	剩余寿命预测值 $E(l_k)$/周期	置信区间（置信度 95%）
50	434	347.2	[183.5，698.0]	556.5	[422.0，745.5]
100	384	357.4	[189.0，714.0]	558.6	[424.0，748.0]
150	334	316.3	[162.5，642.5]	487.2	[367.0，656.0]
201	284	297.3	[150.0，609.0]	451.0	[338.5，609.5]
250	234	260.7	[126.5，547.0]	392.0	[291.0，534.5]
300	184	213.8	[97.5，466.5]	318.9	[233.0，441.0]
350	134	169.8	[71.5，390.0]	251.5	[179.5，354.5]
400	84	145.9	[57.5，348.0]	214.4	[150.0，306.5]
450	34	54.4	[13.5，173.5]	80.1	[47.5，130.5]

由表 5.2 可知，在不同运行时刻，M0 得到的剩余寿命预测值较 M1 更接近目标设备的真实剩余寿命，表明 M0 具有更高的剩余寿命预测准确性。进一步分析可以发现，M0 对应剩余寿命预测置信区间普遍较 M1 更宽，这是采用非齐次泊松过程描述设备不完全维护活动将增大不完全维护模型的不确定性，从而导致剩余寿命预测不确定性的增加。

由表 5.2 还可以发现，M1 得到的剩余寿命预测结果较 M0 更为乐观，且远大于目标设备的真实剩余寿命。上述情况的原因是，采用齐次泊松过程描述设备所经历的不完全维护活动会导致对维修强度参数的估计值较偏大，具体如图 5.3 所示。当发生上述情况时，等同于在一个寿命周期内 M1 较 M0 所经历的不完全维护次数更多，从而使设备的运行时间得以延长，产生更大的剩余寿命估计值。

然而，过于乐观的剩余寿命预测值可能导致换件的延期，增大事故发生的风险，不利于设备安全运行。以上结论说明，在描述不完全维护活动时采用齐次泊松过程具有局限性。

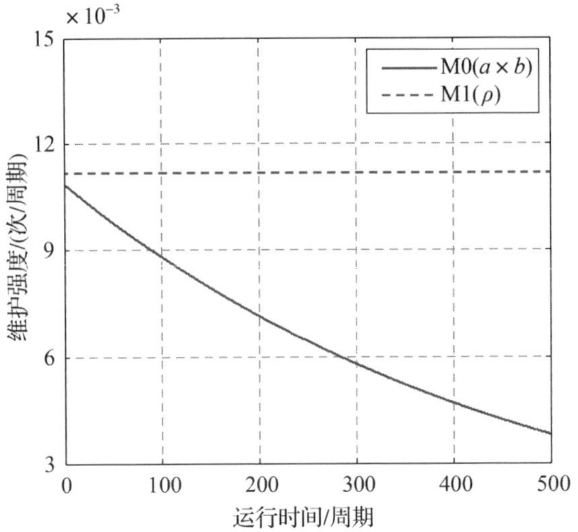

图 5.3　M0 与 M1 对应的维修强度参数

5.5.2　陀螺仪实例

液浮式陀螺仪是机载惯导系统的核心组件，是典型的机电类设备。陀螺仪在实际使用过程中，受内部机械磨损和外界环境腐蚀等因素的影响，性能逐步退化，导致导航精度降低，漂移量增大，以至于对飞行安全和任务完成造成严重影响。为了克服陀螺漂移量增大造成的导航系统失效问题，常利用加装于惯导系统底部的补偿电路来调节陀螺仪力矩线圈上的励磁电流，从而在一定程度上校准陀螺仪的漂移系数，提升导航精度。然而，上述操作仅能够在一定程度上改善陀螺仪的退化状态，并不能完全消除零偏，且当陀螺仪零偏超过一定限度后仍需对其进行换件维修。因此，对陀螺仪进行零偏校准属于不完全维护。本节以某型机载液浮式陀螺仪为对象进行分析，经不完全维护后，陀螺仪对应的性能退化数据如图 5.4 所示。

实际过程中，一般认为陀螺仪的漂移量超过 0.4(°)/h 发生失效，则其失效阈值为 0.4(°)/h。由图 5.4 可知，1 号陀螺仪发生了失效，而 2 号和 3 号陀螺仪未发生失效。因此，选取 1 号陀螺仪作为目标设备进行分析，以验证本章所提方法的准确性。

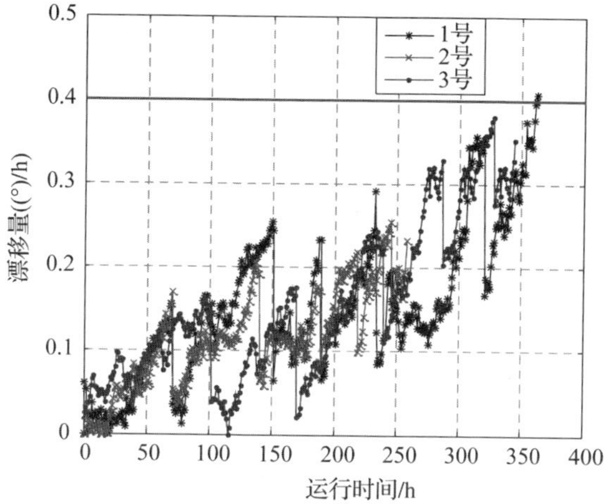

图 5.4 （见彩图）陀螺仪性能退化数据

1. 参数估计

由图 5.4 可以发现，在不考虑不完全维护恢复作用的前提下，陀螺仪的退化过程仍具有显著的非单调性，因此适合采用 Wiener 过程进行建模分析。为了进一步验证使用 Wiener 过程建模的合理性，使用文献［175］提出的自相关函数法对陀螺仪的性能退化过程进行辨识。首先，需将设备的真实退化数据 $\boldsymbol{Z}_{1:N}$ 转化为等效性能退化数据 $\tilde{\boldsymbol{Y}}_{1:N}$，$\tilde{\boldsymbol{Y}}_{1:N}$ 自相关函数的矩估计值为

$$\hat{\Gamma}_{s,t} = \frac{1}{N}\sum_{n=1}^{N}\left(\tilde{\boldsymbol{Y}}_{s,n} - \frac{1}{N}\sum_{n=1}^{N}\tilde{\boldsymbol{Y}}_{s,n}\right)\left(\tilde{\boldsymbol{Y}}_{t,n} - \frac{1}{N}\sum_{n=1}^{N}\tilde{\boldsymbol{Y}}_{t,n}\right) \tag{5.45}$$

其对应的曲线如图 5.5 所示。

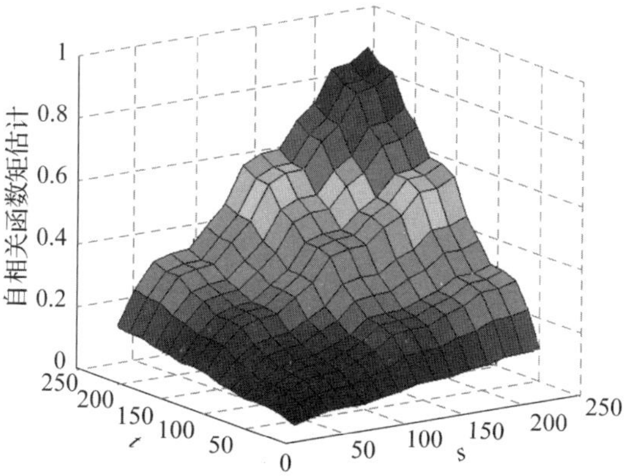

图 5.5 （见彩图）陀螺仪等效性能退化数据自相关函数

对比图 5.5 与图 3.7 可以发现，陀螺仪等效性能退化数据自相关函数矩估计的曲线与一元 Wiener 过程自相关函数的曲线具有相似性，从而表明陀螺仪的退化过程服从 Wiener 过程。

在 Wiener 过程辨识的基础上，基于 2 号和 3 号陀螺仪的性能退化数据对退化模型参数进行估计，具体结果如表 5.3 所列。为便于分析，将本章提出的融入不完全维护效果的设备剩余寿命预测方法与对应维修决策模型记为 M0，将忽略不完全维护影响的剩余寿命预测方法和对应维修决策模型记为 M1，将采用齐次泊松过程描述不完全维护影响的剩余寿命预测方法和对应维修决策模型记为 M2。

表 5.3 参数估计结果

M0	μ_λ	σ_λ^2	θ	σ_B^2	a	b
	0.0097	1.7129×10^{-5}	0.7476	1.3434×10^{-4}	5.1962	0.0021
M1	μ_λ	σ_λ^2	θ	σ_B^2	—	—
	0.0248	4.2502×10^{-5}	0.2873	3.3445×10^{-4}	—	—
M2	μ_λ	σ_λ^2	θ	σ_B^2	ρ	—
	0.0097	1.7129×10^{-5}	0.7476	1.3434×10^{-4}	0.0138	—

基于前文提出的不完全维护的比例关系假设，可得

$$\Gamma(t)=\frac{m(t+s)-m(t)}{((t+s)-t)(a-m(t))} \tag{5.46}$$

将表 5.3 中的参数估计值与目标设备的性能退化数据代入式（5.46），可得到 $\Gamma(t)$ 函数，具体如图 5.6 所示。由图 5.6 可知，在不同运行时刻 t，目标设备

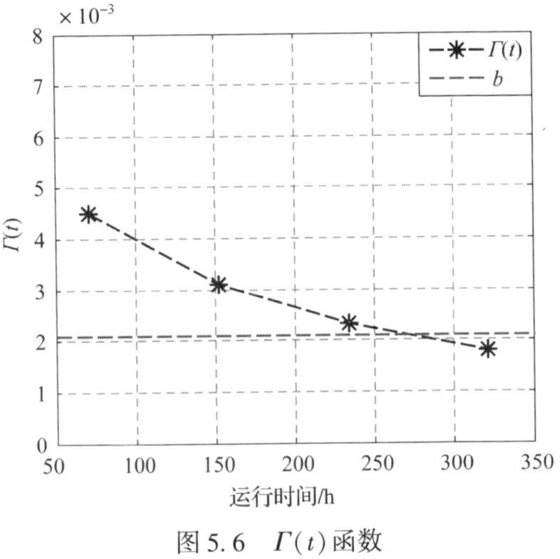

图 5.6 $\Gamma(t)$ 函数

$\Gamma(t)$的值在0.0021附近上下浮动，表明陀螺仪在$(t,t+s]$周期内不完全维护发生的强度$(m(t+s)-m(t))/((t+s)-t)$与剩余不完全维护的次数$a-m(t)$近似满足比例关系，且比值约等于维修参数b。基于上述结论，证明了本章提出的基于非齐次泊松过程的不完全维护模型的准确性，也说明了本章提出的不完全维护上限假设与比例关系假设的合理性。

为估计陀螺仪经历不完全维护后性能指标的恢复量E的分布参数$\boldsymbol{\Phi}$，首先需明确其分布类型。采用K-S检验法（显著水平5%）对2号与3号陀螺仪不完全维护后性能指标的恢复量进行分布假设检验，具体结果如表5.4所示。

表5.4　K-S假设检验结果

分布类型	假设检验P值	结果
截断正态分布	0.8580	不拒绝
伽马分布	0.8105	不拒绝
威布尔分布	0.7078	不拒绝
瑞利分布	0.0123	拒绝
指数分布	0.0040	拒绝

由表5.4可知，采用截断正态分布描述不完全维护对设备退化状态的改善情况更为合理。因此，假设性能指标恢复量$E_{i,k}$满足截断正态分布，则基于极大似然法可得其分布参数$\boldsymbol{\Phi}$估计值为$\hat{\mu}_E=0.1194$，$\hat{\sigma}_E^2=2.8224\times10^{-4}$。

2. 剩余寿命预测

进一步分析可以发现，$\Phi(\hat{\mu}_E/\hat{\sigma}_E)$无限趋近于1，因此可将截断正态分布当作正态分布进行处理，以便简化计算过程。由于性能指标恢复量$E_{i,k}$相互独立且具备相同分布，基于正态分布的可加性，易知随机变量R^i也服从正态分布，且满足$N(0.1194i,2.8224\times10^{-4})$，则其对应的概率密度函数为

$$f_r^i(r\mid\boldsymbol{v})=\frac{1}{\sqrt{\pi\times5.6448\times10^{-4}}}\exp\left(-\frac{(r-0.1194i)^2}{5.6448\times10^{-4}}\right)\tag{5.47}$$

将表5.3中的参数估计结果与式（5.47）代入式（5.43）可实现对陀螺仪剩余寿命的预测，剩余寿命预测结果见图5.7。由图5.7可知，在不同运行时刻，M0对应的剩余寿命概率密度函数均可以完全包括目标设备的真实剩余寿命，且对应剩余寿命预测值也更贴近设备的真实剩余寿命，表明M0的剩余寿命预测的准确性较M1与M2更高。

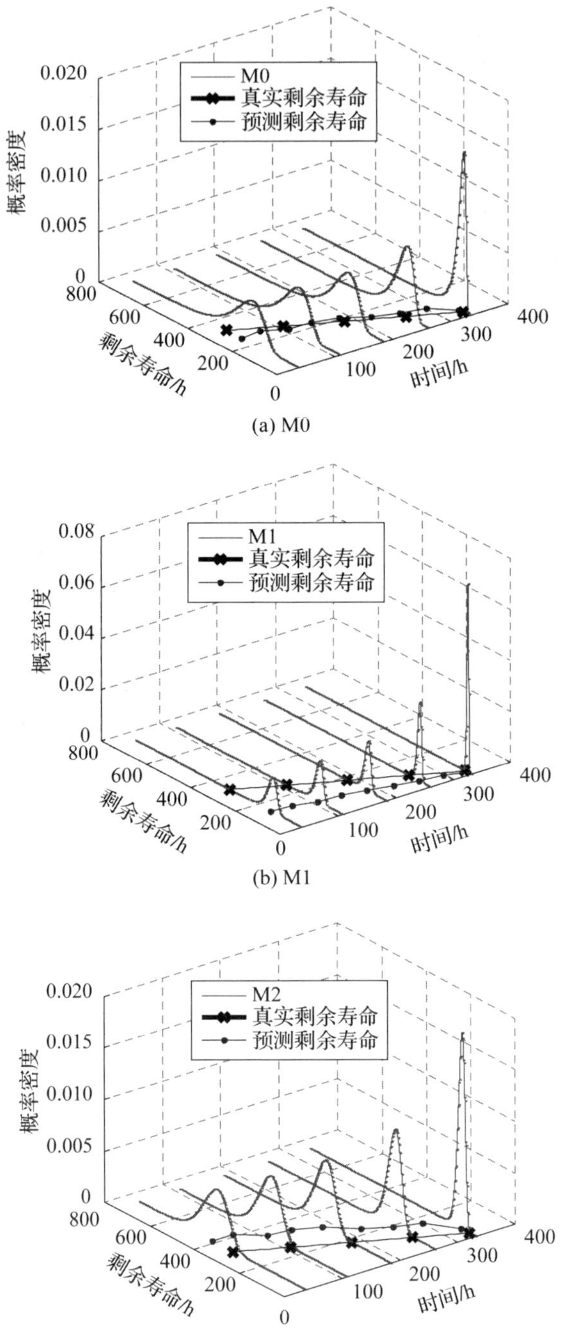

(a) M0

(b) M1

(c) M2

图 5.7 （见彩图）剩余寿命预测结果

进一步分析可以发现，M1 会造成对剩余寿命的悲观估计，其直观表现是剩余寿命预测值明显小于真实值，可能导致设备提前进行维修和更换，增加不必要的维修资源消耗。其原因主要是忽略不完全维护的影响会降低对设备寿命的估计，进而导致剩余寿命预测值小于真实剩余寿命（图 5.8（a））。由于 M2 采用齐次泊松过程描述设备所经历的不完全维护过程，其对不完全维护强度 $\rho(t)$ 的估计值较 M0 偏大（图 5.8（b）），等同于 M2 较 M0 经历的不完全维护次数更多，进而造成了对设备剩余寿命的乐观估计，可能导致延期更换，降低设备使用的安全性。该结论与仿真算例结果相一致。

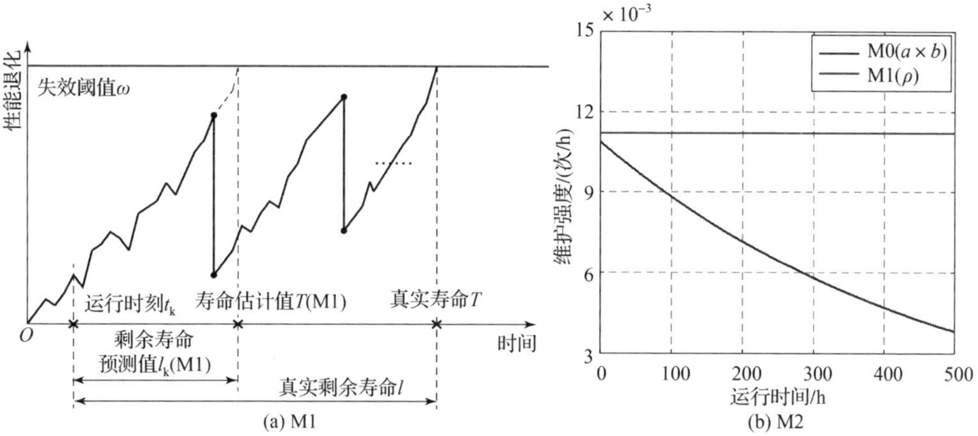

图 5.8　剩余寿命预测示意图

为了进一步验证本书方法较现有方法更具优势，选取均方误差（MES）[201]、绝对误差（AE）[202]、相对准确性（RA）[203]及 $\alpha-\lambda$ 指标[203]作为剩余寿命预测准确性的判别标准。绝对误差、相对准确性和 $\alpha-\lambda$ 指标的定义如下：

绝对误差：

$$\mathrm{AE}=\left|l_k^p-l_k^{\mathrm{T}}\right| \tag{5.48}$$

式中：l_k^{T} 为 t_k 时刻设备的真实剩余寿命。绝对误差越小，方法的准确性越高。

相对准确性：

$$\mathrm{RA}=1-\left|\frac{l_k^p-l_k^{\mathrm{T}}}{l_k^{\mathrm{T}}}\right| \tag{5.49}$$

相对准确性越大，方法的准确性越高。

$\alpha-\lambda$ 指标主要用于度量剩余寿命预测值与实际剩余寿命间的接近程度。该指标描述了真实剩余寿命附近 $\pm(\alpha\times100)\%$ 的置信区域（本书根据文献［203］，选择置信度 $\alpha=0.2$），若设备剩余寿命预测值落入该区域，即认定剩余寿命预测结果可信；反之，不可信。λ 用于描述归一化的时间序列，$\lambda=t_k/T$。

M0、M1、M2 对应的均方误差、绝对误差、相对准确性及 $\alpha-\lambda$ 指标如图 5.9 所示。

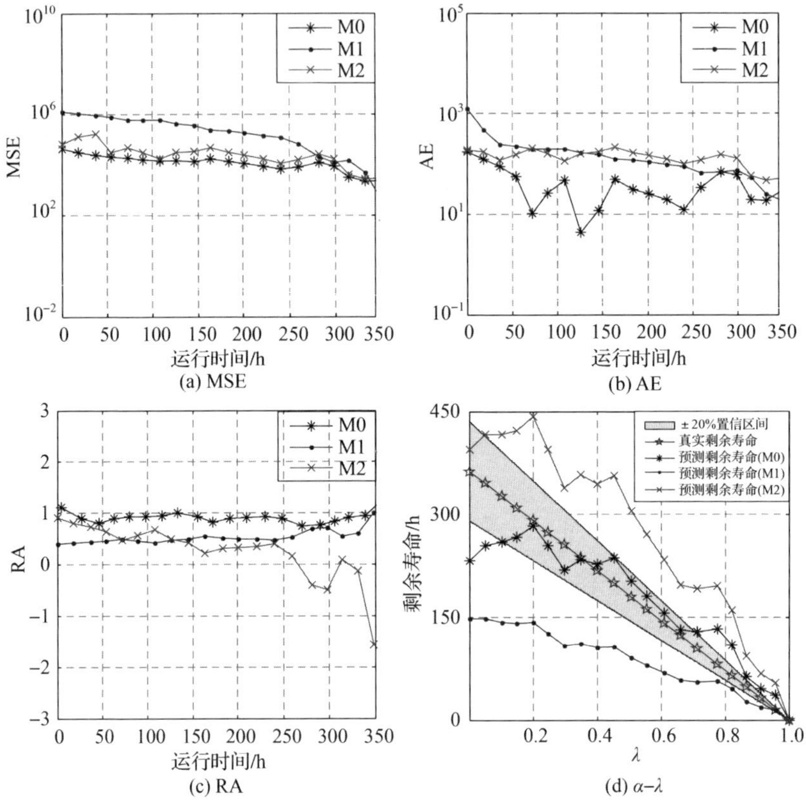

图 5.9 （见彩图）剩余寿命预测情况

由图 5.9（a）~图 5.9（c）可知，M0 的均方误差与绝对误差均小于 M1 与 M2，且 M0 的相对准确性高于 M1 与 M2，表明本章所提方法较 M1 与 M2 准确性更高，从而证明了本章提出的融入不完全维护效果的随机退化模型更贴近于经历不完全维护活动设备的真实退化过程。由图 5.9（d）可知，M0 对应剩余寿命预测值有大部分落入真实剩余寿命 ±20% 置信区间，而 M1 与 M2 预测的剩余寿命几乎全部处于置信区间外，从而进一步证明了 M0 在剩余寿命预测准确性上更具优势，由此验证了采用非齐次泊松过程描述不完全维护活动的合理性。此外，在图 5.9（c）中出现了 M2 的相对准确度小于 0 的情况，其主要原因是采用齐次泊松过程描述不完全维护会造成对剩余寿命的过高估计，而当 $l_k^p/l_k^{\mathrm{T}}>2$ 时，就会出现 RA < 0 的情况，该结果也与前文分析相吻合。

第6章 基于比例加速退化的机载设备剩余寿命预测方法

6.1 引言

保证飞行安全和任务完成的需要，机载设备具有高可靠、长寿命等特点，传统寿命试验和退化试验难以快速获取足够的寿命/退化数据确保剩余寿命预测的准确性和维修决策的科学性。针对传统试验方法的不足，加速退化试验逐步兴起，并成为获取设备退化信息高效且经济的手段。

受环境和自身因素的影响，设备的退化过程呈现出显著的随机性，而加速试验使退化的随机性更加显著，因此采用具备时变不确定特征的 Wiener 过程刻画加速退化过程具备合理性。由于布朗运动在高应力（温度）条件下体现出更强的不确定性，现有研究多假设加速应力既影响 Wiener 过程的漂移系数又影响扩散系数，并已在电缆[204]、发光二极管（LED）[205]、加速度计[97]、电阻器[98]等设备的加速退化建模研究中得到应用和验证。然而，现有考虑应力同时影响漂移系数和扩散系数的加速退化建模研究中，多认为漂移系数与扩散系数间不存在关联关系或假设满足特定共轭先验分布，而未能更为深入地剖析其内在关联性，从而制约了剩余寿命预测准确性的提升。

针对上述问题，本章在第2章研究的基础上就加速应力下设备的剩余寿命预测问题进行了研究。首先基于加速因子不变原则证明了漂移系数与扩散系数的比例关系，并据此构建考虑测量误差与个体差异的比例加速退化模型；其次针对试验样本有多台或仅有一台的情况分别提出基于两步 MLE 算法的参数估计方法和基于 EM－KF 算法的参数自适应估计方法；再次基于 KF 算法在线更新设备的退化状态，并推导出对应的剩余寿命概率密度函数；最后基于单台行波管和多台 MEMS 陀螺仪加速退化试验数据，验证了方法的有效性。

6.2 基于比例关系的设备加速退化建模

6.2.1 比例退化模型

加速退化试验必须保证设备的退化机理在试验的全过程中保持不变，即需要满足 Pieruschka 假设[206]。假设设备在不同加速应力条件下对应寿命分布类型相同，具体参数可不相同。进一步，易得

$$A_{S_1,S_2}=\frac{T_{S_2}}{T_{S_1}}=\frac{f_{T_{S_1}}(t_{S_1})}{f_{T_{S_2}}(t_{S_2})} \tag{6.1}$$

式中：S_1、S_2 分别为加速应力；A_{S_1,S_2}为 S_1 相对于对 S_2的加速因子，其是仅与应力大小有关而与设备寿命无关的常数；T_{S_1}、T_{S_2}，为对应不同加速应力条件下设备的真实寿命；$f_{T_{S_1}}(t_{S_1})$、$f_{T_{S_2}}(t_{S_2})$为寿命分布。

式（6.1）也称加速退化试验中的加速因子不变原则，其对应的具体证明过程见文献［207］，本书不对其展开说明。

若设备的退化过程满足线性 Wiener 退化过程，则易得

$$\begin{aligned}A_{S_1,S_2}&=\sqrt{\frac{(\sigma_B^2)_{S_2}t_{S_2}^3}{(\sigma_B^2)_{S_1}t_{S_1}^3}}\exp\left(-\frac{(\omega-\lambda_{S_1}t_{S_1})^2}{2(\sigma_B^2)_{S_1}t_{S_1}}+\frac{(\omega-\lambda_{S_2}t_{S_2})^2}{2(\sigma_B^2)_{S_2}t_{S_2}}\right)^{A_{S_1,S_2}=\frac{t_{S_2}}{t_{S_1}}}\\&=\sqrt{\frac{(\sigma_B^2)_{S_2}A_{S_1,S_2}^3}{(\sigma_B^2)_{S_1}}}\exp\left(\omega\left(\frac{\lambda_{S_1}}{(\sigma_B^2)_{S_1}}-\frac{\lambda_{S_2}}{(\sigma_B^2)_{S_2}}\right)+\right.\\&\left.\frac{\omega^2}{2t_{S_1}}\left(\frac{1}{(\sigma_B^2)_{S_2}A_{S_1,S_2}}-\frac{1}{(\sigma_B^2)_{S_1}}\right)+\frac{t_{S_1}}{2}\left(\frac{\lambda_{S_2}^2A_{S_1,S_2}}{(\sigma_B^2)_{S_2}}-\frac{\lambda_{S_1}^2}{(\sigma_B^2)_{S_1}}\right)\right)\end{aligned} \tag{6.2}$$

式中：λ_{S_1}、λ_{S_2}为对应不同加速应力条件下的退化模型的漂移系数；$(\sigma_B^2)_{S_1}$、$(\sigma_B^2)_{S_2}$为扩散系数。

为使加速因子 A_{S_1,S_2}与设备的寿命 t_{S_1} 与 t_{S_2}无关，则式（6.2）包含时间项的系数应恒等于0，由此可得

$$\frac{1}{(\sigma_B^2)_{S_2}A_{S_1,S_2}}-\frac{1}{(\sigma_B^2)_{S_1}}=0 \tag{6.3}$$

$$\frac{\lambda_{S_2}^2A_{S_1,S_2}}{(\sigma_B^2)_{S_2}}-\frac{\lambda_{S_1}^2}{(\sigma_B^2)_{S_1}}=0 \tag{6.4}$$

联立式（6.3）与式（6.4），可得

$$\frac{t_{S_1}}{t_{S_2}}=\frac{\lambda_{S_1}}{\lambda_{S_2}}=\frac{(\sigma_B^2)_{S_1}}{(\sigma_B^2)_{S_2}} \tag{6.5}$$

进一步，采用基于时间尺度变换的非线性 Wiener 退化模型来对设备的加速退化过程进行刻画，具体表达式为

$$X(t)=X(0)+\lambda\Lambda(t|\boldsymbol{\theta})+\sigma_B B(\Lambda(t|\boldsymbol{\theta})) \tag{6.6}$$

令 $\Lambda(t|\boldsymbol{\theta})=\tau$，可得

$$X(t)=X(0)+\lambda\tau+\sigma_B B(\tau) \tag{6.7}$$

易知，式（6.7）等价于线性 Wiener 过程模型。同前文分析过程，可得

$$\frac{\tau_{S_1}}{\tau_{S_2}}=\frac{\Lambda(t_{S_1}|\boldsymbol{\theta})}{\Lambda(t_{S_2}|\boldsymbol{\theta})}=\frac{\lambda_{S_1}}{\lambda_{S_2}}=\frac{(\sigma_B^2)_{S_1}}{(\sigma_B^2)_{S_2}} \tag{6.8}$$

由式（6.5）和式（6.8）可知，在满足 Pieruschka 假设的基础上，针对线性/非线性退化模型，加速应力对设备寿命的影响均可转化为对退化模型漂移系数和扩散系数的影响，且加速应力对设备退化速率和退化不确性的影响程度相同。

基于式（6.5）与式（6.8）可推导出

$$\frac{\lambda_{S_1}}{(\sigma_B^2)_{S_1}}=\frac{\lambda_{S_2}}{(\sigma_B^2)_{S_2}} \tag{6.9}$$

式（6.9）表明，在不同加速应力条件下线性/非线性退化模型的漂移系数与扩散系数始终具有固定的比例关系。由于 S_1 与 S_2 具有任意性，漂移系数与扩散系数的比例关系具有普遍性，因而可将其表示为

$$\frac{\lambda}{\sigma_B^2}=\frac{1}{k} \tag{6.10}$$

式中：k 为未知常数。

针对式（6.6）所示非线性 Wiener 退化模型，将漂移系数与扩散系数的比例关系引入退化建模，可得到非线性比例退化模型，具体表达式为

$$X(t)=X(0)+\lambda\Lambda(t|\boldsymbol{\theta})+\sqrt{\lambda k}B(\Lambda(t|\boldsymbol{\theta})) \tag{6.11}$$

可采用随机漂移系数来描述设备间的差异性，即 $\lambda\sim N(\mu_\lambda,\sigma_\lambda^2)$，由此可得考虑个体差异的非线性比例退化模型。为便于计算分析，令漂移系数与布朗运动相互独立。

考虑状态监测过程中测量方法、环境干扰等对设备退化状态获取产生的不确定性影响，为了进一步提升退化建模的准确性，将测量误差引入退化建模，得到考虑测量误差与个体差异的非线性比例退化模型，具体为

$$Y(t)=X(0)+\lambda\Lambda(t|\boldsymbol{\theta})+\sqrt{\lambda k}B(\Lambda(t|\boldsymbol{\theta}))+\varepsilon \tag{6.12}$$

式中：$Y(t)$为设备退化量的监测值；ε为测量误差，一般认为其具备高斯特性，即$\varepsilon \sim N(0,\sigma_\varepsilon^2)$，常令测量误差独立于布朗运动和漂移系数。

6.2.2 加速模型

加速模型是用来描述设备退化特征量与敏感应力之间关系的数学模型。根据敏感应力类型，如温度、湿度、电压、电流、震动程度等，常采用的加速模型有：

1. Arrhenius 模型

$$\lambda(S) = \alpha\exp\left(-\frac{E_a}{kS}\right) \tag{6.13}$$

式中：$\lambda(S)$为在应力S条件下设备的退化速率；α为设备的特征参数，受设备自身特性与加速试验环境制约；E_a为激活能，与设备的材料特性相关；k为玻耳兹曼常数，$k=8.6171\times10^{-5}\text{eV/K}$；敏感应力$S$为温度，采用热力学温度单位K。

Arrhenius 模型主要用来反映温度对设备退化过程的影响，温度越高，退化越快。

2. Eyring 模型

$$\lambda(S) = \frac{\alpha}{S}\exp\left(-\frac{E_a}{kS}\right) \tag{6.14}$$

Eyring 模型与 Arrhenius 模型仅在系数项存在差异，Eyring 模型是基于量子力学理论推导而来的，而 Arrhenius 模型是基于化学反应理论推导而来的。当设备温度变化程度较小时，可视α/S近似为常数，此时的 Eyring 模型等价于 Arrhenius 模型。

3. Inverse Power 模型

$$\lambda(S) = \alpha S^\beta \tag{6.15}$$

式中：$\lambda(S)$为在应力S条件下设备的退化速率；α、β为设备的特征参数；敏感应力S为电应力，可采用电压、电流、电流密度、功率密度等。

4. Exponential 模型

$$\lambda(S) = \alpha\exp(\beta S) \tag{6.16}$$

式中：$\lambda(S)$为在应力S条件下设备的退化速率；α、β为设备的特征参数；敏感应力S为电应力。Exponential 模型最早由美军在 MIL－HDBK－217E《电子设备可靠性预计手册》中提出，用来建模电容器的加速退化过程。

考虑设备退化过程个体差异性主要体现为退化速率的不同，因此令参数α为随机变量表征退化速率的不确定性，且常假设α服从正态分布$N(\mu_\alpha,\sigma_\alpha^2)$。设备加速模型的一般表达式为

$$\lambda(S) = \alpha\delta(S|\beta) \tag{6.17}$$

式中：$\delta(S|\beta)$为应力 S 的函数。

6.2.3 比例加速退化模型

加速退化试验主要包含恒定应力加速退化试验、步进应力加速退化试验和序进应力加速退化试三类[208-210]。其中恒定应力和步进应力试验是应用最为广泛的加速退化试验方式，其理论方法成熟，评估效果较好；序进应力试验目前仍处于初步研究阶段，该方法对试验环境要求严苛，统计模型过于复杂，试验成本高，现阶段应用较少。因此，本节主要针对恒定应力和步进应力加速退化试验进行分析，并基于本书提出的考虑个体差异与测量误差的非线性比例退化模型构建设备的加速退化模型。

1. 恒定应力加速退化模型

如图 6.1 所示，恒定应力加速退化试验中，全体样本被分为若干测试组，并置于不同应力条件下进行试验。在整个试验过程中，不同测试组对应的应力条件恒定不变。在满足失效失效机理不变的前提下，假设恒定应力加速退化试验共有 M 个应力，且 $S_1 < S_2 < \cdots < S_M$，则第 m 个应力对应的设备退化模型为

$$Y(t|S_m) = X(0) + \lambda_m \Lambda(t|\boldsymbol{\theta}) + \sqrt{\lambda_m k} B(\Lambda(t|\boldsymbol{\theta})) + \varepsilon \tag{6.18}$$

考虑退化设备的个体差异性，令参数 α 为随机变量来表示退化速率的不确定性，对应漂移系数的正态分布假设，则令 $\alpha \sim N(\mu_\alpha, \sigma_\alpha^2)$，由此可得

$$\lambda_m \sim N(\mu_\alpha \delta(S_m|\beta), \sigma_\alpha^2 \delta^2(S_m|\beta)), m = 1, 2, \cdots, M$$

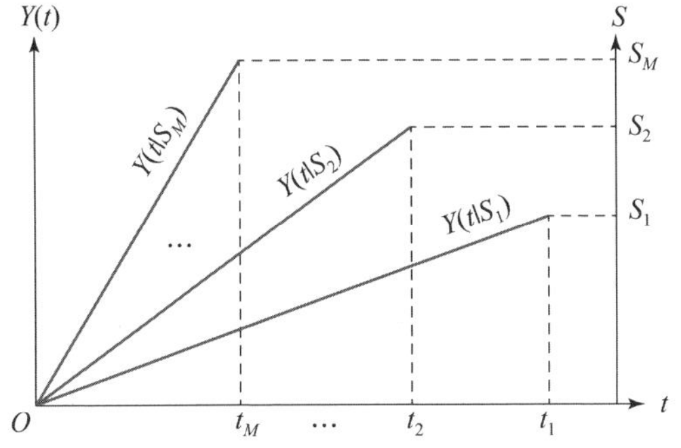

图 6.1 恒定应力加速退化模型

2. 步进应力加速退化模型

如图 6.2 所示，步进应力加速退化试验中，全体试验样本被置于相同的加速应力条件下进行加速退化试验，且加速应力随时间的增加而逐步升高或减小，并在两次变化之间应力条件保持恒定。在满足失效机理不变原则的前提下，假设步

进应力加速退化试验共有 M 个应力，且 $S_1 < S_2 < \cdots < S_M$；而应力作用时间分别为 $[t_0, t_1), [t_1, t_2), \cdots, [t_{M-1}, t_M)$，且 $t_0 < t_1 < t_2 < \cdots < t_M, t_0 = 0$。由此可得设备的加速退化模型为

$$
Y(t) = \begin{cases} X(0) + \lambda_1 \Lambda(t|\boldsymbol{\theta}) + \sqrt{\lambda_1 k} B(\Lambda(t|\boldsymbol{\theta})) + \varepsilon, 0 \leqslant t < t_1 \\ \lambda_2(\Lambda(t|\boldsymbol{\theta}) - \Lambda(t_1|\boldsymbol{\theta})) + \lambda_1 \Lambda(t_1|\boldsymbol{\theta}) + \sqrt{\lambda_2 k} B(\Lambda(t|\boldsymbol{\theta})) + \varepsilon, t_1 \leqslant t < t_2 \\ \vdots \\ \sum_{m=1}^{M-1} \lambda_m(\Lambda(t_m|\boldsymbol{\theta}) - \Lambda(t_{m-1}|\boldsymbol{\theta})) + \lambda_M(\Lambda(t|\boldsymbol{\theta}) - \Lambda(t_{M-1}|\boldsymbol{\theta})) + \\ \sqrt{\lambda_M k} B(\Lambda(t|\boldsymbol{\theta})) + \varepsilon, t_{M-1} \leqslant t < t_M \end{cases} \tag{6.19}
$$

式中

$$
\lambda_m \sim N(\mu_\alpha \delta(S_m|\beta), \sigma_\alpha^2 \delta^2(S_m|\beta)), m = 1, 2, \cdots, M
$$

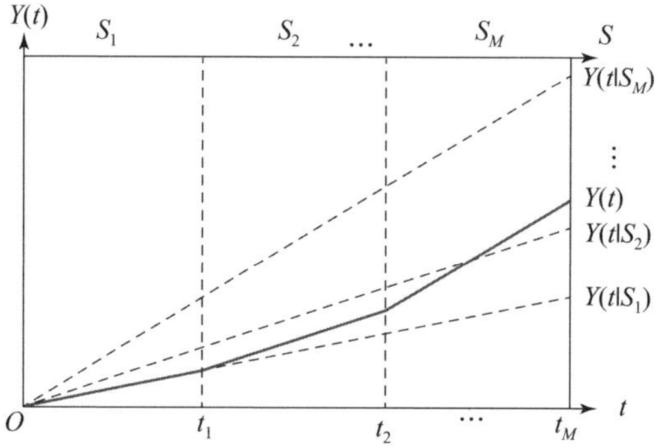

图 6.2 步进应力加速退化模型

6.3 基于不同样本量的参数估计

受加速退化试验要求和设备研制要求等因素的制约，开展加速退化试验时采用的样本数量可能有多台也可能仅有单台。针对上述情况，本节分别基于多试验样本和单一试验样本开展加速退化模型的参数估计研究。

在退化建模过程中考虑了漂移系数与扩散系数的比例关系，使退化模型的复杂性进一步加强，导致传统基于 MLE 算法和基于 EM 算法的参数估计方法计算复杂度过高而无法应用。为解决比例加速退化模型参数难以估计的问题，本节针对多样本数据和单一样本数据分别提出基于两步 MLE 算法的参数估计法和基于 EM - KF 算法的参数自适应估计法，实现了不同样本量条件下对模型参数的准确估计。

6.3.1 基于多台同类设备加速退化数据的参数估计

基于前文分析可知，考虑测量误差与个体差异的比例加速退化模型中包含未知参数 $\boldsymbol{\Theta}=\{k,\theta,\sigma_{\varepsilon}^{2},\mu_{\alpha},\sigma_{\alpha}^{2},\beta\}$。针对多试验样本条件，为估计参数 $\boldsymbol{\Theta}$，提出基于两步 MLE 算法的参数估计方法。

假设共有 N 个样本参与加速退化试验，则 $Y_{m,i,j}=Y(t_{m,i,j})$ 表示第 m 个应力条件下第 i 个样本在第 j 个监测时刻对应性能退化量的测量值。其中 $i=1,2,\cdots,n_m$，$j=1,2,\cdots,l_{m,i}$，$l_{m,i}$ 表示第 m 个应力条件下第 i 个样本的总监测次数。令 $\boldsymbol{Y}_{m,i}$ 表示第 m 个应力条件下第 i 个样本的全部性能退化数据，则 $\boldsymbol{Y}_m=\{\boldsymbol{Y}_{m,1},\boldsymbol{Y}_{m,2},\cdots,\boldsymbol{Y}_{m,n_m}\}$ 表示第 m 个应力条件下所有试验样本的全部退化数据。$\boldsymbol{Y}=\{\boldsymbol{Y}_1,\boldsymbol{Y}_2,\cdots,\boldsymbol{Y}_M\}$ 表示所有样本总体退化数据。令 $\Delta Y_{m,i,j}=Y(t_{m,i,j})-Y(t_{m,i,j-1})$，则 $\Delta\boldsymbol{Y}_{m,i}=[\Delta Y_{m,i,1},\Delta Y_{m,i,2},\cdots,\Delta Y_{m,i,l_{m,i}}]^{\mathrm{T}}$。

针对恒定应力加速退化模型与步进应力加速退化模型，上述假设均成立，其区别主要是恒定应力条件下 $\sum_{m=1}^{M}n_m=N$，步进应力条件下 $n_m=N$。

基于上述分析，若设备的退化过程如式（6.18）或式（6.19）所示，则基于 Wiener 过程的独立增量特性，易知 $\Delta\boldsymbol{Y}_{m,i}$ 服从多元正态分布 $N(\boldsymbol{\mu}_{m,i},\boldsymbol{\Sigma}_{m,i})$，且其对应的期望和协方差矩阵分别为

$$\boldsymbol{\mu}_{m,i}=\boldsymbol{\lambda}_{m,i}\Delta\boldsymbol{T}_{m,i} \tag{6.20}$$

$$\boldsymbol{\Sigma}_{m,i}=(\sigma_B^2)_{m,i}\boldsymbol{D}_{m,i}+\sigma_{\varepsilon}^2\boldsymbol{F}_{m,i} \tag{6.21}$$

式中

$$\Delta\boldsymbol{T}_{m,i}=[\Delta T_{m,i,1},\Delta T_{m,i,2},\cdots,\Delta T_{m,i,l_{m,i}}]^{\mathrm{T}} \tag{6.22}$$

$$\boldsymbol{D}_{m,i}=\begin{pmatrix}\Delta t_{m,i,j} & & & \\ & \Delta t_{m,i,j} & & \\ & & \ddots & \\ & & & \Delta t_{m,i,j}\end{pmatrix}_{l_{m,i}\times l_{m,i}} \tag{6.23}$$

$$\Delta T_{m,i,j}=\Lambda(t_{m,i,j}\mid\boldsymbol{\theta})-\Lambda(t_{m,i,j-1}\mid\boldsymbol{\theta}) \tag{6.24}$$

$$\Delta t_{m,i,j}=t_{m,i,j}-t_{m,i,j-1} \tag{6.25}$$

$$\boldsymbol{F}_{m,i}=\begin{pmatrix}1 & -1 & 0 & \cdots & 0\\ -1 & 2 & 0 & \cdots & \vdots\\ 0 & -1 & 2 & \cdots & 0\\ 0 & 0 & -1 & 2 & 0\\ \vdots & \vdots & \ddots & \ddots & -1\\ 0 & 0 & \cdots & -1 & 2\end{pmatrix}_{l_{m,i}\times l_{m,i}} \tag{6.26}$$

由此可得设备退化数据 $\boldsymbol{Y}$ 对应的轮廓对数似然函数为

$$
\begin{aligned}
\ln L(\boldsymbol{Y}|\boldsymbol{\Theta}) = & -\frac{\ln 2\pi}{2}\sum_{m=1}^{M}\sum_{i=1}^{n_m} l_{m,i} - \frac{1}{2}\sum_{m=1}^{M}\sum_{i=1}^{n_m}\ln|\boldsymbol{\Sigma}_{m,i}| - \\
& \frac{1}{2}\sum_{m=1}^{M}\sum_{i=1}^{n_m}(\Delta\boldsymbol{Y}_{m,i}-\boldsymbol{\mu}_{m,i})^{\mathrm{T}}\boldsymbol{\Sigma}_{m,i}^{-1}(\Delta\boldsymbol{Y}_{m,i}-\boldsymbol{\mu}_{m,i})
\end{aligned} \tag{6.27}
$$

令 $\tilde{\boldsymbol{\Sigma}}_{m,i}=\boldsymbol{\Sigma}_{m,i}/\sigma_{B,i}^2$，$\tilde{\sigma}_\varepsilon^2=\sigma_\varepsilon^2/\sigma_{B,i}^2$，则式（6.27）等价于

$$
\begin{aligned}
\ln L(\boldsymbol{Y}|\boldsymbol{\Theta}) = & -\frac{\ln 2\pi}{2}\sum_{m=1}^{M}\sum_{i=1}^{n_m} l_{m,i} - \frac{1}{2}\sum_{m=1}^{M}\sum_{i=1}^{n_m}\ln|\tilde{\boldsymbol{\Sigma}}_{m,i}| - \frac{1}{2}\sum_{m=1}^{M}\sum_{i=1}^{n_m} l_{m,i}\ln(\sigma_B^2)_{m,i} - \\
& \frac{1}{2}\sum_{m=1}^{M}\sum_{i=1}^{n_m}\frac{1}{(\sigma_B^2)_{m,i}}(\Delta\boldsymbol{Y}_{m,i}-\lambda_{m,i}\Delta\boldsymbol{T}_{m,i})^{\mathrm{T}}(\tilde{\boldsymbol{\Sigma}}_{m,i})^{-1}(\Delta\boldsymbol{Y}_{m,i}-\lambda_{m,i}\Delta\boldsymbol{T}_{m,i})
\end{aligned} \tag{6.28}
$$

求解 $\ln L(\boldsymbol{Y}|\boldsymbol{\Theta})$ 关于 $\lambda_{m,i}$ 与 $(\sigma_B^2)_{m,i}$ 的偏导数，并令其等于 0，可得

$$
\hat{\lambda}_{m,i}=\frac{\Delta\boldsymbol{T}_{m,i}^{\mathrm{T}}\tilde{\boldsymbol{\Sigma}}_{m,i}^{-1}\Delta\boldsymbol{Y}_{m,i}}{\Delta\boldsymbol{T}_{m,i}^{\mathrm{T}}\tilde{\boldsymbol{\Sigma}}_{m,i}^{-1}\Delta\boldsymbol{T}_{m,i}} \tag{6.29}
$$

$$
(\hat{\sigma}_B^2)_{m,i}=\frac{(\Delta\boldsymbol{Y}_{m,i}-\lambda_i\Delta\boldsymbol{T}_{m,i})^{\mathrm{T}}\tilde{\boldsymbol{\Sigma}}_{m,i}^{-1}(\Delta\boldsymbol{Y}_{m,i}-\lambda_i\Delta\boldsymbol{T}_{m,i})}{l_{m,i}} \tag{6.30}
$$

将式（6.29）和式（6.30）代入式（6.28），可得

$$
\begin{aligned}
\ln L(\boldsymbol{Y}|\boldsymbol{\Theta}) = & -\frac{1+\ln 2\pi}{2}\sum_{m=1}^{N}\sum_{i=1}^{n_m} l_{m,i} - \frac{1}{2}\sum_{m=1}^{N}\sum_{i=1}^{n_m}\ln|\tilde{\boldsymbol{\Sigma}}_{m,i}((\hat{\sigma}_B^2)_{m,i},\boldsymbol{\theta},\sigma_\varepsilon^2)| \\
& -\frac{1}{2}\sum_{m=1}^{N}\sum_{i=1}^{n_m} l_{m,i}\ln(\hat{\sigma}_B^2)_{m,i}
\end{aligned} \tag{6.31}
$$

求式（6.31）的最大值，可得到未知参数 σ_ε^2、$\boldsymbol{\theta}$ 的估计值 $\hat{\sigma}_\varepsilon^2$、$\hat{\boldsymbol{\theta}}$。采用 MATLAB 中的 fmimsearch 函数求解式（6.31）的极大值，该函数基于单纯形法原理，可以确保收敛至全局最优解，因而能够有效提升参数估计的准确性。将 $\hat{\sigma}_\varepsilon^2$ 与 $\hat{\boldsymbol{\theta}}$ 代入式（6.29）和式（6.30），可得估计值 $\hat{\lambda}_{1,1},\hat{\lambda}_{1,2},\cdots,\hat{\lambda}_{1,n_1},\cdots,\hat{\lambda}_{m,i}\cdots,\hat{\lambda}_{M,1},\hat{\lambda}_{M,2},\cdots,\hat{\lambda}_{M,n_M}$ 和 $(\hat{\sigma}_B^2)_{1,1},(\hat{\sigma}_B^2)_{1,2},\cdots,(\hat{\sigma}_B^2)_{1,n_1},\cdots,(\hat{\sigma}_B^2)_{m,i},\cdots,(\hat{\sigma}_B^2)_{M,n_M}$。

令 $\hat{\boldsymbol{\lambda}}=[\hat{\lambda}_{1,1},\hat{\lambda}_{1,2},\cdots,\hat{\lambda}_{1,n_1},\cdots,\hat{\lambda}_{m,i},\cdots,\hat{\lambda}_{M,1},\hat{\lambda}_{M,2},\cdots,\hat{\lambda}_{M,n_M}]$，$\hat{\boldsymbol{\sigma}}_B^2=[(\hat{\sigma}_B^2)_{1,1},(\hat{\sigma}_B^2)_{1,2},\cdots,(\hat{\sigma}_B^2)_{1,n_1},\cdots,(\hat{\sigma}_B^2)_{m,i},\cdots,(\hat{\sigma}_B^2)_{M,n_M}]$，基于比例关系假设与设备个体差异性假设，可得 $\hat{\boldsymbol{\lambda}}$ 与 $\hat{\boldsymbol{\sigma}}_B^2$ 的完全对数似然函数为

$$
\ln L(\hat{\boldsymbol{\lambda}},\hat{\boldsymbol{\sigma}}_B^2) = -\sum_{m=1}^{M}\sum_{i=1}^{n_m}\ln 2\pi - \sum_{m=1}^{M}\sum_{i=1}^{n_m}\ln\sigma_\alpha^2 - 2\sum_{m=1}^{M}\sum_{i=1}^{n_m}\ln\delta(S_m|\beta) -
$$

$$\sum_{m=1}^{M}\sum_{i=1}^{n_m}\frac{(\hat{\lambda}_{m,i}-\mu_\alpha\delta(S_m|\beta))^2+\left(\frac{(\hat{\sigma}_B^2)_{m,i}}{k}-\mu_\alpha\delta(S_m|\beta)\right)^2}{2\sigma_\alpha^2\delta^2(S_m|\beta)} \tag{6.32}$$

分别求式（6.32）关于μ_α、σ_α^2、k的偏导数，并令其等于0，可得

$$\hat{\mu}_\alpha=\frac{1}{\sum_{m=1}^{M}n_m}\left(\sum_{m=1}^{M}\sum_{i=1}^{n_m}\frac{(\hat{\sigma}_B^2)_{m,i}}{2k\delta(S_m|\beta)}+\sum_{m=1}^{M}\sum_{i=1}^{n_m}\frac{\hat{\lambda}_{m,i}}{2\delta(S_m|\beta)}\right) \tag{6.33}$$

$$\hat{\sigma}_\alpha^2=\sum_{m=1}^{M}\sum_{i=1}^{n_m}\frac{(\hat{\lambda}_{m,i}-\hat{\mu}_\alpha\delta(S_m|\beta))^2+\left(\frac{(\hat{\sigma}_B^2)_{m,i}}{k}-\hat{\mu}_\alpha\delta(S_m|\beta)\right)^2}{2\delta^2(S_m|\beta)\sum_{m=1}^{M}n_m} \tag{6.34}$$

$$\hat{k}=\frac{\sum_{m=1}^{M}\sum_{i=1}^{n_m}(\hat{\sigma}_B^2)_{m,i}^2/\delta^2(S_m|\beta)}{\mu_\alpha\sum_{m=1}^{M}\sum_{i=1}^{n_m}(\hat{\sigma}_B^2)_{m,i}/\delta(S_m|\beta)} \tag{6.35}$$

将式（6.34）代入式（6.32）可得

$$\ln L(\hat{\boldsymbol{\lambda}},\hat{\boldsymbol{\sigma}}_B^2)=-\left(\sum_{m=1}^{M}n_m\right)^2-\sum_{m=1}^{M}\sum_{i=1}^{n_m}\ln 2\pi-\sum_{m=1}^{M}\sum_{i=1}^{n_m}\ln\hat{\sigma}_\alpha^2-2\sum_{m=1}^{M}\sum_{i=1}^{n_m}\ln\delta(S_m|\beta) \tag{6.36}$$

求式（6.36）的最大值，即可得到β的估计值$\hat{\beta}$。

在此基础上，联立式（6.33）与式（6.35）即可得到$\hat{k}$。进一步，再将$\hat{\beta}$与$\hat{k}$代入式（6.33）与式（6.34）即可得到$\hat{\mu}_\alpha$与$\hat{\sigma}_\alpha^2$。

6.3.2 基于单台设备加速退化数据的参数自适应估计

针对单一试验样本条件下的参数估计问题，提出基于EM－KF算法的参数自适应估计方法。该参数估计方法主要分为两步：①利用KF算法得到设备真实退化状态的估计值；②利用EM算法求解设备真实退化状态估计值中隐含的退化模型参数。基于此，随着设备退化状态的逐步更新，退化模型参数的估计值也实现递归更新。

1. 基于KF算法的设备真实退化状态估计

假设$t_j|S_m$为目标设备的第j个监测时刻，且其对应的加速应力为S_m，则对应时刻设备性能退化量的测量值和真实值分别为$Y_j=Y(t_j|S_m)$与$X_j=X(t_j|S_m)$；$\boldsymbol{Y}_{1:j}=[Y_1,Y_2,\cdots,Y_j]$表示直至$t_j$时刻已获取的全部退化数据。

若设备的加速退化过程如式（6.18）或式（6.19）所示，则可得比例加速

退化模型的状态转移方程为

$$\begin{cases}X_j=X_{j-1}+\alpha_{j-1}\delta(S_m|\beta)\Delta\Lambda(t_j|\boldsymbol{\theta})+\sqrt{a_{j-1}k\delta(S_m|\beta)}B(\Delta\Lambda(t_j|\boldsymbol{\theta}))\\ \alpha_j=a_{j-1}\\ Y_j=X_j+\varepsilon\end{cases} \tag{6.37}$$

式中

$$\Delta\Lambda(t_j|\boldsymbol{\theta})=\Lambda(t_j|\boldsymbol{\theta})-\Lambda(t_{j-1}|\boldsymbol{\theta}),t_0=0$$

$$B(\Delta\Lambda(t_j|\boldsymbol{\theta}))=B(\Lambda(t_j|\boldsymbol{\theta}))-B(\Lambda(t_{j-1}|\boldsymbol{\theta}))$$

式（6.37）中存在非线性函数 $\Delta\Lambda(t_j|\boldsymbol{\theta})$，导致传统 KF 算法无法直接应用。为此，对其进行线性化预处理，令

$$\boldsymbol{A}_j=\begin{bmatrix}1 & \delta(S_m|\beta)\Delta\Lambda(t_j|\boldsymbol{\theta})\\ 0 & 1\end{bmatrix} \tag{6.38}$$

$$\boldsymbol{Z}_j=\begin{bmatrix}X_j\\ \alpha_j\end{bmatrix} \tag{6.39}$$

$$\boldsymbol{W}_j=\begin{bmatrix}\sqrt{k\alpha_{j-1}\delta(S_m|\beta)}B(\Delta\Lambda(t_j|\boldsymbol{\theta}))\\ 0\end{bmatrix} \tag{6.40}$$

$$\boldsymbol{L}=[1\quad 0] \tag{6.41}$$

由此可得

$$\begin{cases}\boldsymbol{Z}_j=\boldsymbol{A}_j\boldsymbol{Z}_{j-1}+\boldsymbol{W}_{j-1}\\ Y_j=\boldsymbol{L}\boldsymbol{Z}_{j-1}+\varepsilon\end{cases} \tag{6.42}$$

令$\hat{\boldsymbol{Z}}_{j|j}$、$\boldsymbol{P}_{j|j}$分别表示设备真实退化状态的滤波均值与方差，对应的一步预测均值与方差则表示为$\hat{\boldsymbol{Z}}_{j|j-1}$、$\boldsymbol{P}_{j|j-1}$，具体定义式为

$$\hat{\boldsymbol{Z}}_{j|j}=\begin{bmatrix}E(X_j|\boldsymbol{Y}_{1:j})\\ E(\alpha_j|\boldsymbol{Y}_{1:j})\end{bmatrix} \tag{6.43}$$

$$\boldsymbol{P}_{j|j}=\begin{bmatrix}D(X_j|\boldsymbol{Y}_{1:j}) & \mathrm{cov}(X_j,\alpha_j|\boldsymbol{Y}_{1:j})\\ \mathrm{cov}(X_j,\alpha_j|\boldsymbol{Y}_{1:j}) & D(\alpha_j|\boldsymbol{Y}_{1:j})\end{bmatrix} \tag{6.44}$$

$$\hat{\boldsymbol{Z}}_{j|j-1}=\begin{bmatrix}E(X_j|\boldsymbol{Y}_{1:j-1})\\ E(\alpha_j|\boldsymbol{Y}_{1:j-1})\end{bmatrix} \tag{6.45}$$

$$\boldsymbol{P}_{j|j-1}=\begin{bmatrix}D(X_j|\boldsymbol{Y}_{1:j-1}) & \mathrm{cov}(X_j,\alpha_j|\boldsymbol{Y}_{1:j-1})\\ \mathrm{cov}(X_j,\alpha_j|\boldsymbol{Y}_{1:j-1}) & D(\alpha_j|\boldsymbol{Y}_{1:j-1})\end{bmatrix} \tag{6.46}$$

基于上述分析可得 KF 过程为

$$\hat{\boldsymbol{Z}}_{j|j}=\hat{\boldsymbol{Z}}_{j|j-1}+\boldsymbol{K}_j(Y_j-\boldsymbol{L}\hat{\boldsymbol{Z}}_{j|j-1}) \tag{6.47}$$

$$\boldsymbol{P}_{j|j}=\boldsymbol{P}_{j|j-1}-\boldsymbol{K}_j\boldsymbol{L}\boldsymbol{P}_{j|j-1} \tag{6.48}$$

$$\hat{\boldsymbol{Z}}_{j|j-1}=\boldsymbol{A}_j\hat{\boldsymbol{Z}}_{j-1|j-1} \tag{6.49}$$

$$\boldsymbol{P}_{j|j-1}=\boldsymbol{A}_j\boldsymbol{P}_{j-1|j-1}\boldsymbol{A}_j^{\mathrm{T}}+\begin{bmatrix} E(\alpha_{j-1}|\boldsymbol{Y}_{1:j-1})k\delta(S_n|\beta)\Delta\Lambda(t_j|\boldsymbol{\theta}) & 0 \\ 0 & 0 \end{bmatrix} \tag{6.50}$$

$$\boldsymbol{K}_j=\boldsymbol{P}_{j|j-1}\boldsymbol{L}^{\mathrm{T}}(\boldsymbol{L}\boldsymbol{P}_{j|j-1}\boldsymbol{L}^{\mathrm{T}}+\sigma_{\varepsilon}^2)^{-1} \tag{6.51}$$

式中

$$\hat{\boldsymbol{Z}}_{0|0}=\begin{bmatrix} 0 \\ \mu_{\alpha} \end{bmatrix}$$

$$\boldsymbol{P}_{0|0}=\begin{bmatrix} 0 & 0 \\ 0 & \sigma_{\alpha}^2 \end{bmatrix}$$

给定滤波均值与方差的初始值$\hat{\boldsymbol{Z}}_{0|0}$、$\boldsymbol{P}_{0|0}$，基于式（6.38）~式（6.51）可实现对设备真实退化状态的估计。

2. 基于 EM 算法的退化模型参数估计

基于上文分析可知，未知参数μ_{α}、σ_{α}^2隐含于滤波均值与方差的初始值$\hat{\boldsymbol{Z}}_{0|0}$、$\boldsymbol{P}_{0|0}$之中。为便于分析，令$\boldsymbol{\psi}$表示虑个体差异与测量误差的比例加速退化模型中的未知参数，则$\boldsymbol{\psi}=\{\hat{\boldsymbol{Z}}_{0|0},\boldsymbol{P}_{0|0},\beta,k,\boldsymbol{\theta},\sigma_{\varepsilon}^2\}$。若已知目标设备性能退化量的监测数据为$\boldsymbol{Y}_{1:j}$，利用式（6.42）可得到未知参数$\boldsymbol{\psi}$关于设备真实性能退化状态$\boldsymbol{Z}_{0:k}$与监测数据$\boldsymbol{Y}_{1:j}$的联合对数似然函数：

$$\begin{aligned} L(\boldsymbol{\psi}) &= \ln L(\boldsymbol{Z}_{0:j},\boldsymbol{Y}_{1:j}|\boldsymbol{\psi}) = \ln L(\boldsymbol{Z}_{0:j}|\boldsymbol{Y}_{1:j},\boldsymbol{\psi}) + \ln L(\boldsymbol{Y}_{1:j}|\boldsymbol{\psi}) \\ &= \ln L(\boldsymbol{Z}_0|\boldsymbol{\psi}) + \ln\prod_{i=1}^{j}L(\boldsymbol{Z}_i|\boldsymbol{Z}_{i-1},\boldsymbol{\psi}) + \ln\prod_{i=1}^{j}L(Y_i|\boldsymbol{Z}_i,\boldsymbol{\psi}) \\ &= \ln L(\boldsymbol{Z}_0|\boldsymbol{\psi}) + \sum_{i=1}^{j}\ln L(\boldsymbol{Z}_i|\boldsymbol{Z}_{i-1},\boldsymbol{\psi}) + \sum_{i=1}^{j}\ln L(Y_i|\boldsymbol{Z}_i,\boldsymbol{\psi}) \end{aligned} \tag{6.52}$$

式中：$L(\boldsymbol{Z}_{0:j},\boldsymbol{Y}_{1:j}|\boldsymbol{\psi})$为监测数据$\boldsymbol{Y}_{1:j}$与设备真实退化状态的$\boldsymbol{Z}_{0:k}$的联合概率密度函数。

基于上述分析可得

$$\boldsymbol{Z}_0|\boldsymbol{\psi}\sim N(\hat{\boldsymbol{Z}}_{0|0},\boldsymbol{P}_{0|0}) \tag{6.53}$$

$$\boldsymbol{Z}_i|\boldsymbol{Z}_{i-1},\boldsymbol{\psi}\sim N(\boldsymbol{A}_i\boldsymbol{Z}_{i-1},\boldsymbol{Q}_i) \tag{6.54}$$

$$\boldsymbol{Q}_i=\begin{bmatrix} kE(\alpha_{j-1})\delta(S_n|\beta)\Delta\Lambda(t_j|\boldsymbol{\theta}) & 0 \\ 0 & 0 \end{bmatrix} \tag{6.55}$$

$$Y_i|X_i\sim N(\boldsymbol{L}\boldsymbol{Z}_i,\sigma_{\varepsilon}^2) \tag{6.56}$$

将式（6.53）~式（6.56）代入式（6.52），并除去常数项，可得

$$L(\boldsymbol{\psi}) = \ln P(\boldsymbol{Z}_{0:j},\boldsymbol{Y}_{1:j}|\boldsymbol{\psi}) \propto -\frac{1}{2}\ln|\boldsymbol{P}_{0|0}|-\frac{1}{2}[\boldsymbol{Z}_0-\hat{\boldsymbol{Z}}_{0|0}]^{\mathrm{T}}\boldsymbol{P}_{0|0}^{-1}[\boldsymbol{Z}_0-\hat{\boldsymbol{Z}}_{0|0}]-$$
$$\frac{j}{2}\ln\sigma_\varepsilon^2-\frac{1}{2\sigma_\varepsilon^2}\sum_{i=1}^{j}(Y_i-\boldsymbol{L}\boldsymbol{Z}_i)^2-\frac{1}{2}\sum_{i=1}^{j}\ln|\boldsymbol{Q}_i|-$$
$$\frac{1}{2}\sum_{i=1}^{j}[\boldsymbol{Z}_i-\boldsymbol{A}_i\boldsymbol{Z}_{i-1}]^{\mathrm{T}}\boldsymbol{Q}_i^{-1}[\boldsymbol{Z}_i-\boldsymbol{A}_i\boldsymbol{Z}_{i-1}] \tag{6.57}$$

假设第 j 次迭代后退化模型参数的估计值 $\hat{\boldsymbol{\psi}}^{(j)}=\{\hat{\boldsymbol{Z}}_{0|0}^{(j)},\boldsymbol{P}_{0|0}^{(j)},\beta^{(j)},k^{(j)},\boldsymbol{\theta}^{(j)},\sigma_\varepsilon^{2(j)}\}$，基于 EM 算法可知，第 $j+1$ 次迭代的计算过程分为 E 步和 M 步。

E 步：在第 j 次估计结果 $\boldsymbol{\psi}^{(j)}$ 的基础上，对似然函数 $L(\boldsymbol{\psi})$ 求解关于隐含状态 $\boldsymbol{Z}$ 的期望，可得

$$E(L(\boldsymbol{\psi}))\propto-\frac{1}{2}\ln|\boldsymbol{P}_{0|0}^{(j)}|-\frac{1}{2}\sum_{i=1}^{k}\ln|\boldsymbol{Q}_i^{(j)}|-\frac{k}{2}\ln\sigma_\varepsilon^{2(j)}-$$
$$\frac{1}{2}\mathrm{tr}[(\boldsymbol{P}_{0|0}^{(j)})^{-1}E(\boldsymbol{Z}_0\boldsymbol{Z}_0^{\mathrm{T}}-\boldsymbol{Z}_0\hat{\boldsymbol{Z}}_{0|0}^{\mathrm{T}}-\hat{\boldsymbol{Z}}_{0|0}^{\mathrm{T}}\boldsymbol{Z}_0^{\mathrm{T}}+\hat{\boldsymbol{Z}}_{0|0}\hat{\boldsymbol{Z}}_{0|0}^{\mathrm{T}})]-$$
$$\frac{1}{2}\sum_{i=1}^{k}\mathrm{tr}\{(\boldsymbol{Q}_i^{(j)})^{-1}E[\boldsymbol{Z}_i\boldsymbol{Z}_i^{\mathrm{T}}-\boldsymbol{Z}_i(\boldsymbol{A}_i\boldsymbol{Z}_{i-1})^{\mathrm{T}}-$$
$$\boldsymbol{A}_i\boldsymbol{Z}_{i-1}\boldsymbol{Z}_i^{\mathrm{T}}+(\boldsymbol{A}_i\boldsymbol{Z}_{i-1})(\boldsymbol{A}_i\boldsymbol{Z}_{i-1})^{\mathrm{T}}]\}-$$
$$\frac{1}{2\sigma_\varepsilon^{2(j)}}\sum_{i=1}^{k}E[(Y_i-\boldsymbol{L}\boldsymbol{Z}_i)^{\mathrm{T}}(Y_i-\boldsymbol{L}\boldsymbol{Z}_i)] \tag{6.58}$$

M 步：对式（6.58）求极大值。由于式（6.58）隐含变量较多，无法直接对其进行最大化，为此，采用 RTS 平滑器[211]对式（6.58）进行处理。首先，给出 RTS 后向递归过程：

$$\boldsymbol{D}_i=\boldsymbol{P}_{i|i}\boldsymbol{A}_i^{\mathrm{T}}(\boldsymbol{P}_{i+1|i})^{-1} \tag{6.59}$$

$$\tilde{\boldsymbol{Z}}_{i|j}=\hat{\boldsymbol{Z}}_{i|i}+\boldsymbol{D}_i(\tilde{\boldsymbol{Z}}_{i+1|j}-\hat{\boldsymbol{Z}}_{i+1|i}) \tag{6.60}$$

$$\tilde{\boldsymbol{P}}_{i|j}=\boldsymbol{P}_{i|i}+\boldsymbol{D}_i(\tilde{\boldsymbol{P}}_{i+1|j}-\boldsymbol{P}_{i+1|i})\boldsymbol{D}_i^{\mathrm{T}} \tag{6.61}$$

$$\tilde{\boldsymbol{P}}_{i,i-1|j}=\boldsymbol{P}_{i|i}\boldsymbol{D}_{i-1}^{\mathrm{T}}+\boldsymbol{D}_i(\tilde{\boldsymbol{P}}_{i+1,i|j}-\boldsymbol{A}_i\boldsymbol{P}_{i|i})\boldsymbol{D}_{i-1}^{\mathrm{T}} \tag{6.62}$$

$$i=j,j-1,\cdots,0 \tag{6.63}$$

式中：$\tilde{\boldsymbol{Z}}_{i|j}$、$\tilde{\boldsymbol{P}}_{i|j}$、$\tilde{\boldsymbol{P}}_{i,i-1|j}$ 分别为 RTS 平滑器的均值、方差、协方差矩阵；i 为 RTS 后向平滑的迭代次数；$\boldsymbol{D}_i$ 为 RTS 平滑器的滤波增益。

RTS 的基本原理是令 $\tilde{\boldsymbol{Z}}_{i|j}$，$\tilde{\boldsymbol{P}}_{i|j}$，$\tilde{\boldsymbol{P}}_{i,i-1|j}$ 的初始值等于 KF 中设备真实退化状态的估计值，进而反向迭代得到退化模型参数的估计值。由此易知

$$\tilde{\boldsymbol{Z}}_{j|j}=\hat{\boldsymbol{Z}}_{j|j} \tag{6.64}$$

$$\tilde{\boldsymbol{P}}_{j|j}=\boldsymbol{P}_{j|j} \tag{6.65}$$

$$\tilde{\boldsymbol{P}}_{j,j-1|j}=\boldsymbol{A}_j\boldsymbol{P}_{j-1|j-1}-\boldsymbol{K}_j\boldsymbol{L}\boldsymbol{A}_j\boldsymbol{P}_{j-1|j-1} \tag{6.66}$$

利用 RTS 基本原理可得

$$\begin{cases} E\{\boldsymbol{Z}_i\cdot\boldsymbol{Z}_i^{\mathrm{T}}\}=\tilde{\boldsymbol{Z}}_{i|j}\tilde{\boldsymbol{Z}}_{i|j}^{\mathrm{T}}+\tilde{\boldsymbol{P}}_{i|j} \\ E\{\boldsymbol{Z}_i\cdot\boldsymbol{Z}_{i-1}^{\mathrm{T}}\}=\tilde{\boldsymbol{Z}}_{i|j}\tilde{\boldsymbol{Z}}_{i-1|j}^{\mathrm{T}}+\tilde{\boldsymbol{P}}_{i,i-1|j} \\ E\{\boldsymbol{Z}_i\}=\tilde{\boldsymbol{Z}}_{i|j} \end{cases} \tag{6.67}$$

基于上述分析可将式（6.58）转化为

$$\begin{aligned} E(L(\boldsymbol{\psi}))\propto & -\frac{1}{2}\ln|\boldsymbol{P}_{0|0}^{(j)}|-\frac{1}{2}\sum_{i=1}^{k}\ln|\boldsymbol{Q}_i^{(j)}|-\frac{k}{2}\ln\sigma_{\varepsilon}^{2(j)}- \\ & \frac{1}{2}\mathrm{tr}[(\boldsymbol{P}_{0|0}^{(j)})^{-1}(\tilde{\boldsymbol{Z}}_{0|k}\tilde{\boldsymbol{Z}}_{0|k}^{\mathrm{T}}-\tilde{\boldsymbol{Z}}_{0|k}\hat{\boldsymbol{Z}}_{0|0}^{\mathrm{T}}-\hat{\boldsymbol{Z}}_{0|0}\tilde{\boldsymbol{Z}}_{0|k}^{\mathrm{T}}+\hat{\boldsymbol{Z}}_{0|0}\hat{\boldsymbol{Z}}_{0|0}^{\mathrm{T}}+\tilde{\boldsymbol{P}}_{0|k})]- \\ & \frac{1}{2}\sum_{i=1}^{k}\mathrm{tr}[(\boldsymbol{Q}_i^{(j)})^{-1}(\boldsymbol{C}_{1,i}+\boldsymbol{C}_{2,i}\boldsymbol{A}_i^{\mathrm{T}}+\boldsymbol{A}_i\boldsymbol{C}_{2,i}^{\mathrm{T}}-\boldsymbol{A}_i\boldsymbol{C}_{3,i}\boldsymbol{A}_i^{\mathrm{T}})]- \\ & \frac{1}{2\sigma_{\varepsilon}^{2(j)}}\sum_{i=1}^{k}[(Y_i-\boldsymbol{L}\tilde{\boldsymbol{Z}}_{i|k})^2+\boldsymbol{L}\tilde{\boldsymbol{P}}_{i|k}\boldsymbol{L}^{\mathrm{T}}] \end{aligned} \tag{6.68}$$

式中

$$\boldsymbol{C}_{1,i}=\tilde{\boldsymbol{Z}}_{i|k}\tilde{\boldsymbol{Z}}_{i|k}^{\mathrm{T}}+\tilde{\boldsymbol{P}}_{i|k} \tag{6.69}$$

$$\boldsymbol{C}_{2,i}=\tilde{\boldsymbol{Z}}_{i|k}\tilde{\boldsymbol{Z}}_{i-1|k}^{\mathrm{T}}+\tilde{\boldsymbol{P}}_{i,i-1|k} \tag{6.70}$$

$$\boldsymbol{C}_{3,i}=\tilde{\boldsymbol{Z}}_{i-1|k}\tilde{\boldsymbol{Z}}_{i-1|k}^{\mathrm{T}}+\tilde{\boldsymbol{P}}_{i-1|k} \tag{6.71}$$

为求 $E(L(\boldsymbol{\psi}))$ 最大时对应的 $\hat{\boldsymbol{Z}}_{0|0}^{(j)}$、$\boldsymbol{P}_{0|0}^{(j)}$、$\hat{\sigma}_{\varepsilon}^{2(j)}$，令 $E(L(\boldsymbol{\psi}))$ 关于 $\hat{\boldsymbol{Z}}_{0|0}^{(j)}$、$\boldsymbol{P}_{0|0}^{(j)}$、$\hat{\sigma}_{\varepsilon}^{2(j)}$ 的偏导数等于0，由此可得

$$\hat{\boldsymbol{Z}}_{0|0}^{(j+1)}=\tilde{\boldsymbol{Z}}_{0|j} \tag{6.72}$$

$$\boldsymbol{P}_{0|0}^{(j+1)}=\tilde{\boldsymbol{P}}_{0|j} \tag{6.73}$$

$$\hat{\sigma}_{\varepsilon}^{2(j+1)}=\frac{\sum_{i=1}^{j}((Y_i-\boldsymbol{L}\tilde{\boldsymbol{Z}}_{i|j})^2+\boldsymbol{L}\tilde{\boldsymbol{P}}_{i|j}\boldsymbol{L}^{\mathrm{T}})}{j} \tag{6.74}$$

将式（6.72）~式（6.74）代入式（6.68），并采用 MATLAB 软件中基于单纯形法的 fminsearch 函数求解其最大值，即可得到参数估计值 $\hat{\beta}^{(j+1)}$、$\hat{k}^{(j+1)}$、$\hat{\boldsymbol{\theta}}^{(j+1)}$。

不断对 E 步和 M 步进行迭代，直至$|\boldsymbol{\psi}^{(j+1)}-\boldsymbol{\psi}^{(j)}|$小于给定阈值停止迭代，即可得到退化模型参数的估计值。

6.4 基于比例加速退化建模的设备剩余寿命预测

6.4.1 基于 KF 算法的退化状态在线更新

在 6.3.2 节中已经给出了单一加速退化试验样本条件下设备退化状态的更新过程，在此不再进行说明。本节的重点是研究多加速退化试验样本条件下目标设备退化状态的更新方法。

加速退化试验的最终目的是测算在额定应力条件下设备的寿命或剩余寿命，其对应的预测结果需要在额定应力条件下才具备现实意义。实现额定应力条件下对目标设备退化状态的在线更新，首先对目标设备所对应的性能退化数据进行折算，使其符合额定应力条件下设备的真实退化规律。

当前，针对设备性能退化数据的折算方法主要有两类：一是时间折算法，保持设备性能退化量的监测值不变，将加速应力条件下的监测时间折算为额定应力下的监测时间；二是参数折算法，将加速应力条件下退化模型的相关参数折算到额定应力条件下[212]。时间折算法计算简便，且受参数估计不确定的影响较小，因此采用时间折算法对目标设备的退化数据进行折算，折算过程如表 6.1 所列。

表 6.1　退化数据折算

<table>
<tr><th>类型</th><th>退化量</th><th colspan="2">退化时间</th></tr>
<tr><td>目标设备监测数据为额定应力条件下退化数据</td><td>$Y^*(t)=Y(t)$</td><td colspan="2">$t^*=t$</td></tr>
<tr><td>目标设备监测数据为加速应力条件下退化数据</td><td>$Y^*(t)=Y(t)$</td><td>$t^*=\Lambda^{-1}\left(\frac{\lambda_{S_0}}{\lambda_{S_1}}\Lambda(t\mid\boldsymbol{\theta})\mid\boldsymbol{\theta}\right)$</td><td>$t^*=\Lambda^{-1}\left(\frac{(\sigma_B^2)_{S_0}}{(\sigma_B^2)_{S_1}}\Lambda(t\mid\boldsymbol{\theta})\mid\boldsymbol{\theta}\right)$</td></tr>
</table>

注：$Y(t)$和t分别为目标设备的实际退化数据、运行时间；$Y^*(t)$和t^*分别为目标设备经折算后的退化数据、运行时间；S_0为设备的额定工作应力；S_1为加速应力。

表6.1中退化时间的折算公式可通过对式（6.8）进行简单变形得到，在此不详细说明。将目标设备退化数据折算到额定应力条件下后，即可进行退化状态的在线更新。

假设目标设备经折算后的退化数据为 $\boldsymbol{Y}_{1:j}^{*}=[Y_1^{*},Y_2^{*},\cdots,Y_j^{*}]$，对应的真实退化量为 $\boldsymbol{X}_{1:j}^{*}=[X_1^{*},X_2^{*},\cdots,X_j^{*}]$，对应的监测时间为 $t_1^{*},t_2^{*},\cdots,t_j^{*}$。若其退化过程如式（6.18）或式（6.19）所示，则可得额定应力条件下目标设备的状态转移方程为

$$\begin{cases}X_j^{*}=X_{j-1}^{*}+\alpha_{j-1}\delta(S_0|\beta)\Delta\Lambda(t_j^{*}|b)+\sqrt{\alpha_{j-1}k\delta(S_0|\beta)}B(\Delta\Lambda(t_j^{*}|b))\\ \alpha_j=\alpha_{j-1}\\ Y_j^{*}=X_j^{*}+\varepsilon\end{cases}\tag{6.75}$$

式中：$\alpha_j=\alpha_{j-1}$ 表示针对同一目标设备，其对应的特征参数不随加速试验的进行而发生变化；$\Delta\Lambda(t_j^{*}|b)=\Lambda(t_j^{*}|b)-\Lambda(t_{j-1}^{*}|b)$，$t_0^{*}=0$。

令

$$\boldsymbol{A}_j=\begin{bmatrix}1 & \delta(S_0|\beta)(\Delta\Lambda(t_j^{*}|b))\\ 0 & 1\end{bmatrix}\tag{6.76}$$

$$\boldsymbol{Z}_j=\begin{bmatrix}X_j^{*}\\ \alpha_j\end{bmatrix}\tag{6.77}$$

$$\boldsymbol{W}_{j-1}=\begin{bmatrix}\sqrt{\alpha_{j-1}k\delta(S_0|\beta)}B(\Delta\Lambda(t_j^{*}|b))\\ 0\end{bmatrix}\tag{6.78}$$

$$\boldsymbol{L}=[1\quad 0]\tag{6.79}$$

进而可将式（6.75）转换为

$$\begin{cases}\boldsymbol{Z}_j=\boldsymbol{A}_j\boldsymbol{Z}_{j-1}+\boldsymbol{W}_{j-1}\\ Y_j^{*}=\boldsymbol{L}\boldsymbol{Z}_{j-1}+\varepsilon\end{cases}\tag{6.80}$$

对式（6.80）采用KF算法进行处理，首先需定义如下参数：

真实退化状态滤波均值：

$$\hat{\boldsymbol{Z}}_{j|j}=E(\boldsymbol{Z}_j|\boldsymbol{Y}_{1:j}^{*})=\begin{bmatrix}E(X_j^{*}|\boldsymbol{Y}_{1:j}^{*})\\ E(\alpha_j|\boldsymbol{Y}_{1:j}^{*})\end{bmatrix}=\begin{bmatrix}\hat{X}_{j|j}^{*}\\ \hat{\alpha}_{j|j}\end{bmatrix}\tag{6.81}$$

真实退化状态滤波方差：

$$\boldsymbol{P}_{j|j}=D(\boldsymbol{Z}_j|\boldsymbol{Y}_{1:j}^{*})=\begin{bmatrix}D(X_j^{*}|\boldsymbol{Y}_{1:j}^{*}) & \mathrm{cov}(X_j^{*},\alpha_j|\boldsymbol{Y}_{1:j}^{*})\\ \mathrm{cov}(X_j^{*},\alpha_j|\boldsymbol{Y}_{1:j}^{*}) & D(\alpha_j|\boldsymbol{Y}_{1:j}^{*})\end{bmatrix}\tag{6.82}$$

真实退化状态一步预测均值：

$$\hat{\boldsymbol{Z}}_{j|j-1}=E(\boldsymbol{Z}_j|\boldsymbol{Y}^*_{1:j-1})=\begin{bmatrix}E(X^*_j|\boldsymbol{Y}^*_{1:j-1})\\E(\alpha_j|\boldsymbol{Y}^*_{1:j-1})\end{bmatrix}=\begin{bmatrix}\hat{X}^*_{j|j-1}\\\hat{\alpha}_{j|j-1}\end{bmatrix}\tag{6.83}$$

真实退化状态一步预测方差：

$$\boldsymbol{P}_{j|j-1}=D(\boldsymbol{Z}_j|\boldsymbol{Y}^*_{1:j-1})=\begin{bmatrix}D(X^*_j|\boldsymbol{Y}^*_{1:j-1}) & \mathrm{cov}(X^*_j,\alpha_j|\boldsymbol{Y}^*_{1:j-1})\\\mathrm{cov}(X^*_j,\alpha_j|\boldsymbol{Y}^*_{1:j-1}) & D(\alpha_j|\boldsymbol{Y}^*_{1:j-1})\end{bmatrix}\tag{6.84}$$

$\boldsymbol{W}_{j-1}$的协方差：

$$\boldsymbol{Q}_{j-1|j-1}=\begin{bmatrix}\hat{\alpha}_{j-1|j-1}k\delta(S_0|\beta)\Delta\Lambda(t^*_j|b) & 0\\0 & 0\end{bmatrix}\tag{6.85}$$

基于上述分析，利用 KF 算法，可实现对设备退化状态的在线更新。具体步骤如下：

（1）状态预测：

$$\hat{\boldsymbol{Z}}_{j|j-1}=\boldsymbol{A}_j\hat{\boldsymbol{Z}}_{j-1|j-1}\tag{6.86}$$

（2）协方差预测：

$$\boldsymbol{P}_{j|j-1}=\boldsymbol{A}_j\boldsymbol{P}_{j-1|j-1}\boldsymbol{A}_j^{\mathrm{T}}+\boldsymbol{Q}_{j-1|j-1}\tag{6.87}$$

（3）滤波增益：

$$\boldsymbol{K}_j=\boldsymbol{P}_{j|j-1}\boldsymbol{L}^{\mathrm{T}}(\boldsymbol{L}\boldsymbol{P}_{j|j-1}\boldsymbol{L}^{\mathrm{T}}+\sigma_\varepsilon^2)^{-1}\tag{6.88}$$

（4）状态更新：

$$\hat{\boldsymbol{Z}}_{j|j}=\hat{\boldsymbol{Z}}_{j|j-1}+\boldsymbol{K}_j(Y_j-\boldsymbol{L}\hat{\boldsymbol{Z}}_{j|j-1})\tag{6.89}$$

（5）协方差更新：

$$\boldsymbol{P}_{j|j}=\boldsymbol{P}_{j|j-1}-\boldsymbol{K}_j\boldsymbol{L}\boldsymbol{P}_{j|j-1}\tag{6.90}$$

将采用两步极大似然估计法得到的 $\hat{\mu}_\alpha$、$\hat{\sigma}_\alpha^2$ 作为滤波的初始值 $\mu_{\alpha,0}$、$\sigma^2_{\alpha,0}$，即

$$\hat{\boldsymbol{Z}}_{0|0}=\begin{bmatrix}0\\\mu_{\alpha,0}\end{bmatrix},\boldsymbol{P}_{0|0}=\begin{bmatrix}0 & 0\\0 & \sigma^2_{\alpha,0}\end{bmatrix}$$

利用式（6.76）~式（6.90）可实现额定应力条件下目标设备退化状态的在线更新。

6.4.2 基于比例加速退化建模的剩余寿命分布推导

基于时间尺度变换的非线性 Wiener 退化模型对应的剩余寿命概率密度函数为[213]

$$f_L(l_k)=\frac{\omega-X_j}{\sqrt{2\pi\sigma_B^2\psi(l_j)^3}}\exp\left(-\frac{(\omega-X_j-\lambda\psi(l_j))^2}{2\sigma_B^2\psi(l_j)}\right)\frac{\mathrm{d}\psi(l_j)}{\mathrm{d}l_j}\tag{6.91}$$

式中

$$\psi(l_j) = \Lambda(t_j + l_j | \boldsymbol{\theta}) - \Lambda(t_j | \boldsymbol{\theta})$$

将比例关系模型 $\sigma_B = \sqrt{\lambda k}$、加速模型 $\lambda = \alpha\rho(S|\beta)$ 及额定应力 $S = S_0$ 代入式（6.91），可得到额定应力条件下目标设备剩余寿命的条件概率密度函数为

$$f_{L_j | \alpha_j, X_j}(l_j | \alpha_j, X_j, S_0) = \frac{\omega - X_j}{\sqrt{2\pi k \alpha_j \delta(S_0|\beta)\psi(l_j)^3}} \frac{\mathrm{d}\psi(l_j)}{\mathrm{d}l_j} \exp\left(-\frac{(\omega - X_j - \alpha_j \delta(S_0|\beta)\psi(l_j))^2}{2k\alpha_j\delta(S_0|\beta)\psi(l_j)} \right) \tag{6.92}$$

基于 KL 算法更新机制可知，参数 α_j 与目标设备真实退化量 X_j 满足二维正态分布，其对应的条件分布为

$$\alpha_j | \boldsymbol{Y}_{1:j} \sim N(E(\alpha_j | \boldsymbol{Y}_{1:j}), D(\alpha_j | \boldsymbol{Y}_{1:j})) \tag{6.93}$$

$$X_j | \alpha_j, \boldsymbol{Y}_{1:j} \sim N\left(E(X_j | \boldsymbol{Y}_{1:j}) + \frac{\operatorname{cov}(X_j, \alpha_j | \boldsymbol{Y}_{1:j})}{D(\alpha_j | \boldsymbol{Y}_{1:j})} (\alpha_j - E(\alpha_j | \boldsymbol{Y}_{1:j})), D(X_j | \boldsymbol{Y}_{1:j}) - \frac{\operatorname{cov}(X_j, \alpha_j | \boldsymbol{Y}_{1:j})^2}{D(\alpha_j | \boldsymbol{Y}_{1:j})} \right) \tag{6.94}$$

将式（6.93）与式（6.94）代入式（6.92），可得到额定应力条件下目标设备剩余寿命的概率密度函数为

$$f_{L_j | S_0}(l_j | S_0, \boldsymbol{Y}_{1:j}) = \int_{-\infty}^{+\infty} \int_{-\infty}^{+\infty} f_{L_j}(l_j | \alpha_j, X_j, S_0, \boldsymbol{Y}_{1:j}) P(X_j | \alpha_j, \boldsymbol{Y}_{1:j}) P(a_j | \boldsymbol{Y}_{1:j}) \mathrm{d}X_j \mathrm{d}\alpha_j \tag{6.95}$$

式（6.95）针对单一加速退化试验样本和多加速退化试验样本均成立，其区别仅在与采用何种数据来估计退化模型参数和更新退化状态。

6.5 算例分析

6.5.1 单台行波管实例

行波管是机载导航、雷达、电子对抗系统的核心部件，具备高可靠性、高价值、长寿命的特点。本节基于某型单台行波管加速退化试验数据进行分析，具体试验条要求如下：

（1）行波管的性能退化量选用阴极发射电流，且其加速模型满足 Exponential 模型，即 $\delta(S|\beta) = \exp(\beta S)$；

（2）加速试验类型为恒定应力加速退化试验，且加速应力为电流密度，该试验中选用加速应力为 $8\mathrm{A/cm^2}$（额定工作应力约为 $1\mathrm{A/cm^2}$）；

(3) 每隔 10h 对试验样本进行一次采样，共得到 1200 组数据（行波管的加速退化试验数据如图 6.3 所示）。

(4) 当行波管的阴极发射电流下降至初始时刻的 10% 时，可认为该行波管发生失效（对应的真实寿命约为 7000h）。

1. 退化模型参数自适应估计

由图 6.3 可以发现，行波管的退化路径具有明显的非单调特征，因而适合采用 Wiener 过程进行建模分析。为了进一步验证使用 Wiener 过程建模的合理性，使用自相关函数法对行波管的性能退化过程进行辨识[175]。行波管性能退化数据自相关函数的矩估计值如图 6.4 所示。

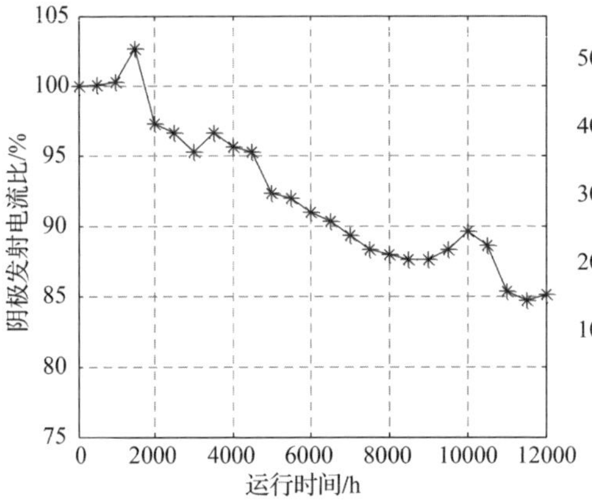

图 6.3　行波管加速退化数据

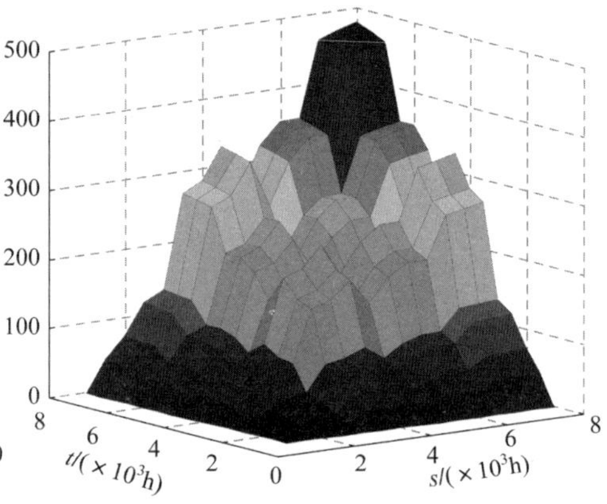

图 6.4　（见彩图）行波管性能退化数据自相关函数

对比图 6.4 与图 3.7 可以发现，行波管性能退化数据自相关函数矩估计与一元 Wiener 过程自相关函数的曲线具有相似性，从而表明行波管的退化过程服从 Wiener 过程。

工程经验表明，电子类设备退化过程近似满足幂函数[99,116,214]。为此，假设非线性函数 $\Lambda(t\,|\,\boldsymbol{\theta}) = t^{\theta}$。设退化模型参数初值 $\mu_{\alpha}=0$，$\sigma_{\alpha}^{2}=1$，$\beta=1$，$k=1$，$\theta=0$，$\sigma_{\varepsilon}^{2}=0$，则基于本章提出的参数自适应估计方法，可实现对退化模型参数的自适应估计。具体估计过程如图 6.5 所示。

由图 6.5 可知，除 σ_{α}^{2} 外，其余退化模型参数均可以较快地收敛至稳定值，表明本书提出的参数自适应估计算法具备较好的收敛性。且该算法运行算总时间约为 0.0532s（运行环境：Intel Core I7 -9750H 处理器，16G 内存，Windows7 旗舰版操作系统，MATLAB 软件），表明该参数自适应估算方法具备较低的时间复杂度，拥有良好性能。

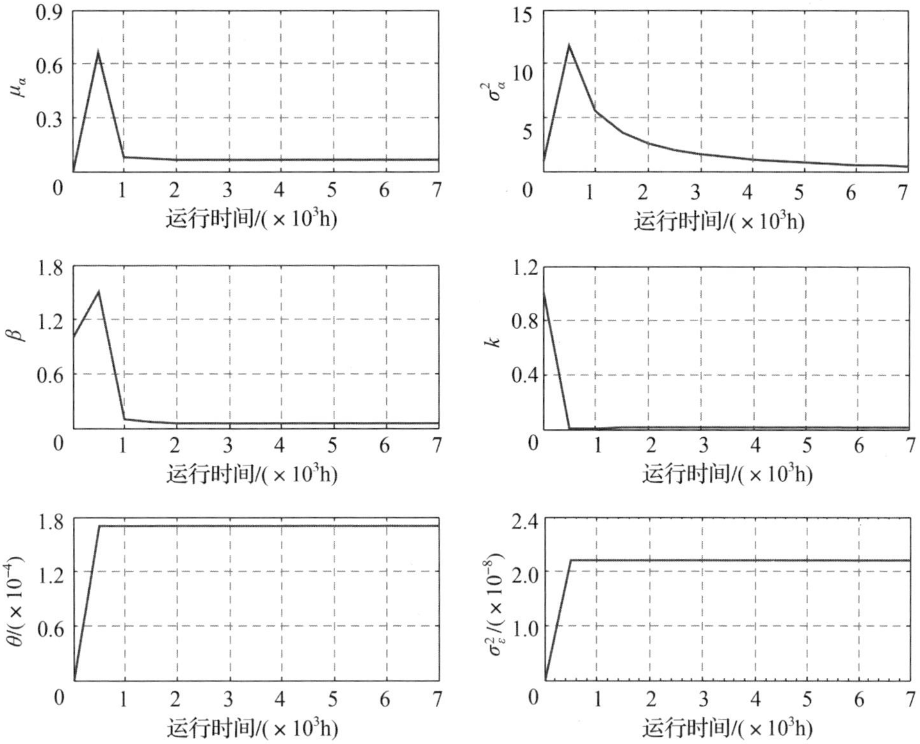

图 6.5　参数自适应估计过程

为了验证本章提出的漂移系数与扩散系数成比例关系假设的合理性，不考虑漂移系数与扩散系数比例关系的加速退化模型代入本书提出的参数自适应估计方法，得到漂移系数 λ 与扩散系数 σ_B^2 的自适应参数估计值，具体如图 6.6 所示。

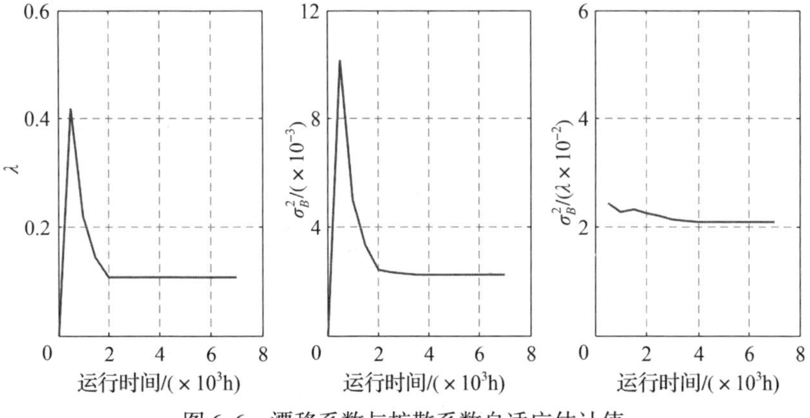

图 6.6　漂移系数与扩散系数自适应估计值

由图6.6可知，漂移系数与扩散系数在不同运行时刻对应的参数估计值近似满足比例关系，且比值始终在0.021上下浮动。上述现象说明，在加速退化模型中漂移系数与扩散系数具有近似恒定的比例关系，从而证明了本章提出的比例关系假设的合理性。

2. 剩余寿命预测

1）退化状态在线更新

为便于分析，本书所提剩余寿命预测方法记为M0，文献［97］提出的不考虑漂移系数与扩散系数比例关系的剩余寿命预测方法记为M1。采用KF算法对行波管退化状态进行更新，M0与M1对应设备退化状态的更新结果如图6.7所示。

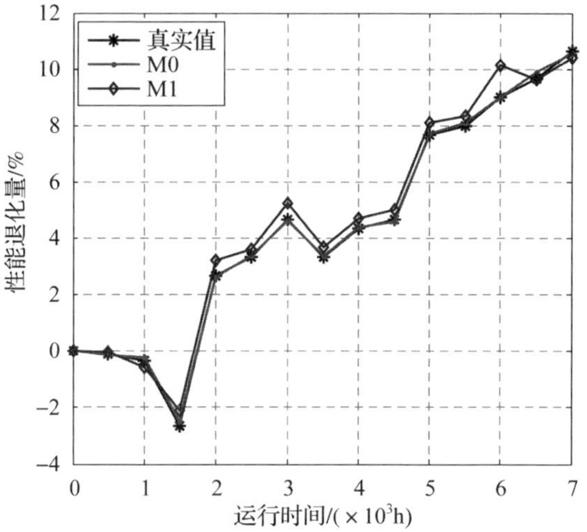

图6.7 （见彩图）退化状态在线更新

图6.7中设备退化量的真实值是将图6.3中初始时刻退化量设定为0后得到的。由图6.7可知，相较于M1，M0得到的设备退化状态估计值与目标设备的真实退化状态更接近，这表明考虑漂移系数与扩散系数比例关系的退化模型更能反映设备在加速应力条件下的真实退化规律，具备更好的模型拟合性。为了更直观地讨论M0与M1的差异，本节给出不同方法对应退化状态预测结果的绝对误差，如图6.8所示。

由图6.8可知，M0的退化状态预测误差显著小于M1。其原因主要是M1忽略了漂移系数与扩散系数的比例关系，导致该方法对设备退化状态进行估计的不确定性增大，进而产生了较大的误差。因此，有必要在加速退化建模过程中考虑漂移系数与扩散系数的比例关系。

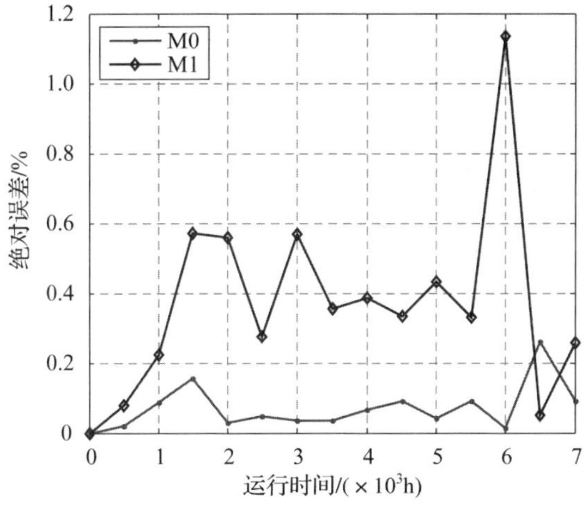

图 6.8　退化状态预测误差

2）剩余寿命预测结果

基于退化模型参数的自适应估计结果，可实现对目标设备在额定应力条件下剩余寿命的自适应预测。一般情况下，该型行波管的正常工作应力 $S_0 \approx 1\text{A/cm}^2$，其对应的剩余寿命预测曲线如图 6.9 所示。

由图 6.9 可知，M0 与 M1 对应剩余寿命概率密度函数曲线均可以包含目标设备的真实剩余寿命，但 M0 对应的剩余寿命分布曲线较 M1 明显更为集中，这表明在确保剩余寿命准确预测的基础上，M0 方法具有更低的预测不确定性，预测精度更高。

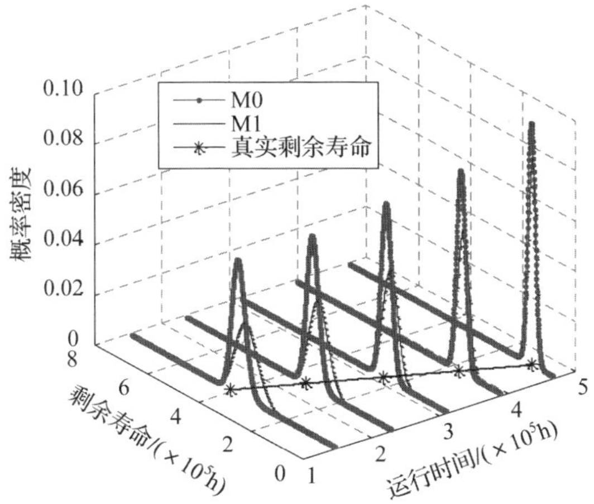

图 6.9　（见彩图）剩余寿命预测结果

进一步，令

$$(\sigma_B^2)_{M_0} = E(\alpha_k \mid \boldsymbol{Y}_{1:k}) \times \exp(\beta S_0) \times k \tag{6.96}$$

式中：$(\sigma_B^2)_{M_0}$为 M0 方法在额定应力条件下的扩散系数。

与之相对应，不妨令$(\sigma_B^2)_{M_1}$表示 M1 方法在额定应力条件下的扩散系数。而$(\sigma_B^2)_{M_0}$与$(\sigma_B^2)_{M_1}$的更新过程如图 6.10 所示。

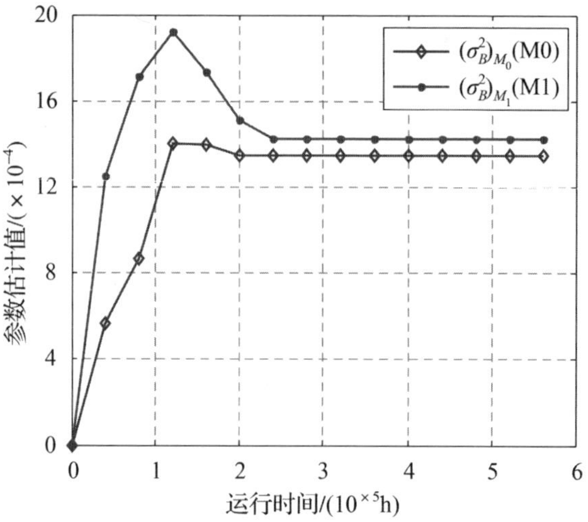

图 6.10　扩散系数更新情况对比

由图 6.10 可知，在扩散系数的更新过程中，M0 对应的扩散系数较 M1 更小，这表明 M0 的预测不确定性更低，也进一步印证了图 6.9 所示的结果。由此说明，本章提出的比例加速退化模型具有更好的拟合性，可以更真实地反映退化过程的时变不确定性，显著提升剩余寿命预测方法的性能。

6.5.2　多台 MEMS 陀螺仪实例

微机电系统（MEMS）陀螺仪是现代导航定位系统的核心部件，在航空、航天等领域应用广泛，且具备较高的使用可靠性和较长的有效寿命。本节基于某型 MEMS 陀螺仪的步进应力加速退化数据和现场监测数据预测目标设备的剩余寿命，并据此对其替换和备件订购策略进行联合优化决策。其中，步进应力加速退化试验包含 4 台样本和 3 组应力（$S_1 = 40℃$，$S_2 = 70℃$，$S_3 = 100℃$）水平，且每组应力条件下以 10h 为间隔分别采样 50 次；现场监测数据包含了目标设备在额定应力（$S_0 = 25℃$）条件下运行 180 天的全部退化数据。具体退化过程见图 6.11 与图 6.12。

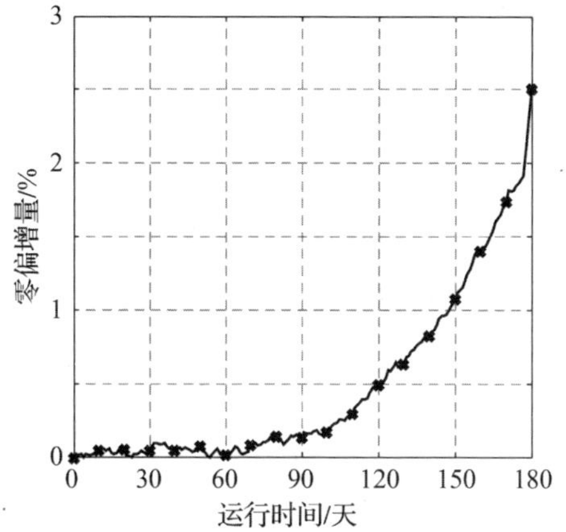

图 6.11　现场监测数据

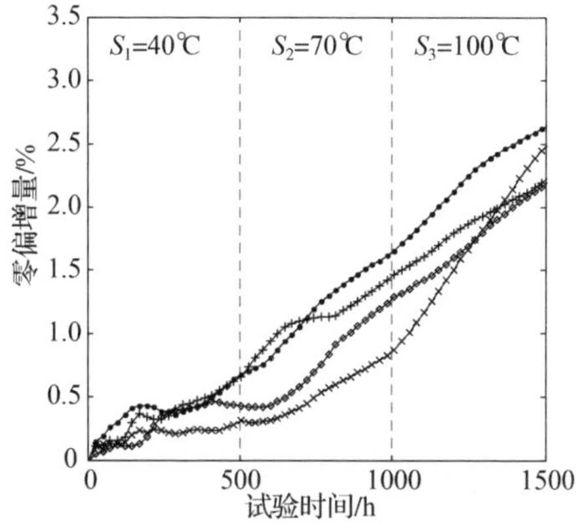

图 6.12　加速退化试验数据

1. 参数估计

由图 6.11 可以发现，MEMS 陀螺仪的退化路径具有明显的非单调特征，因而适合采用 Wiener 过程进行建模分析。为了进一步证明 Wiener 过程适于拟合 MEMS 陀螺仪的退化过程，本节使用自相关函数法对目标设备的退化过程进行辨识。MEMS 陀螺仪自相关函数的矩估计值如图 6.13 所示。

对比图 6.13 与图 3.9 可以发现，MEMS 陀螺仪性能退化数据自相关函数矩估计与一元 Wiener 过程自相关函数的曲线具有相似性，从而表明 MEMS 陀螺仪的退化过程服从 Wiener 过程。

由图 6.11 与图 6.12 可知，MEMS 陀螺仪退化呈现明显的非线性特征，不妨令 $\Lambda(t|\boldsymbol{\theta})=\exp(\theta t)-1$。在实际使用过程中，MEMS 陀螺仪对温度应力较为敏感，因此选用 Arrhenius 模型建模 MEMS 陀螺仪的加速退化过程。利用图 6.13 所

示 MEMS 陀螺仪加速退化数据，依据6.3.1 节提出的退化模型参数估计方法，即可得到加速退化模型的参数估计值，具体如表6.2 所列。

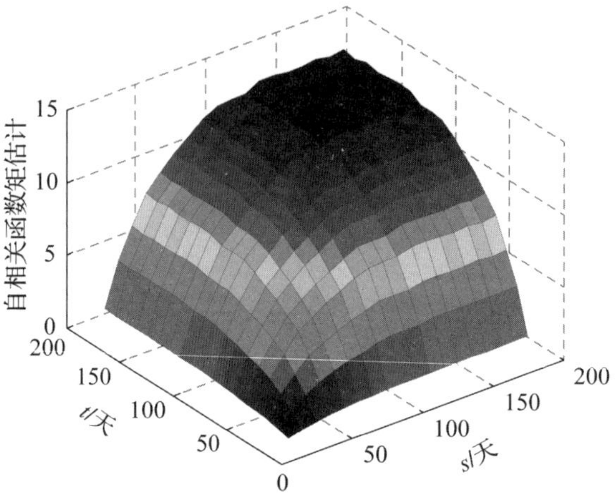

图6.13 （见彩图）MEMS 陀螺仪自相关函数的矩估计值

表6.2 退化模型参数估计

μ_α	θ	σ_α^2	k	β	σ_ε^2
0.1173	1.5669×10^{-2}	2.0170×10^{-6}	0.0045	3.7276	1.1802×10^{-8}

为证明漂移系数与扩散系数比例关系的真实存在，且与加速应力大小无关。在不考虑漂移系数与扩散系数比例关系的基础上，利用极大似然估计法对不同加速应力条件下的退化模型参数进行估计，具体结果如表6.3 所列。

表6.3 不同应力条件下的漂移/扩散系数估计

应力	λ	σ_B^2	σ_B^2/λ
S_1	0.1149	5.5700×10^{-5}	4.8477×10^{-3}
S_2	0.1164	5.6832×10^{-5}	4.8825×10^{-3}
S_3	0.1170	6.1143×10^{-5}	5.2259×10^{-3}

由表6.3 可知，在不同加速应力条件下漂移系数 λ 与扩散系数 σ_B^2 呈现出较为明显的比例关系，且比值始终在 5×10^{-3} 上下浮动，与应力大小无关。进一步分析可以发现，σ_B^2/λ 的比值与本书得到的 $\hat{k}$ 估计值较为接近，从而进一步验证了本章提出的比例加速退化模型具有合理性。

需要说明的是，表6.2 与表6.3 中的参数估计结果是将图6.12 加速退化数据时间由小时折算为天后得到的。

2. 剩余寿命预测

1）退化状态在线更新

基于 6.4.1 节提出的退化状态在线更新方法，依据目标设备的现场监测数据，同步更新其退化状态，目标设备退化状态更新过程如图 6.14 所示。

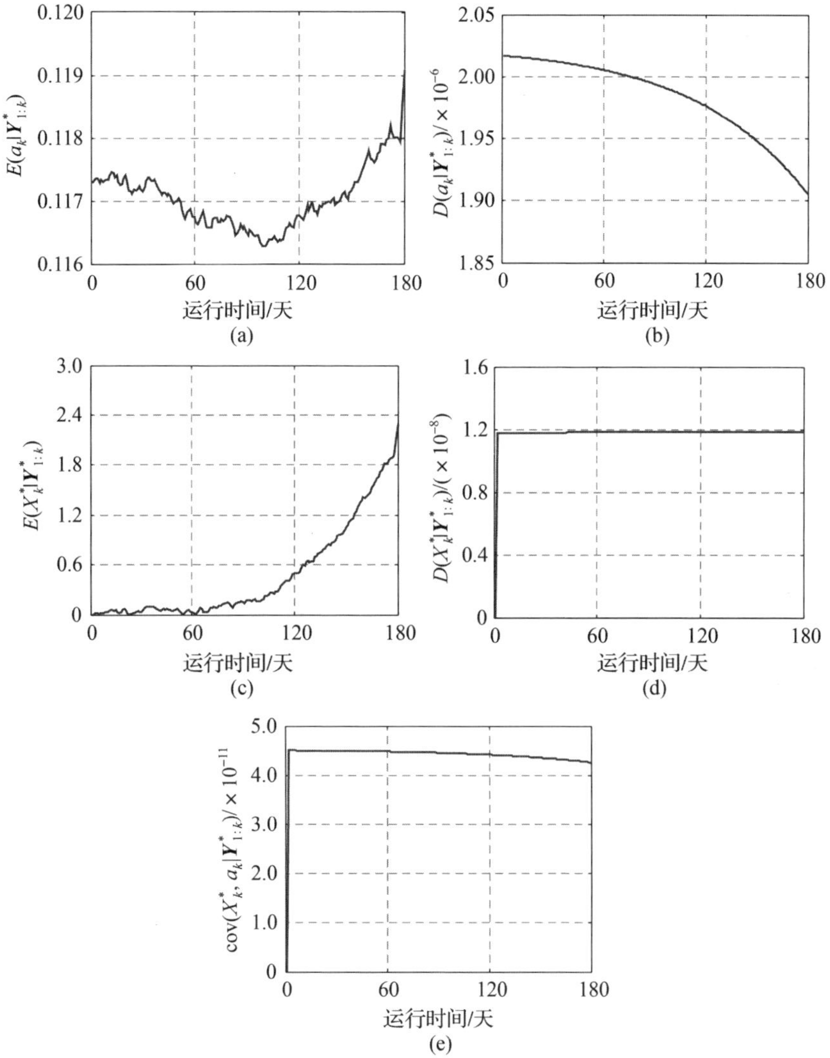

图 6.14　退化状态在线更新

2）剩余寿命预测结果

一般情况下，当 MEMS 陀螺仪的零偏增量超过初始值的 2.5% 时，可认为其发生失效，即其失效阈值 $\omega=2.5\%$，由此可知，目标设备在 180 天时发生失效，即目标设备的真实寿命为 180 天。基于上述分析，利用 6.4.2 节提出的剩余寿命分布推导方法可实现对额定应力条件下目标设备剩余寿命的在线预测。为了便于对比分析，本书提出的剩余寿命预测方法和对应维修决策模型记为 M0，文献［97］提出的不考虑漂移系数与扩散系数比例关系的剩余寿命预测方法与对应维修决策模型记为 M1，文献［98］提出的基于漂移系数和扩散系数服从特定共轭先验分布假设的剩余寿命预测方法与对应维修决策模型记为 M2。根据不同方法得到的剩余寿命预测结果与 95% 预测置信区间如表 6.4 所列。

表 6.4　剩余寿命预测结果

模型	状态监测时刻/天	真实剩余寿命/天	剩余寿命预测值/天	剩余寿命 95% 预测置信区间/天
M0	40	140	128.8	[110.0, 144.0]
	80	100	92.7	[77.5, 105.8]
	120	60	57.1	[42.3, 67.3]
	160	20	21.8	[13.3, 30.0]
M1	40	140	119.2	[88.0, 142.5]
	80	100	86.2	[63.5, 105.0]
	120	60	53.9	[39.0, 68.0]
	160	20	21.4	[13.1, 30.2]
M2	40	140	110.5	[91.5, 127.3]
	80	100	75.4	[59.5, 90.5]
	120	60	42.9	[30.3, 55.3]
	160	20	14.6	[5.5, 24.8]

由表 6.4 可知，在不同状态监测时刻，M0 与 M1 对应的剩余寿命预测置信区间均可以完全包含目标设备的真实剩余寿命，而 M2 对应的剩余寿命预测置信区间无法完全覆盖目标设备的真实剩余寿命，表明 M2 难以实现对剩余寿命的准确预测，这对后续的维修决策过程产生消极影响。其原因主要是该方法的有效性是建立在漂移系数和扩散系数满足特定共轭先验分布假设的基础上的（该文献中为联合正态伽马分布），当不能充分满足特定共轭先验分布假设条件时，难以保证该方法的预测准确性。进一步分析表 6.4 可以发现，M0 与 M1 的预测结果差异不大，但 M0 得到的剩余寿命预测值更接近目标设备的真实剩余寿命，且 M0 具有更窄的预测置信区间。上述情况说明，M0 具有更高的预测准确性与精度，以及更加优良的性能。该现象发生的原因是 M1 忽略了漂移系数与扩散系数的比例关系，使退化模型的不确定性增大，剩余寿命预测精确性降低。

第7章 基于 LSTM 网络与随机退化建模的机载设备剩余寿命预测方法

7.1 引言

数据驱动的剩余寿命预测方法可分为基于人工智能的方法和基于统计数据的方法。目前，基于人工智能方法的研究主要聚焦于利用深度学习来预测设备的剩余寿命，并发展出了基于循环神经网络（recurrent neural network，RNN）[215]、长短时记忆（long short term memory，LSTM）网络[216]、门控循环单元（gated recurrent unit，GRU）[217]及相应的改进方法[218-219]，取得了良好的效果。然而，上述方法仅能得到剩余寿命预测的期望值，无法量化预测的不确定性，不利于后续维修决策等研究的开展。基于统计数据的方法是通过随机过程建模设备退化过程的不确定行为，并外推出剩余寿命的概率分布。目前，基于随机过程方法的研究主要围绕 Wiener 过程[220]、Gamma 过程[221]及 Inverse Gaussian 过程[63]等展开。其中，Wiener 过程模型既能够满足设备普遍存在的非单调退化特性，又具备良好的数学计算特性，在锂电池、激光器、陀螺仪、航空发动机等设备上得到了广泛应用[71-73,222]。然而，基于 Wiener 过程的方法均需要选择特定的漂移系数函数来反映模型的退化趋势特征[80,111,223]，当选定的漂移系数函数与设备实际退化规律不匹配时，将降低剩余寿命预测的准确性。

为了进一步提升剩余寿命预测方法的性能，Zhang 等[224]提出了一种融合机器学习与随机过程的剩余寿命预测方法，该方法利用加权核函数来表示 Wiener 退化模型的漂移增量，利用 LSTM 网络学习设备的退化规律，并对退化增量进行预测，进而得到剩余寿命的概率分布。该研究改进了传统方法漂移量函数选择不当而造成预测性能较差的不足，提升了方法的灵活性与有效性。但是，该方法仍需人为选定核函数，可能引入经验误差，降低了预测结果的可信性。Chen 等[225]提出利用经验模态分解（empirical mode decomposition，EMD）提取设备的退化趋势（Wiener 过程的漂移量），并基于 LSTM 网络预测未来的退化趋势，以实现对剩余寿命的预测。该方法消除了核函数选择不当引起的经验误差，但仅采用 EMD 的残差项作为模型漂移量可能导致退化特征提取不完全。不利于实现准确的剩余寿命预测。

针对上述问题，本章在第 2 章研究的基础上提出了一种基于 LSTM 网络与随机退化建模的剩余寿命预测方法。首先利用 EMD 方法提出 Wiener 退化模型的漂移增量；其次基于差分近似原理求解 Wiener 过程漂移量函数的导数，并据此推导出剩余寿命概率分布的解析表达式；最后基于锂电池退化实例验证方法的性能优势。

7.2 随机退化建模与漂移增量提取

采用 2.3.2 节中的非线性 Wiener 过程建立设备的随机退化模型。非线性 Wiener 过程的一般表达式为[226]

$$X(t)=g(t)+\sigma_B B(t) \tag{7.1}$$

式中：$X(t)$ 为 t 时刻设备的退化量；$g(t)$ 为漂移量函数，$g(t)=\int_0^t \mu(v)\mathrm{d}v$；$\mu(t)$ 为漂移系数函数，二者均为时间 t 的函数；σ_B 为扩散系数；$B(t)\sim N(0,t)$ 为标准布朗运动。

令 $X(t_k-\tau)$ 表示 $t_k-\tau$ 时刻设备的性能退化量，则设备在 t_k 时刻的退化增量可表示为

$$\Delta X(t_k)=g(t_k)-g(t_k-\tau)+\sigma_B B(t_k)-\sigma_B B(t_k-\tau)=\varphi(t_k)+\sigma_B B(\tau) \tag{7.2}$$

式中：τ 为时间增量；$\varphi(t_k)$ 为 t_k 时刻设备的漂移增量，$\varphi(t_k)=\int_{t_k-\tau}^{t_k}\mu(t)\mathrm{d}t$。基于标准布朗运动的基本性质可得 $B(t_k)-B(t_k-\tau)=B(\tau)$。

令 $\varepsilon(t_k)=\sigma_B B(\tau)$，则式（7.2）等价于

$$\Delta X(t_k)=\varphi(t_k)+\varepsilon(t_k) \tag{7.3}$$

式中：当 $k_1\neq k_2$ 时，$\varepsilon(t_{k_1})$ 与 $\varepsilon(t_{k_2})$ 相互独立，且 $\varepsilon(t_k)\sim N(0,\sigma_B^2\tau)$。

在实际应用中，状态监测的时间间隔 τ 通常为固定值，由此可将随机过程 $\varepsilon(t_k)$ 视为高斯白噪声。进一步，从信号处理角度分析，可以认为设备的退化增量是由漂移增量叠加一个高斯白噪声合成的。为了得到设备的漂移增量数据，就需要对原始信号（设备退化增量数据）进行去噪处理。本节采用 EMD 进行去噪处理。EMD 是 Huang 等[227]提出的一种数学时域分解方法，具有自适应特点，适用于处理非线性和非稳态信号。该方法可以将一组时间序列转换成若干单一频

率的本征模态函数（intrinsic mode functions，IMF），因此可以根据噪声特点组成不同形式的滤波器来实现特定频段的去噪功能[228]。

EMD 的具体步骤如下：

（1）求出 $\Delta X(t)$ 中的所有极值点；

（2）分别对所有极大值点和极小值点差值求出上下包络线 $e_{\max}(t)$ 和 $e_{\min}(t)$；

（3）计算均值 $m_e(t)=(e_{\max}(t)+e_{\min}(t))/2$；

（4）提取信息 $c(t)=\Delta X(t)-m_e(t)$；

（5）判断 $c(t)$ 是否满足 IMF 条件，若满足，则得到残差项 $r(t)=\Delta X(t)-c(t)$；

（6）对残差项 $r(t)$ 重复步骤（2）~（5）的操作，直至 $r(t)$ 为单调过程为止。

经 EMD 处理后的信号可以表示为

$$\Delta X(t) = \sum_{i=1}^{n} c_i(t) + r(t) \tag{7.4}$$

式中：$\Delta X(t)$ 为设备的漂移增量序列；$c_i(t)$ 为第 i 阶 IMF；$r(t)$ 为剩余的残差项。

高斯白噪声在经 EMD 分解后具有两个特性[229]：①高斯白噪声通常表现为高频信号，针对含有高斯白噪声的信号，通常认为最先分解出的 IMF 分量是由高斯白噪声产生的；②高斯白噪声对应 IMF 分量的能量密度 E_i 与平均周期 $\hat{T}_i$ 的乘积为常数。

IMF 分量对应的能量密度 E_i 与平均周期 $\hat{T}_i$ 表达式为

$$E_i = \frac{1}{m}\sum_{k=1}^{m} (c_i(t_k))^2 \tag{7.5}$$

$$\hat{T}_i = \frac{2m}{o_i} \tag{7.6}$$

式中：m 为信号长度；o_i 为 $c_i(t)$ 中极值点的个数。

假设高斯白噪声对应 EMD 中的前 n^* 阶 IMF，则可令 $\varepsilon(t_k)=c_1(t)+c_2(t)+\cdots+c_{n^*}(t)$。进一步地，可得设备漂移增量的计算公式为

$$\varphi(t_k) = \Delta X(t) - \sum_{i=1}^{n^*} c_i(t) \tag{7.7}$$

为了确定高斯白噪声对应的最佳分解阶数 n^*，基于 E_i 与 $\hat{T}_i$ 的乘积为常数这一性质给出如下确定准则：

$$R_i = \frac{|E_i\hat{T}_i - E_{i-1}\hat{T}_{i-1}|}{\dfrac{1}{i-1}\sum_{j=1}^{i-1} E_j\hat{T}_j} \tag{7.8}$$

式中：R_i 为第 i 阶 IMF 对应的分解系数。令 $i=2,3,\cdots,n$，当 R_i 首次大于或等于 Q 时，$n^*=i-1$；若 R_i 始终小于 Q，则 $n^*=n$。在实际应用中，Q 可取 2～3，且 Q 越大表示去噪程度越深。

7.3 基于 LSTM 网络的漂移增量预测

利用 LSTM 网络来发掘设备历史退化数据中的退化规律，以实现对漂移增量的预测。LSTM 网络通过在传统 RNN 隐藏层中增加一个具有记忆功能的单元状态来保存网络的长期状态，从而克服了传统 RNN 处理长距离依赖效果不好的问题，有效提升了网络的性能[224-225,230]。

LSTM 网络的特点是引入了“门”的概念，即在每一个神经元中包含有输入门、遗忘门和输出门。LSTM 网络神经元的基本构成如图 7.1 所示。

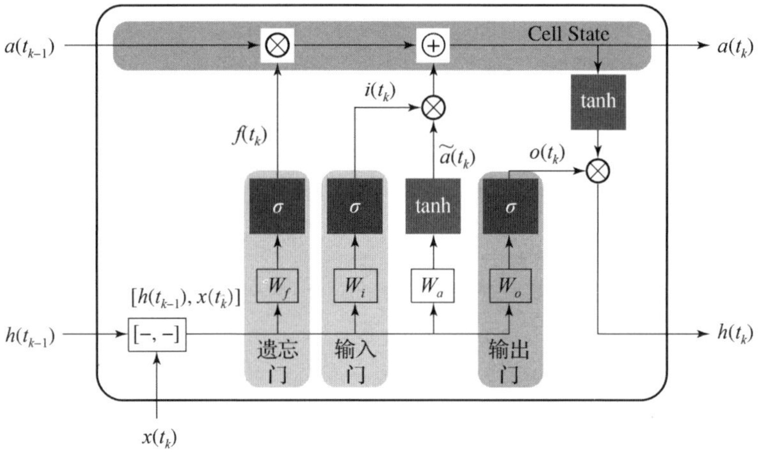

图 7.1　LSTM 网络神经元结构

图 7.1 给出了 t_k 时刻 LSTM 网络一个神经元的状态信息，由此可得

$$h(t_k)=\mathrm{LSTM}(a(t_{k-1}),h(t_{k-1})\mid\boldsymbol{\eta})$$

$$=\begin{cases}f(t_k)=\boldsymbol{\sigma}(W_f\circ[h(t_{k-1}),a(t_{k-1})]+b_f)\\ i(t_k)=\boldsymbol{\sigma}(W_i\circ[h(t_{k-1}),a(t_{k-1})]+b_i)\\ \tilde{a}(t_k)=\boldsymbol{\sigma}(W_a\circ[h(t_{k-1}),a(t_{k-1})]+b_a)\\ a(t_k)=\tilde{a}(t_k)\circ i(t_k)+a(t_{k-1})\circ f(t_k)\\ o(t_k)=\boldsymbol{\sigma}(W_o\circ[h(t_{k-1}),a(t_{k-1})]+b_o)\\ h(t_k)=\tanh(a(t_k))\circ o(t_k)\end{cases}\tag{7.9}$$

式中：$h(t_k)$为t_k时刻神经元的隐含状态；$a(t_k)$为t_k时刻神经元的单元状态；$\boldsymbol{\eta}$为神经网络的参数；“∘”为按元素乘符号；W为门的权重；b为门的偏置；$\tanh(z)=(e^z-e^{-z})/(e^z+e^{-z})$；$\sigma(z)=1/(1+e^{-z})$。

利用 LSTM 网络进行预测，本质上是通过训练一个序列到序列的 LSTM 网络来建立输入序列与输出序列之间的映射关系。基于 LSTM 网络预测设备漂移增量的具体步骤如下：

（1）基于同类设备的历史退化数据$X_{\text{offline}}(t)$与目标设备的在线监测数据$X_{\text{online}}(t)$分别构建时间序列$I_{\text{offline}}(t)=\{X_{\text{offline}}(t),t\}$与$I_{\text{online}}(t)=\{X_{\text{online}}(t),t\}$；

（2）利用$I_{\text{offline}}(t)$与$I_{\text{online}}(t)$对建立的 LSTM 网络进行训练，得到预测的退化量序列$\vec{I}(t)$；

（3）利用$\vec{I}(t)$得到退化增量的预测序列$\Delta\vec{I}(t)$；

（4）利用7.2节提出的方法，从$\Delta\vec{I}(t)$中提取得到漂移增量的预测值$\vec{\varphi}(t)$。

基于 LSTM 网络预测设备漂移增量的具体流程如图 7.2 所示。

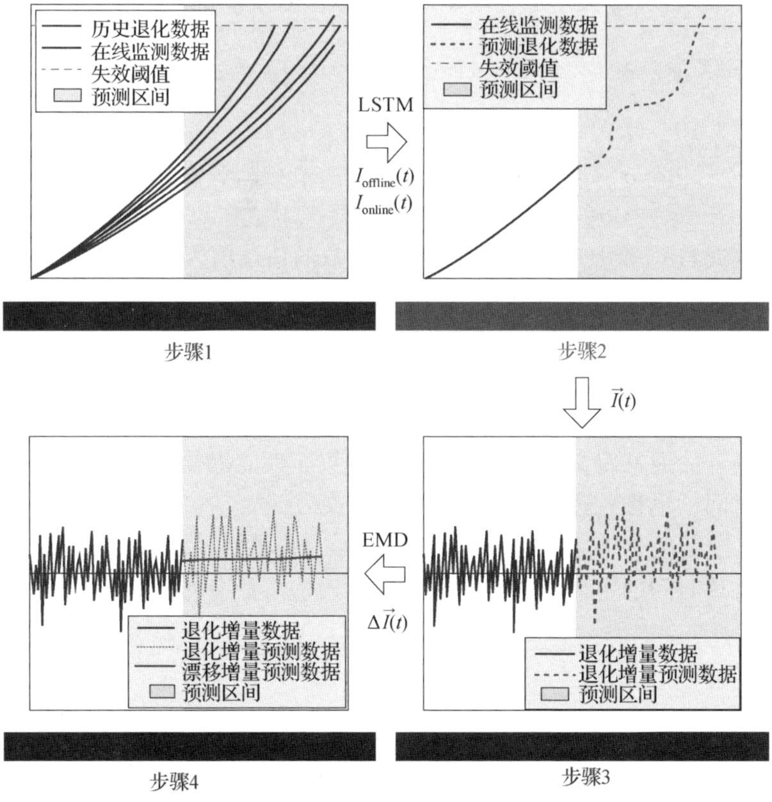

图 7.2 （见彩图）漂移增量预测流程

7.4 参数估计与剩余寿命预测

7.4.1 扩散系数估计

由式（7.3）可知，随机退化模型的参数包含 σ_B 与 τ。一般情况下，τ 已知，因而退化模型的未知参数仅有扩散系数一项。

令 $\boldsymbol{X}_{\text{online}} = [x_1, x_2, \cdots, x_k, \cdots]$ 表示目标设备的状态监测数据，其中 $x_k = X(t_k)$，$k=1,2,\cdots,K$；由此可得设备的退化增量 $\Delta\boldsymbol{X} = [\Delta x_1, \Delta x_2, \cdots, \Delta x_k, \cdots]$，其中 $\Delta x_k = X(t_{k+1}) - X(t_k)$，$k=1,2,\cdots,K-1$。采用7.2节提出的基于EMD的漂移增量提取方法，可得对应的漂移增量 $\varphi = [\varphi_1, \varphi_2, \cdots, \varphi_k, \cdots]$，其中 $\varphi_k = \varphi(t_k)$，$k=1,2,\cdots,K-1$。

本节基于极大似然原理估计退化模型的扩散系数。利用Wiener过程的基本性质可得扩散系数 σ_B^2 关于退化增量 $\Delta\boldsymbol{X}$ 和漂移增量 $\boldsymbol{\varphi}$ 的对数似然函数为

$$\ln L(\sigma_B^2 \mid \Delta\boldsymbol{X}, \boldsymbol{\varphi}) = -\frac{K-1}{2}\ln(2\pi\tau) - \frac{K-1}{2}\ln\sigma_B^2 - \sum_{k=1}^{K-1}\frac{(\Delta x_k - \varphi_k)^2}{2\sigma_B^2\tau} \tag{7.10}$$

对式（7.10）求关于 σ_B^2 的导数，可得

$$\frac{\mathrm{d}\ln L(\sigma_B^2 \mid \Delta\boldsymbol{X}, \boldsymbol{\varphi})}{\mathrm{d}\sigma_B^2} = -\frac{K-1}{2\sigma_B^2} + \frac{1}{(\sigma_B^2)^2}\sum_{k=1}^{K-1}\frac{(\Delta x_k - \varphi_k)^2}{2\tau} \tag{7.11}$$

令式（7.11）等于0，即可得到扩散系数的估计值为

$$\hat{\sigma}_B^2 = \frac{1}{(K-1)}\sum_{k=1}^{K-1}\frac{(\Delta x_k - \varphi_k)^2}{\tau} \tag{7.12}$$

7.4.2 剩余寿命分布推导

设备的寿命通常定义为从初始状态运行直至性能退化量首次超过失效阈值所经历的总时间，也称首达时间[231]。其定义式为

$$T = \inf\{t : X(t) \geqslant \omega \mid \omega > 0\} \tag{7.13}$$

基于首达时间的定义可知，Wiener过程对应寿命分布的近似表达式为

$$f_T(t) \approx \frac{1}{\sqrt{2\pi t}}\left(\frac{S(t)}{t} + \frac{\mathrm{d}g(t)}{\sigma_B \mathrm{d}t}\right)\exp\left(-\frac{S^2(t)}{2t}\right) \tag{7.14}$$

$$S(t) = \frac{\omega - \int_0^t \mu(v)\,\mathrm{d}v}{\sigma_B} \tag{7.15}$$

令 l_k 表示设备运行至 t_k 时刻时的剩余寿命，易知 $T = t_k + l_k$。进一步，基于

寿命的定义可推导出设备剩余寿命的定义式为

$$L = \inf\{ l_k : X(t_k + l_k) \geqslant \omega \mid \omega > 0 \} \tag{7.16}$$

不妨令 $\tilde{X}(l_k) = X(t_k + l_k) - X(t_k)$，若设备退化过程满足式（7.1）所示的 Wiener 过程，则可得

$$\tilde{X}(l_k) = \int_{t_k}^{t_k + l_k} \mu(t)\,\mathrm{d}t + \sigma_B B(l_k) \tag{7.17}$$

由式（7.17）可知，$\tilde{X}(l_k)$仍是 Wiener 过程，则设备剩余寿命的定义可转化为

$$L = \inf\{ l_k : \tilde{X}(l_k) \geqslant \omega - x_k \mid \omega - x_k > 0 \} \tag{7.18}$$

基于上述分析可得设备剩余寿命分布的表达式为

$$f_{L_k}(l_k) \approx \frac{1}{\sqrt{2\pi l_k}} \exp\left(-\frac{S'^2(l_k)}{2l_k} \right)\left(\frac{S'(l_k)}{l_k} + \frac{\mathrm{d}h(l_k)}{\sigma_B \mathrm{d}l_k} \right) \tag{7.19}$$

$$S'(t) = \frac{\omega - x_k - \int_{t_k}^{t_k + l_k} \mu(v)\,\mathrm{d}v}{\sigma_B} \tag{7.20}$$

$$h(l_k) = g(t_k + l_k) - g(t_k) \tag{7.21}$$

基于前文给出的漂移增量函数可得

$$\int_{t_k}^{t_k + l_k} \mu(v)\,\mathrm{d}v = \sum_{t = t_k}^{t_k + l_k} \varphi(t) \tag{7.22}$$

采用差分原理近似得到 $\mathrm{d}h(l_k)/\mathrm{d}l_k$ 的表达式为

$$\frac{\mathrm{d}h(l_k)}{\mathrm{d}l_k} \approx \frac{3h(l_k) - 4h(l_k - \tau) + h(l_k - 2\tau)}{2\tau} \tag{7.23}$$

式（7.23）的推导过程如下：

$h(l_k - \tau)$与 $h(l_k - 2\tau)$在 l_k 处的二阶泰勒展开为

$$h(l_k - \tau) = h(l_k) - \frac{\mathrm{d}h(l_k)}{\mathrm{d}l_k}\tau + \frac{\mathrm{d}^2 h(l_k)}{2\mathrm{d}l_k^2}\tau^2 + O(l_k^2) \tag{7.24}$$

$$h(l_k - 2\tau) = h(l_k) - \frac{\mathrm{d}h(l_k)}{\mathrm{d}l_k}2\tau + \frac{\mathrm{d}^2 h(l_k)}{2\mathrm{d}l_k^2}(2\tau)^2 + O(l_k^2) \tag{7.25}$$

式中：$O(l_k^2)$为 l_k 的二阶无穷小项。

为了消除二阶导数项 $\mathrm{d}^2 h(l_k)/2\mathrm{d}l_k^2$，可令

$$4h(l_k - \tau) - h(l_k - 2\tau) = 3h(l_k) - 2\tau \frac{\mathrm{d}h(l_k)}{\mathrm{d}l_k} + O(l_k^2) \tag{7.26}$$

则由式（7.26）可推导出式（7.23）。

联立式（7.21）与式（7.23）可得

$$\begin{aligned}\frac{\mathrm{d}h(l_k)}{\mathrm{d}l_k} &\approx 3\frac{h(l_k)-h(l_k-\tau)}{2\tau}-\frac{h(l_k-\tau)-h(l_k-2\tau)}{2\tau}\\&=3\frac{g(t_k+l_k)-g(t_k+l_k-\tau)}{2\tau}-\frac{g(t_k+l_k-\tau)-g(t_k+l_k-2\tau)}{2\tau}\\&=\frac{3\int_{t_k+l_k-\tau}^{t_k+l_k}\mu(v)\mathrm{d}v-\int_{t_k+l_k-2\tau}^{t_k+l_k-\tau}\mu(v)\mathrm{d}v}{2\tau}\\&=\frac{3\varphi(t_k+l_k)-\varphi(t_k+l_k-\tau)}{2\tau}\end{aligned}\tag{7.27}$$

基于以上分析可得设备剩余寿命概率分布的表达式为

$$\begin{aligned}f_{L_k}(l_k)\approx&\frac{1}{\sqrt{2\pi l_k}}\exp\left(-\frac{\left(\omega-x_k-\sum_{t=t_k}^{t_k+l_k}\varphi(t)\right)^2}{2\sigma_B^2l_k}\right)\times\\&\left(\frac{\omega-x_k-\sum\limits_{t=t_k}^{t_k+l_k}\varphi(t)}{l_k\sigma_B}+\frac{3\varphi(t_k+l_k)-\varphi(t_k+l_k-\tau)}{2\sigma_B\tau}\right)\end{aligned}\tag{7.28}$$

7.5 算例分析

本书采用的锂电池退化数据集来自 NASA 艾姆斯研究中心的 PCoE（Prognostics Center of Excellence）[30]，其中包含了四组锂电池容量的寿命周期退化数据，具体如图 7.3 所示。

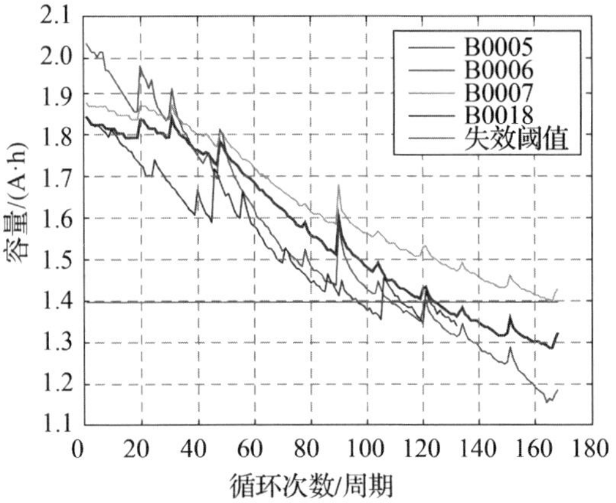

图 7.3 （见彩图）锂电池退化数据

7.5.1 漂移增量提取对剩余寿命预测的影响

为便于对比分析，本书所提漂移增量提取方法记为 E0，文献［224］中采用加权核函数来表示漂移增量的方法记为 E1，利用文献［225］提出的基于 EMD 的方法得到漂移量，并由此得到漂移增量的方法为 E2。针对 E0、E1 与 E2，结合本书提出的方法进行剩余寿命预测，并将对应方法仍记为 M0、M1 与 M2。

本节采用 B0005 电池（失效阈值为 1.4A · h 时，寿命为 125 循环）作为目标设备进行剩余寿命预测，前 73 组数据为该设备现有的在线监测数据，后续数据为验证集以分析预测的准确性。采用 B0005 号、B0006 号、B0007 号和 B0018 号电池的在线监测数据作为历史数据对 LSTM 网络进行训练。其中，LSTM 网络设置了两个隐藏层，且对应隐藏单元数量分别为 100 和 50。网络训练的超参数中，学习率为 0.005、学习率下降因子为 0.9、dropout 概率为 0.5。由此，对目标设备的退化过程进行预测，具体结果如图 7.4 所示。由图 7.4 可知，LSTM 网络能较好地预测目标设备的退化过程，这也为实现剩余寿命的准确预测奠定了基础。

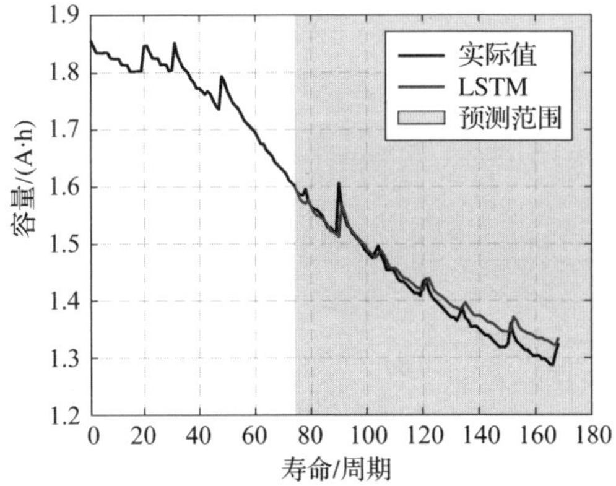

图 7.4 （见彩图）锂电池退化量预测

基于目标设备退化量的预测值，采用 E0 与 E2 分别进行处理，可得退化增量的 EMD 分解结果（图 7.5）与退化量 EMD 分解结果（图 7.6）。

基于图 7.5 中的退化增量 EMD，利用 7.2 节所提方法，可得不同 IMF 分量对应的能量密度 E、平均周期 $\hat{T}$ 及分解系数 R，如表 7.1 所列。

令 $Q=3$，可得 $n^*=4$，因此可将 $c_1 \sim c_4$ 视作高斯白噪声（扩散系数）的特征信号。为了进一步验证上述分解标准的有效性，给出了不同 IMF 的幅值直方图，如图 7.7 所示。

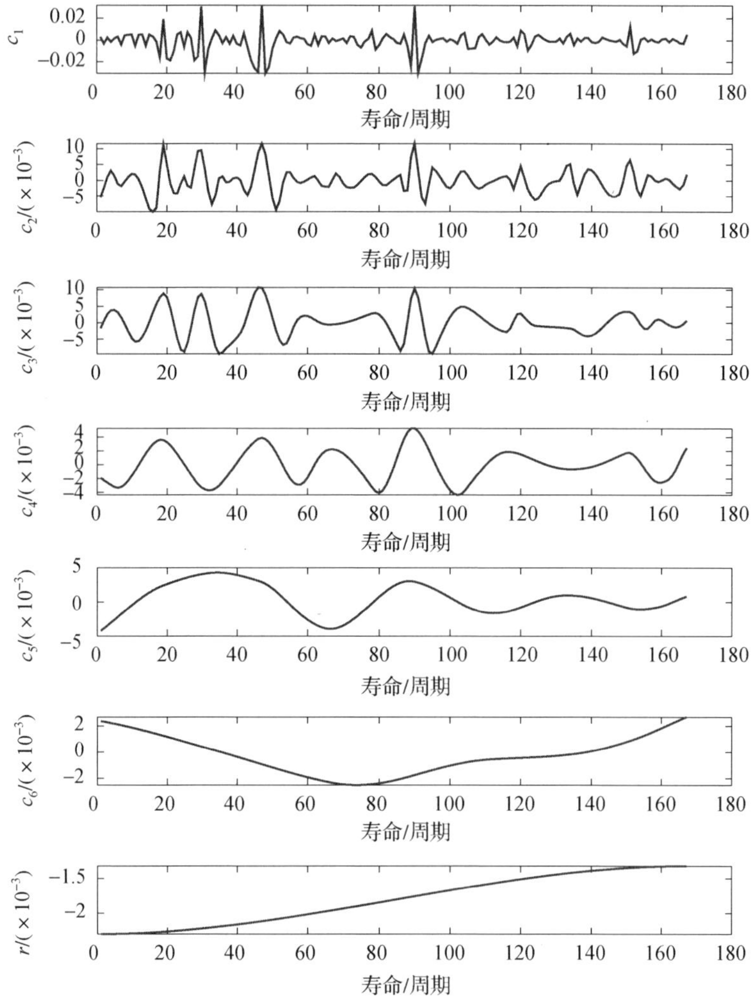

图 7.5　退化增量 EMD

图 7.7 中，红色曲线为幅值直方图的高斯分布拟合曲线，图 7.7（f）无红色曲线表示无法得到对应的高斯分布拟合曲线。由图 7.7 可知，$c_1 \sim c_4$ 对应的幅值分布近似满足标准正态分布，表明 $c_1 \sim c_4$ 满足高斯白噪声的幅值特点；c_5 与 c_6 不为高斯白噪声。这也证明了选择 $c_1 \sim c_4$ 作为高斯白噪声项消除的正确性。

基于上述分析可得 M0 对应的漂移增量预测值为图 7.5 中的 $r + c_5 + c_6$，如图 7.8 所示。进一步，针对图 7.6 中的残差项 r 进行差值处理，可得到 M2 对应的漂移增量预测值（图 7.8）。此外，利用文献［224］提出的漂移增量提取方法，可得到 M1 对应的漂移增量预测值（图 7.8）。

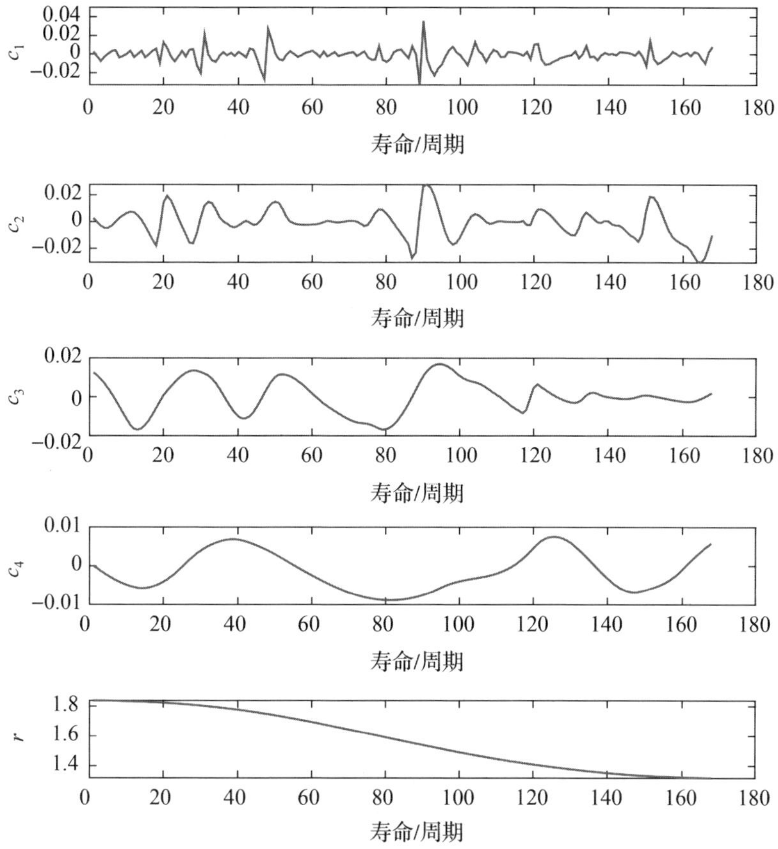

图 7.6　退化量 EMD

表 7.1　EMD 分解结果

IMF	E	$\hat{T}$	R
c_1	1.24×10^{-4}	3.21	—
c_2	2.01×10^{-5}	6.19	0.69
c_3	2.05×10^{-5}	11.93	0.46
c_4	7.76×10^{-6}	25.69	0.19
c_5	1.09×10^{-5}	83.50	3.20
c_6	7.61×10^{-6}	334.00	6.67

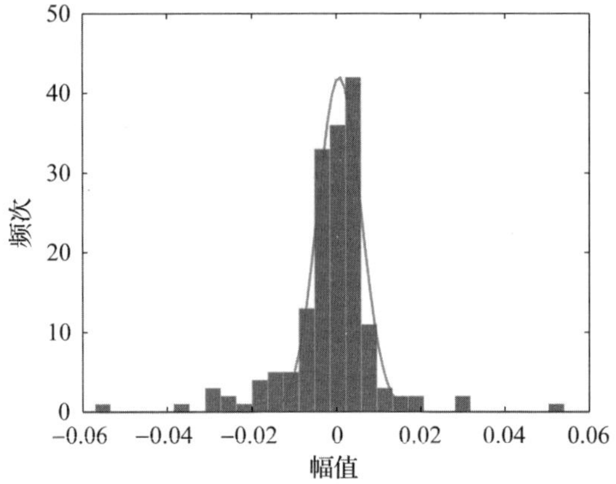
50
40
30
20
10
0
频次
−0.06
−0.04
−0.02
0
0.02
0.04
0.06
幅值

(a) c_1

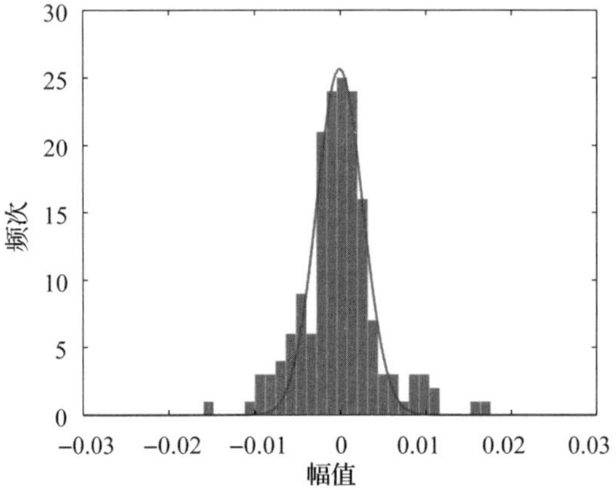
30
25
20
15
10
5
0
频次
−0.03
−0.02
−0.01
0
0.01
0.02
0.03
幅值

(b) c_2

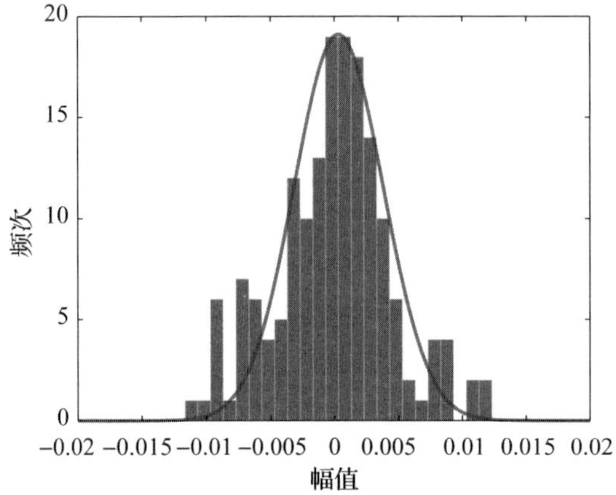
20
15
10
5
0
频次
−0.02
−0.015
−0.01
−0.005
0
0.005
0.01
0.015
0.02
幅值

(c) c_3

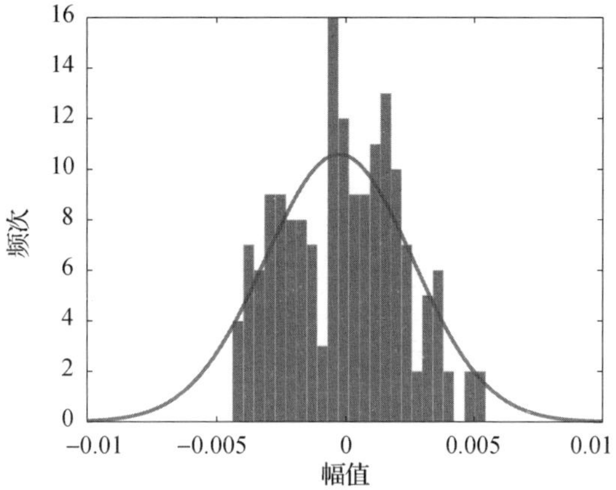

(d) c_4

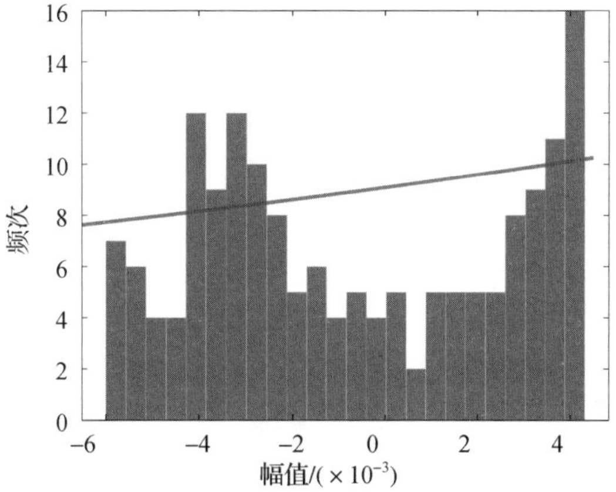

(e) c_5

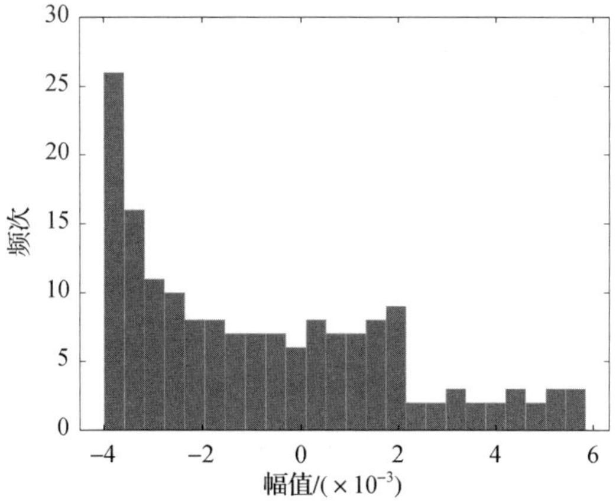

(f) c_6

图 7.7　IMF 的幅值直方图

采用 7.4.1 节给出的扩散系数估计方法可得到目标设备的扩散系数估计值，如图 7.9 所示。

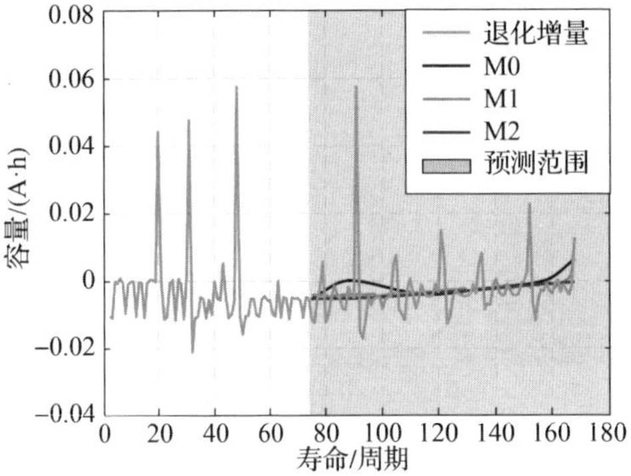

图 7.8 （见彩图）漂移增量预测

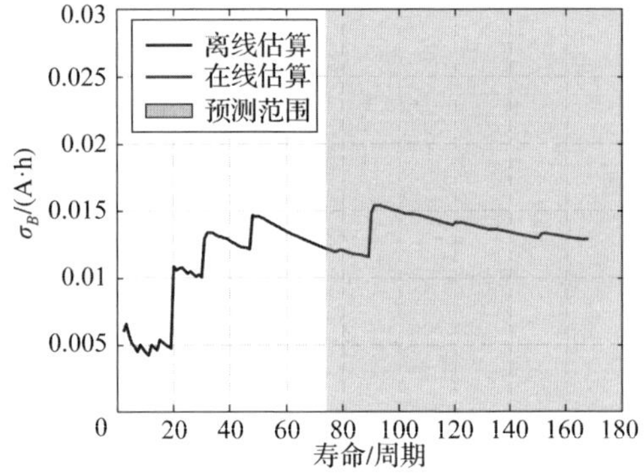

图 7.9 （见彩图）扩散系数估计值

基于已知的漂移增量预测值与扩散系数估计值，利用 7.4.2 节给出的剩余寿命预测方法，可得到目标设备剩余寿命的概率分布。相应地，M1 与 M2 的剩余寿命预测情况也一并给出，如图 7.10 所示。

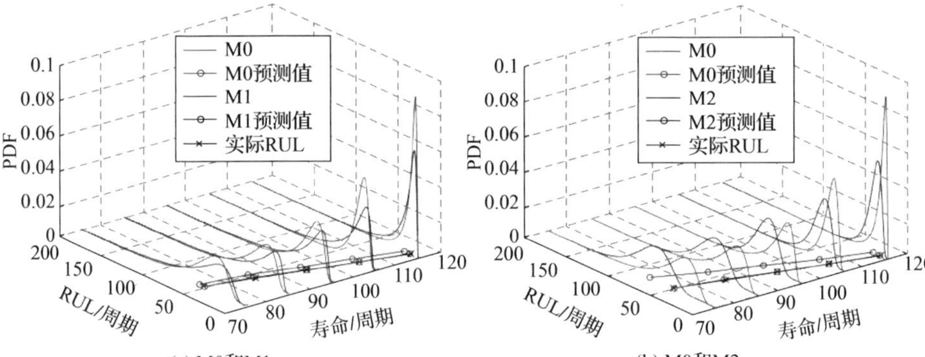

(a) M0和M1　　(b) M0和M2

图 7.10 （见彩图）剩余寿命预测

本书将剩余寿命分布对应的期望作为剩余寿命的预测值。由图 7.10 可知，在不同状态监测时刻，M0 对应剩余寿命的概率密度函数曲线均可以完全包含目标设备的真实剩余寿命，且相较于 M1 与 M2，M0 的概率密度函数分布更为集中，剩余寿命的预测值也更贴近目标设备的真实值。由此说明，本书提出的剩余寿命预测方法具有良好的预测精度与准确性。进一步分析可知，M1 剩余寿命的点估计值较为准确，但预测不确定性略大于 M0。上述情况说明，采用加权核函数表示漂移增量是可行的，但在确定核函数具体形式的过程中难以避免经验误差，从而增加了预测的不确定性。对于 M2，无论其预测准确性还是预测精度都较差，原因是采用 EMD 的残差项作为 Wiener 过程的漂移量，导致退化特征提取不完全，从而降低了剩余寿命预测方法的性能。

7.5.2 漂移量导数近似对剩余寿命预测的影响

利用漂移增量预测剩余寿命的关键是通过漂移增量 $\varphi(t)$ 来实现对漂移量导数 $\mathrm{d}g(t)/\mathrm{d}t$ 的近似表达。文献［224］和文献［225］采用了不同形式的差分近似方法。为便于分析，记本书提出的差分近似方法为 D0，记文献［224］的差分近似方法为 D1，而文献［225］的差分近似方法为 D2。由此可知

D0：

$$\frac{\mathrm{d}f(x)}{\mathrm{d}x} \approx \frac{3f(x) - 4f(x-\Delta x) + f(x-2\Delta x)}{2\Delta x} \tag{7.29}$$

D1：

$$\frac{\mathrm{d}f(x)}{\mathrm{d}x} \approx \frac{f(x+\Delta x) - f(x-\Delta x)}{2\Delta x} \tag{7.30}$$

D2：

$$\frac{\mathrm{d}f(x)}{\mathrm{d}x} \approx \frac{f(x) - f(x-\Delta x)}{\Delta x} \tag{7.31}$$

式中：$f(x)$为特定函数；D0 与 D1 的误差项为 $O(\Delta x^2)$；D2 的误差项为 $O(\Delta x)$。

进一步，针对不同类型函数的导数近似，通过数值仿真给出 D0、D1 与 D2 的效果对比如图 7.11 所示。

图 7.11 给出了 D0、D1 及 D2 近似对指数函数导数、对数函数导数及幂函数导数等的近似情况。通过分析可知，本书给出的差值近似方法相较于 D1 和 D2 能够更加贴近不同类型函数导数的真实值，说明本书方法的准确性更高。其原因有两方面：①D1 仅采用$f(x+\Delta x)$与$f(x-\Delta x)$进行差分运算，忽略了 $f(x)$的影响，因此其近似效果弱于 D0；②D0 与 D1 对应误差项 $O(\Delta x^2)$较 D2 对应误差项 $O(\Delta x)$的阶数更高，说明误差更小，因此其近似效果也更好。

为了进一步分析不同差分近似方法对剩余寿命预测结果的影响，将 D1 与 D2 代入 7.4.2 节提出的剩余寿命预测方法，并将其记为 M3 与 M4，由此可得不同方法对应的剩余寿命预测结果，如图 7.12 所示。

图 7.12 给出了不同状态监测时刻 M0、M3 与 M4 剩余寿命的预测情况。进一步分析可知，上述方法对应的剩余寿命概率分布函数均可以包含目标设备的真实剩余寿命，表明 M0、M3 与 M4 均可较为准确地预测设备剩余寿命。M0 概率分布曲线较 M3 与 M4 更为集中，说明 M0 的预测精度略高。不同方法对应的剩余寿命点估计值与绝对误差如表 7.2 所列。

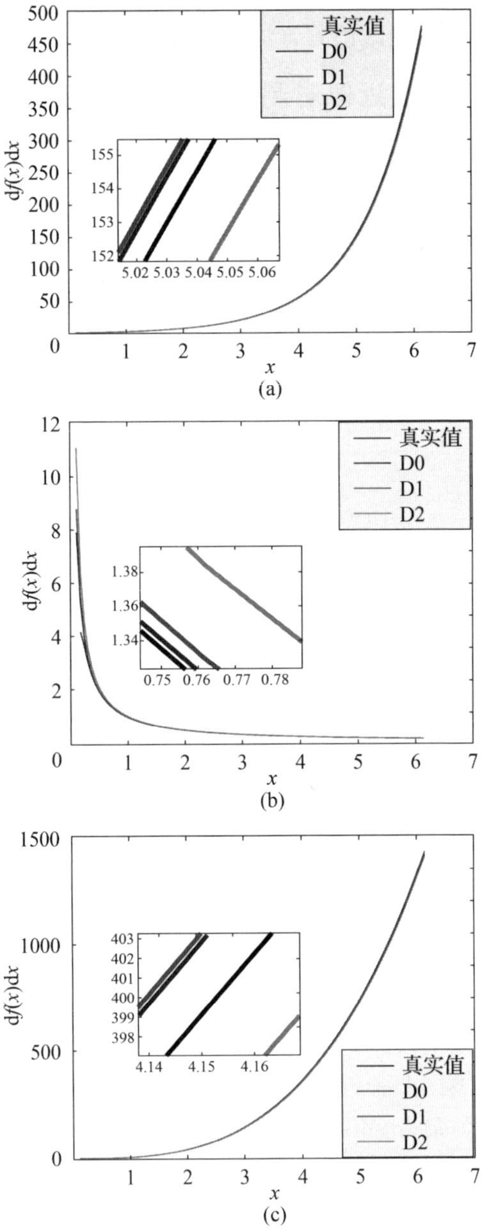

图 7.11 （见彩图）不同类型函数的导数近似效果

（a） $h(l_k)=\exp(l_k)$；（b）$h(l_k)=\ln l_k$；（c） $h(l_k)=(l_k)^{4.2}$。

由表 7.2 可知，M0 的绝对误差最小，表明 M0 相较于 M3 和 M4 的预测准确性更高，该结果也与 D0 近似效果最好的情况相吻合。

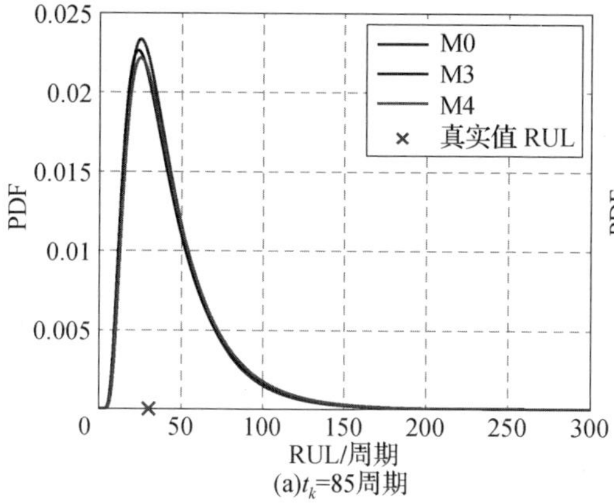

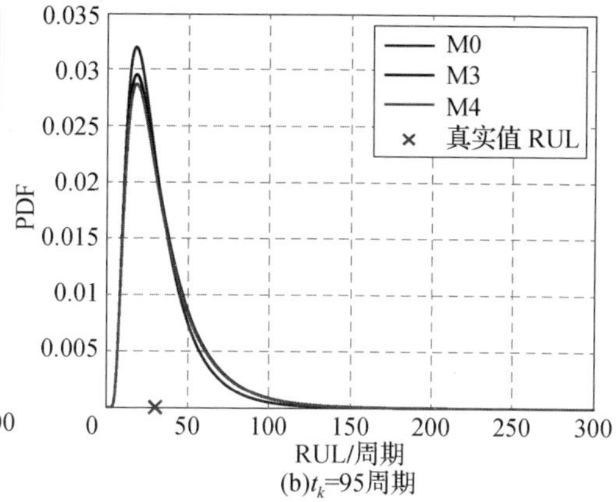

图 7.12 （见彩图）剩余寿命预测

表 7.2 剩余寿命点估计值与绝对误差

方法	t_k = 85 周期		t_k = 95 周期	
	估计值	AE	估计值	AE
M0	42. 13	2. 13	30. 48	0. 48
M3	42. 86	2. 86	33. 57	3. 57
M4	43. 98	3. 98	34. 67	4. 67

第8章 基于剩余寿命预测的机载设备维修策略优化方法

维修活动是保持和恢复装备技术性能的关键手段，对保障运行安全和任务完成具有重要意义。然而，高昂的维修成本严重制约了装备保障效能的提升。因此，科学制定维修保障策略，实现“质优价廉”的维修作业具有重要的现实意义。

降低维修费用的消耗核心是以维修费用/成本最低为目标进行维修作业的优化。围绕维修费用最低为优化目标，结合剩余寿命预测信息，研究人员开展了广泛的维修决策研究。针对可修复设备，Guo 等[167]认为维修将改善系统的退化状态但在修理后仍存在残余退化量，进而对考虑预防性维修的产品剩余寿命进行了预测，并据此建立了维修决策模型，通过优化费用函数确定了最优的预防性维修阈值。Zhang 等[39]认为维修活动会影响产品的退化速度，并将这一影响用退化速率改变因子来表征，进一步，在预测产品剩余寿命的基础上开展了维修决策分析。裴洪等[90]综合 Guo 等[167]和 Zhang 等[39]学者的研究，提出了综合考虑维修对产品退化程度和退化速率影响的维修决策模型，并确定了最优的维护策略。针对不可修设备，樊红东[151]以期望损失率最小建立维修决策模型，从而确定了最佳预防性替换时机。Si 等[125]基于 Wiener 过程推导出了产品剩余寿命分布的解析表达式，并据此建立了以期望运行费用率为优化目标的维修决策模型，实现了对预防性替换时机的科学确定。

上述研究在建立决策模型的过程中均采用了更新报酬理论，实现了维修方案的最优。本章基于更新报酬理论开展维修决策研究，并针对不同维修场景分别建立了考虑换件时机的维修决策模型、考虑换件阈值与检测周期的维修决策模型及考虑换件时机与备件订购时机的维修决策模型，实现了对不同维修场景的科学决策。

8.1 更新报酬理论

8.1.1 更新过程

若随机变量到达时间的间隔满足满足独立同分布，则该随机变量的到达过程是一个更新过程[187-190,232]，如泊松过程就是一个特殊的更新过程。

设 $X_n(n\geqslant 1)$ 为 $n-1$ 和第 n 个事件间的时间间隔，且 $\{X_1, X_2, \cdots, X_n\}$ 为独立同分布的随机变量，则第 n 次事件到达的时间满足

$$S_n = \sum_{i=1}^{n} X_i \tag{8.1}$$

令 $\{N(t), t\geqslant 0\}$ 表示一个计数过程，$N(t)$ 表示 t 时刻以前所有到达的事件的数量，则有

$$N(t) = \max\{n \mid S_n < t\} \tag{8.2}$$

式中：$N(t)$ 是一个更新过程。

假设 X_n 的概率分布函数为 $f(t)$，而对应的累计分布分布函数为 $F(t)$，则由式（8.2）可得如下转换关系成立：

$$\{N(t) > n\} \Leftrightarrow \{S_n \leqslant t\} \tag{8.3}$$

由此可得

$$P\{N(t) > n\} = P\{S_n \leqslant t\} = P\left\{S_n \leqslant \sum_{i=1}^{n} X_i\right\} = F_n(t) \tag{8.4}$$

式中：$P\{\cdot\}$ 为概率；$F_n(t)$ 为累积分布函数 $F(t)$ 的 n 次卷积。

由累积分布的定义可得

$$\begin{aligned} P\{N(t) = n\} &= P\{N(t) \geqslant n\} - P\{N(t) \geqslant n+1\} \\ &= P\{S_n \leqslant t\} - P\{S_{n+1} \leqslant t\} \\ &= F_n(t) - F_{n+1}(t) \end{aligned} \tag{8.5}$$

更新函数 $M(t)$ 的定义式为

$$\begin{aligned} M(t) = E(N(t)) &= \sum_{i=1}^{+\infty} nP\{N(t) = n\} \\ &= \sum_{i=1}^{+\infty} n(F_n(t) - F_{n+1}(t)) = \sum_{i=1}^{+\infty} F_n(t) \end{aligned} \tag{8.6}$$

更新密度函数 $m(t)$ 的定义式为

$$m(t) = \frac{\mathrm{d}M(t)}{\mathrm{d}t} = \sum_{i=1}^{+\infty} \frac{\mathrm{d}F_n(t)}{\mathrm{d}t} = \sum_{i=1}^{+\infty} f_n(t) \tag{8.7}$$

8.1.2 更新报酬过程

针对一个更新过程 $N(t)$，每次事件发生时均会给定相应的报酬 R_n，假设每次给定的报酬是一个随机变量且满足独立同分布，则(X_n, R_n)称为一个更新报酬过程[233-236]。

假设报酬 R_n满足

$$R(t) = \sum_{n=1}^{N(t)} R_n \tag{8.8}$$

式中：$R(t)$为至 t 时刻所获得的全部报酬。

令 $E[R(t)] = E[R]$，$E[X] = E[X_n]$，针对更新报酬过程有如下性质成立：

$$\lim_{t \to +\infty} \frac{R(t)}{t} = \lim_{t \to +\infty} \frac{E(R(t))}{t} = \frac{E(R)}{E(X)} \tag{8.9}$$

式中：$t \to +\infty$ 为在一个周期循环内完成的。因此，更新报酬理论中的长期平均报酬是指一个周期循环中收益的期望。

在机载设备的维修保障过程中，当其发生故障停机或进行预防性替换时标志着当前运行周期的完结和下一个运行周期的开始。结合更新报酬理论，机载设备的更新过程就是维修过程，两次维修的间隔就是更新过程的一个周期，维修产生的费用对应于得到的报酬。通过不断地进行维修更换，机载设备实现了长期运行。机载设备长期运行的平均维修费用表达式为

$$\lim_{t \to +\infty} \frac{\int_0^t A(\tau)\mathrm{d}\tau}{t} = \frac{E(\text{一个更新循环周期内的全部维修费用})}{E(\text{一个更新循环周期})} \tag{8.10}$$

式中：$A(\tau)$为维修费用函数。

8.2 考虑换件时机的设备维修决策模型

在外场实际维修保障过程中，针对机载设备的维修活动通常以预防性替换为主，设备的性能状态退化至一定程度后直接换件维修。立足于外场维修保障工作特点，科学确定换件策略，实现对设备的预测维修，对于确保航空装备任务安全和提升维修保障效能具有重要意义。

8.2.1 维修决策过程分析

机载设备换件维修决策的基本过程如图 8.1 所示，主要包含三个环节：一是剩余寿命预测，即确定设备的剩余寿命预测信息；二是维修决策模型构建，即基

于更新报酬理论确定设备的寿命周期平均维修费用率，并使其最小化；三是维修策略执行，即确定最佳换件时机并执行优化后的维修策略。

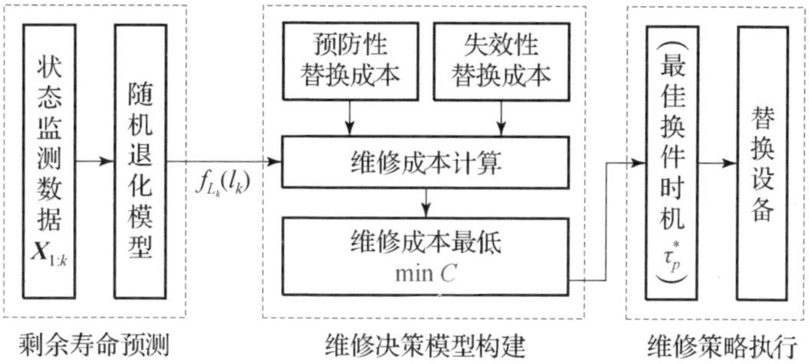

图 8.1　机载设备换件维修决策的基本过程

图 8.2 给出了设备在一个寿命周期内所经历的换件过程，其对应的维修费用主要包含预防性替换产生的换件成本和故障后维修产生的失效损失两部分。若设备在预防性替换时刻 τ_p 前不发生故障，则其在 τ_p 时刻进行预防性替换，此时产生的维修费用主要为换件成本，称为预防性替换成本 C_p；若设备在当前运行时刻 t_k 与预防性替换时刻 τ_p 之间的某一时刻 τ_f 发生故障，则需对故障件进行替换，此时产生的维修费用主要包括故障造成的损失与换件产生的费用，称为失效性替换成本 C_f。

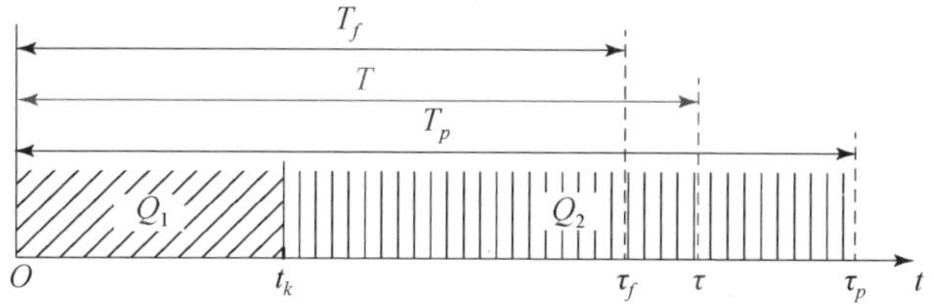

图 8.2　设备换件维修实施过程

换件越早，越有利于提升设备运行的安全性，降低故障风险，减小失效性替换成本；但换件过早不利于充分发挥设备的有效寿命，同时还会造成大量维修资源的浪费。换件越晚，设备使用越充分，预防性替换成本越低；但换件过晚策略会大幅增加设备发生故障的概率，可能引发严重安全事故，造成巨额损失。因此，通过优化设备的维修（换件）时间来平衡失效性替换成本与预防性替换成本，成为节约维修费用、提升保障效能的有效途径。

8.2.2　维修决策模型构建

为了实现最小维修成本条件下的最优维修策略，本节基于更新报酬理论，建

立维修决策模型[171]，并据此确定设备的最优预防性替换时机。对应的维修决策模型为

$$\min C(\tau_p)=\frac{\mathrm{EC}}{\mathrm{ET}} \tag{8.11}$$

式中：$C(\tau_p)$为在τ_p时刻进行预防性替换所对应寿命周期维修费用率的期望，也称设备的寿命周期平均维修费用率；EC 为设备寿命周期内产生维修费用的期望；ET 为设备寿命周期的期望。

由图 8.2 可知，无论是预防性替换还是失效性替换，都标志着该设备当前寿命周期终止，其对应的替换时间等价于设备的寿命。基于上述分析可得设备在一个寿命周期内产生维修费用的期望为

$$\mathrm{EC}=C_fP(T_f)+C_pP(T_p)=C_fP(\tau_f)+C_pP(\tau_p)=C_fP(t_k<\tau\leqslant t_p)+C_pP(\tau\geqslant t_p) \tag{8.12}$$

基于设备剩余寿命的定义式易知，$l_k=T-t_k=\tau-t_k$，将其代入式（8.12），可得

$$\begin{aligned}\mathrm{EC}&=C_fP(0<\tau-t_k\leqslant\tau_p-t_k)+C_pP(\tau-t_k\geqslant\tau_p-t_k)\\&=C_fP(0<l_k\leqslant\tau_p-t_k)+C_pP(l_k\geqslant\tau_p-t_k)\\&=C_f\int_0^{\tau_p-t_k}f(l_k)\mathrm{d}l_k+C_p\int_{\tau_p-t_k}^{+\infty}f(l_k)\mathrm{d}l_k\\&=C_f\int_0^{\tau_p-t_k}f(l_k)\mathrm{d}l_k+C_p\left(1-\int_0^{\tau_p-t_k}f(l_k)\mathrm{d}l_k\right)\\&=C_p+(C_f-C_p)\int_0^{\tau_p-t_k}f(l_k)\mathrm{d}l_k\end{aligned} \tag{8.13}$$

由图 8.2 可知，设备换件策略过程中设备的运行时间可分为Q_1与Q_2两阶段，其中：Q_1为设备当前运行时刻t_k前的阶段，在该时间段中设备健康状态良好且无故障发生；Q_2为设备未来的运行阶段，在该时间段中设备可能发生故障。基于上述分析可得设备寿命周期的期望为

$$\begin{aligned}\mathrm{ET}&=E(T_f)+E(T_p)=E(\tau_f)+E(\tau_p)=\tau_fP(\tau_f)+\tau_pP(\tau_p)\\&=t_k+(\tau_f-t_k)P(\tau_f)+(\tau_p-t_k)P(\tau_p)\\&=t_k+(\tau-t_k)P(t_k<\tau\leqslant t_p)+(\tau_p-t_k)P(\tau\geqslant t_p)\end{aligned} \tag{8.14}$$

由对立事件的基本性质可知，$P(\tau_f)+P(\tau_p)=1$。因此，可将式（8.14）转化为

$$\begin{aligned}E(\tau)&=t_k+(\tau-t_k)P(0<\tau-t_k\leqslant\tau_p-t_k)+(\tau_p-t_k)P(\tau-t_k\geqslant\tau_p-t_k)\\&=t_k+l_kP(0<l_k\leqslant\tau_p-t_k)+(\tau_p-t_k)P(l_k\geqslant\tau_p-t_k)\\&=t_k+\int_0^{\tau_p-t_k}l_kf(l_k)\mathrm{d}l_\mathrm{k}+(\tau_p-t_k)\int_{\tau_p-t_k}^{+\infty}f(l_k)\mathrm{d}l_k\end{aligned} \tag{8.15}$$

基于上述分析可得设备的最优维修决策模型为

$$\min C(\tau_p) = \frac{C_p + (C_f - C_p)\int_0^{\tau_p - t_k} f(l_k)\,\mathrm{d}l_k}{t_k + \int_0^{\tau_p - t_k} l_k f(l_k)\,\mathrm{d}l_k + (\tau_p - t_k)\int_{\tau_p - t_k}^{+\infty} f(l_k)\,\mathrm{d}l_k} \tag{8.16}$$

将式（8.16）中 $f(l_k)$ 替换为设备的剩余寿命概率密度函数 $f_{L|\omega}(l_k|\omega)$，即可构建基于剩余寿命预测信息的设备维修决策模型。求解式（8.16）所示优化模型，即可确定设备在 t_k 运行时刻所对应的最佳换件时机 τ_p^*。

8.2.3 实例分析

本书以 3.5.2 节中燃油泵剩余寿命预测数据为例进行分析验证。

1. 最优维修策略确定

假设燃油泵的预防性替换成本 $C_p = 10$ 万元，设备故障后替换与相应产生损失的总成本 $C_f = 150$ 万元，当前运行时刻 $t_k = 20$ 周期，将上述数据代入式（8.16），结合前文得到的燃油泵剩余寿命预测信息，即可计算出目标设备在当前运行时刻条件下替换时机与寿命周期平均维修费用率的数值关系（图 8.3）。进一步，在不同运行时刻条件下求解式（8.16）对应优化模型，即可确定目标设备在不同运行时刻所对应的最优换件时机，确保维修费用消耗最小。为便于分析，本节给出目标设备运行至 t_k 为 40 周期、60 周期、80 周期、100 周期时所对应的最优维修策略，具体如表 8.1 所列。

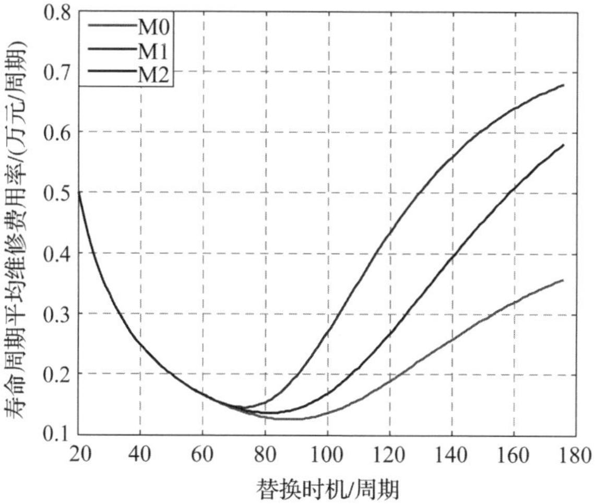

图 8.3 （见彩图）$t_k = 20$ 周期条件下不同替换时机与寿命周期平均维修费用率的关系

表 8.1　目标设备在不同运行时刻对应的最优维修策略

目标设备运行时刻 t_k/周期	M0		M1		M2	
	τ_p^*/周期	$C(\tau_p^*)$/(周期/万元)	τ_p^*/周期	$C(\tau_p^*)$/(周期/万元)	τ_p^*/周期	$C(\tau_p^*)$/(周期/万元)
20	88	0.1255	73	0.1454	81	0.1362
40	73	0.1540	60	0.1735	62	0.1750
60	60	0.1773	60	0.2181	60	0.1825
80	80	0.2443	80	0.3734	80	0.2785

由图 8.3 可知，M0 对应的寿命周期平均维修费用率曲线均低于 M1 与 M2，说明在预测维修决策过程中考虑失效阈值的不确定性和退化的非线性有助于提升维修决策结果的科学性，可以有效降低维修费用的消耗，延长设备的可靠运行时间，实现维修决策的最优。该结果与前文仿真分析结果相一致。

由表 8.1 可知，在目标设备的不同运行时刻，M0 得到的最优替换时机普遍滞后于 M1 与 M2，且对应寿命周期平均维修费用率更低，表明本书提出的方法可以有效延长设备的运行时间，减少维修费用消耗，具备更优越的性能。当目标设备运行超过 60 周期，其对应的最优替换时机均为当前运行时刻，这说明该燃油泵在此时已不适合继续使用，而应立即进行替换作业。

综上所述，在设备预测维修的实施过程中，考虑失效阈值的随机性与退化建模的非线性可以有效提升剩余寿命预测的精度与准确性，进而为制定科学合理的维修策略提供决策支持，确保设备经济可靠地运行。

2. 费用参数灵敏度分析

本章在前文研究的基础上采用控制变量法对提出的维修决策模型进行费用参数的灵敏度分析。选定当前运行时间 $t_k=20$ 周期，维修费用参数分别为 $C_p\in[1,200]$ 万元，$C_f\in[1,200]$ 万元，则可得费用参数与最优维修策略间的数量关系如图 8.4 和图 8.5 所示。

由图 8.4 可知，燃油泵寿命周期平均维修费用率对预防性替换成本 C_p 的灵敏度较高。随 C_p 逐渐增加，设备寿命周期平均维修费用率呈现阶段性线性增长的趋势，其中线性增长阶段分别为 [1,61] 万元与 [61,200] 万元，对应增长率分别约为 9.1487×10^{-3}/周期和 4.0367×10^{-3}/周期。而燃油泵最优替换时机对预防性替换成本 C_p 的灵敏度相对较小。在 [1,61] 万元时，随 C_p 逐渐增大，最优换件时机也相应延后，而当 C_p 超过 61 万元时，最优换件时机不受 C_p 变化的影响，始终保持恒定，且等价于目标设备的真实剩余寿命 176 周期。其原因是当预防性替换成本逐步增大时，预防性替换对降低维修费用消耗的作用开始减小，需要通过延迟替换的方式来增加设备的有效运行时间，达到降低寿命周期维修费用均值的目的；而当 C_p 超过一定限度（61 万元），预防性替换与失效性替换在维修经济性上已经没有显著区别，只有确保设备有效运行时间最长（等价于设备寿命）才能实现维修费用率最低。

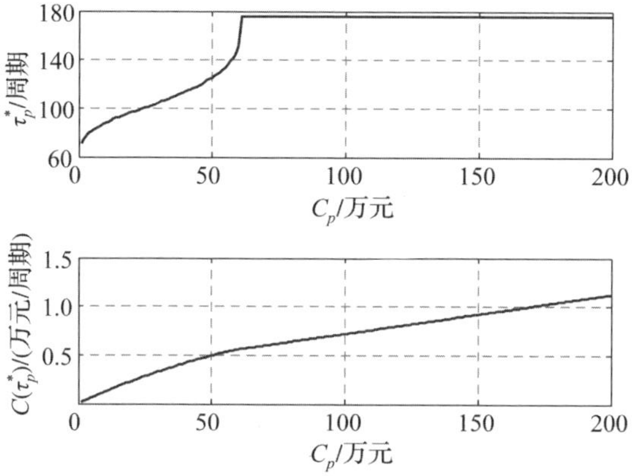

图 8.4　C_p 敏感度分析

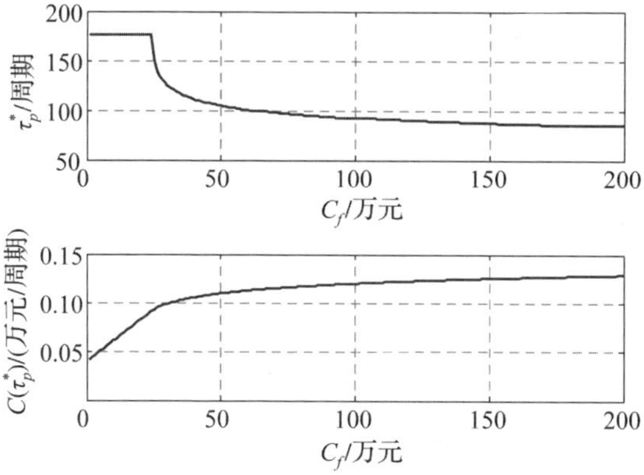

图 8.5　C_f 敏感度分析

由图 8.5 可知，燃油泵寿命周期平均维修费用率对失效性替换成本 C_f 的灵敏度较高。与预防性替换成本一致，随 C_f 的增加，设备寿命周期平均维修费用率也呈现阶段性线性增长的趋势，对应分界点为 24 万元，而前、后两阶段的平均维修费用增长率分别约为 2.1170×10^{-3}/周期和 2.1432×10^{-4}/周期。而燃油泵最优替换时机对失效性替换成本 C_f 的灵敏度相对较小。在[1,24]万元时，随

C_f变化最优换件时机保持恒定，且等价于目标设备真实寿命 176 周期，而当 C_f超过 24 万元，最优换件时机随 C_f增加呈现阶段性递减趋势。其原因是当失效性替换成本较小且与预防性替换成本接近时，二者对维修费用的影响程度相近，因而较晚的替换设备有助于减小维修费用率；当失效性替换成本逐步增大且超过一定限度（24 万元）时，失效性替换在设备寿命周期平均维修费用率中开始占据主导地位，需要通过提前进行更换的方式来降低失效性替换带来的损失。

8.3 考虑换件阈值和检测周期的设备维修决策模型

性能检测是保障机载设备安全运行的重要技术手段。合理的检测策略既有助于减小对维修保障压力，又能够保证任务的有效遂行。为了降低寿命周期的费用消耗，提升设备检测和维修策略的科学性，本节针对经历不完全维护的设备建立基于剩余寿命预测信息的维修决策模型，并确定最优的换件阈值与检测周期。

8.3.1 维修决策过程分析

在考虑不完全维护对设备退化过程的影响下，确定最优换件阈值和检测周期的维修决策过程如图 8.6 所示。其主要包含三个环节：一是融入不完全维护效果的设备剩余寿命预测；二是维修决策模型构建，即基于更新报酬理论确定设备寿命周期的平均运行费用，并使其最小化；三是维修策略执行，即确定最优换件阈值和最优检测周期并执行优化后的维修策略。

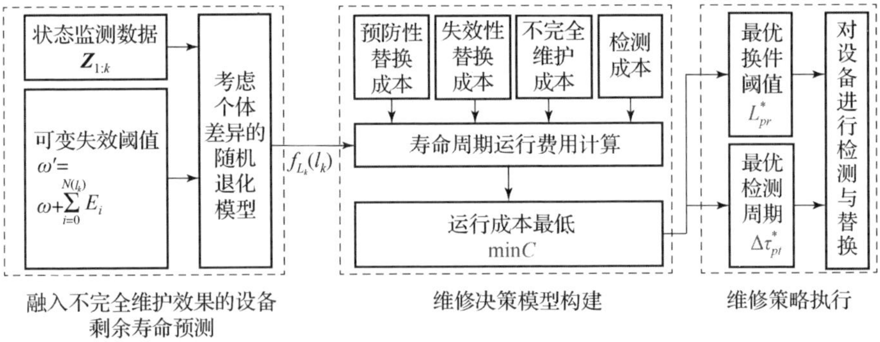

图 8.6　不完全维护下基于剩余寿命预测信息的维修决策过程

设备在实际使用过程中，一个寿命周期内通常会进行若干次性能检测与不完全维护，并在发生预防性替换或故障性替换后终止本次寿命周期，进入下一个新的寿命周期，具体情况如图 8.7 所示。

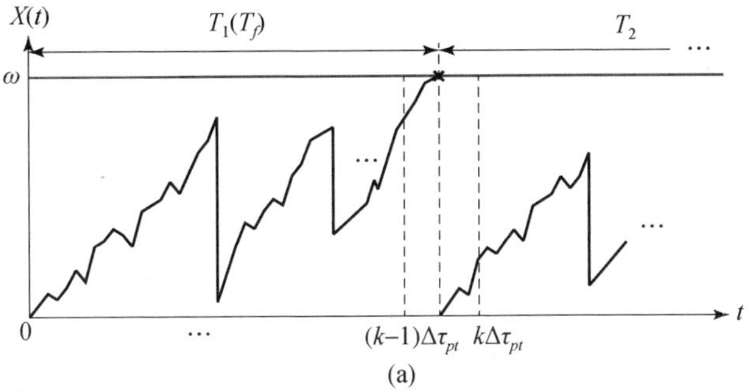

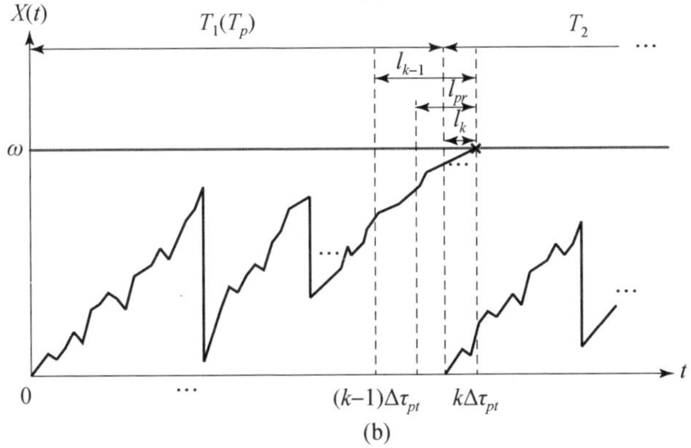

图 8.7　设备寿命周期检测与替换活动实施过程

（a）失效性替换；（b）预防性替换。

由图 8.7（a）可知，若设备在相邻两次检测之间发生故障，则需要立即对其进行失效性替换，由此可得设备的失效寿命满足$(k-1)\Delta\tau_{pt} < T_f < k\Delta\tau_{pt}$。基于上述分析易知，设备发生失效性替换时对应的寿命与检测周期不满足整数比例关系。由图 8.7（b）可知，设备预防性替换在第 k 次检测之后立刻实施，则其对应的替换寿命应满足 $T_p = k\Delta\tau_{pt}$，由此可知，设备发生预防性替换时对应的寿命与检测周期满足整数比例关系。

8.3.2　维修决策模型构建

本节在 8.2.2 节提出的考虑换件时机的设备维修决策模型的基础上，考虑性能检测对设备运行费用的影响，建立最优换件阈值与检测周期联合优化模型。其具体可表示为

$$\min C(\Delta\tau_{pt}, l_{pr}) = \frac{\mathrm{EC}}{\mathrm{ET}} \tag{8.17}$$

式中：$C(\Delta\tau_{pt}, l_{pr})$为设备寿命周期的平均运行费用，$\Delta\tau_{pt}$为性能检测的周期，$l_{pr}$

为进行预防性替换时对应的设备剩余寿命，也称换件阈值；EC 为设备寿命周期内运行总费用的期望；ET 为设备寿命周期的期望。

不完全维护影响下基于剩余寿命预测信息的维修决策模型的基本假设如下：

（1）检测手段是完美的，能够不停机实现对设备退化状态的准确获取，且单次检测成本为 C_{pt}。

（2）相较于设备的运行时间，不完全维护的时间（等价于设备的停机时间）可以忽略不计，且单次维护成本为 C_{im}。

（3）设备无故障运行至 $k\Delta\tau_{pt}$ 且在剩余寿命满足约束条件 $l_{k\Delta\tau_{pt}} < l_{pr}$ 时进行预防性替换，替换成本为 C_p。

（4）若设备在相邻两次检测期间发生故障，则需要立刻进行失效性替换，且突发故障造成的额外损失和更换备件产生的成本总计为 C_f。一般情况下，$C_{pt} < C_{im} < C_p < C_f$。

（5）不考虑备件供应对维修活动的影响。

基于上述分析可知，设备寿命周期运行总费用主要由检测费用、不完全维护费用、预防性替换费用和失效性替换费用四部分组成，则其期望可表示为

$$\mathrm{EC} = C_{pt}E(N_{pt}) + C_{im}E(N_{im}) + C_pP_{pr}(\Delta\tau_{pt}, l_{pr}) + C_fP_{fr}(\Delta\tau_{pt}, l_{pr}) \quad (8.18)$$

式中：$P_{pr}(\Delta\tau_{pt}, l_{pr})$ 为设备进行预防性替换的概率；$P_{fr}(\Delta\tau_{pt}, l_{pr})$ 为设备进行失效性替换的概率；N_{pt} 为在一个寿命周期内设备所经历的性能检测次数；N_{im} 为在一个寿命周期内设备所经历的不完全维护次数。

由图 8.7（a）可知，设备失效性替换发生在相邻两次检测活动之间，即设备的寿命介于 $(k-1)\Delta\tau_{pt} \sim k\Delta\tau_{pt}$ 之间，等价于在 $(k-1)\Delta\tau_{pt}$ 时刻设备剩余寿命小于 $\Delta\tau_{pt}$。由此可得，设备在 $[(k-1)\Delta\tau_{pt}, k\Delta\tau_{pt}]$ 区间内进行失效性替换的概率为

$$\begin{aligned} P_{fr,k}(\Delta\tau_{CM}, l_{pr}) &= P\{T < k\Delta\tau_{pt} \mid T > (k-1)\Delta\tau_{pt}\} = \frac{P\{(k-1)\Delta\tau_{pt} < T < k\Delta\tau_{pt}\}}{P\{T > (k-1)\Delta\tau_{pt}\}} \\ &= \frac{P\{0 < T - (k-1)\Delta\tau_{pt} < \Delta\tau_{pt}\}}{P\{T - (k-1)\Delta\tau_{pt} > 0\}} = P\{l_{(k-1)\Delta\tau_{pt}} < \Delta\tau_{pt}\} \end{aligned} \quad (8.19)$$

由此可得

$$\begin{aligned} P_{fr}(\Delta\tau_{pt}, l_{pr}) &= \sum_{k=1}^{+\infty} P_{fr,k}(\Delta\tau_{pt}, l_{pr}) = \sum_{k=1}^{+\infty} P\{l_t < \Delta\tau_{pt} \mid t = (k-1)\Delta\tau_{pt}\} \\ &= \sum_{k=1}^{+\infty} F_{l_t}(\Delta\tau_{pt} \mid t = (k-1)\Delta\tau_{pt}) \\ &= \sum_{k=1}^{+\infty} \int_0^{\Delta\tau_{pt}} f_{l_t}(l_t \mid t = (k-1)\Delta\tau_{pt})\,\mathrm{d}l_t \end{aligned} \quad (8.20)$$

进一步分析可知，设备寿命周期内进行预防性替换与失效性替换互为对立事

件。基于概率论中对立事件的相关性质可得设备进行预防性替换的概率为

$$P_{pr}(\Delta\tau_{pt},l_{pr})=1-P_{fr}(\Delta\tau_{pt},l_{pr}) \tag{8.21}$$

设备预防性替换在进行第 k 次性能检测后立即进行，由于 $k\in\mathbf{N}$，因此对设备进行预防性替换存在 $k=0$ 和 $k\geqslant1$ 两种情况。当 $k=0$ 时，表示设备在初始时刻即进行更换作业，等价于设备未运行即更换。当 $k\geqslant1$ 时，表示设备运行至 $k\Delta\tau_{pt}$时刻需要进行更换，且若不对该设备进行替换，则其很快将会失效。

针对 $k\geqslant1$ 的情况，由图 8.7（b）可知，若设备在 $k\Delta\tau_{pt}$时刻发生预防性替换，则其对应剩余寿命应小于预防性替换阈值 l_{pr}，且$(k-1)\Delta\tau_{pt}$时刻设备的剩余寿命应大于预防性替换阈值 l_{pr}。由此可得设备进行预防性替换的概率为

$$\begin{aligned}P_{pr,k}(\Delta\tau_{pt},l_{pr}\mid k\geqslant1)&=P\{0\leqslant l_{k\Delta\tau_{pt}}<l_{pr}\mid l_{(k-1)\Delta\tau_{pt}}>l_{pr}\}\\&=\frac{P\{0\leqslant l_{k\Delta\tau_{pt}}<l_{pr}\cap l_{(k-1)\Delta\tau_{pt}}>l_{pr}\}}{P\{l_{(k-1)\Delta\tau_{pt}}>l_{pr}\}}\\&=\frac{P\{0\leqslant l_{k\Delta\tau_{pt}}<l_{pr}\cap l_{k\Delta\tau_{pt}}>l_{pr}-\Delta\tau_{pt}\}}{P\{l_{k\Delta\tau_{pt}}>l_{pr}-\Delta\tau_{pt}\}}\end{aligned} \tag{8.22}$$

由式（8.22）可知，预防性替换阈值 l_{pr}与检测周期 $\Delta\tau_{pt}$的大小关系将直接影响 $P_{pr,k}(\Delta\tau_{pt},l_{pr})$的取值。由此，可将式（8.22）转化为

$$P_{pr,k}(\Delta\tau_{pt},l_{pr})=\begin{cases}\dfrac{P\{l_{pr}-\Delta\tau_{pt}<l_{k\Delta\tau_{pt}}<l_{pr}\}}{P\{l_{k\Delta\tau}>l_{pr}-\Delta\tau_{CM}\}},l_{pr}>\Delta\tau_{pt}\\\dfrac{P\{0\leqslant l_{k\Delta\tau_{pt}}<l_{pr}\}}{P\{l_{k\Delta\tau_{pt}}>l_{pr}-\Delta\tau_{pt}\}},l_{pr}\leqslant\Delta\tau_{pt}\end{cases} \tag{8.23}$$

对式（8.23）求和，即可得到设备在 $k\geqslant1$ 条件下进行预防性替换的概率为

$$\begin{aligned}P_{pr}(\Delta\tau_{pt},l_{pr}\mid k\geqslant1)&=\sum_{k=1}^{+\infty}P_{pr,k}(\Delta\tau_{pt},l_{pr})\\&=\sum_{k=1}^{+\infty}\frac{P\{l_{pr}-\Delta\tau_{pt}\leqslant l_t<l_{pr}\mid t=k\Delta\tau_{pt}\}}{P\{l_t>l_{pr}-\Delta\tau_{pt}\mid t=k\Delta\tau_{pt}\}}\\&=\sum_{k=1}^{+\infty}\frac{F_{l_t}(l_{pr}\mid t=k\Delta\tau_{pt})-F_{l_t}(l_{pr}-\Delta\tau\mid t=k\Delta\tau_{pt})}{1-F_{l_t}(\vartheta\mid t=k\Delta\tau_{pt})}\\&=\sum_{k=1}^{+\infty}\frac{\int_{\vartheta}^{l_{pr}}f_{l_t}(l_t\mid t=k\Delta\tau_{pt})\mathrm{d}l_t}{\int_{\vartheta}^{+\infty}f_{l_t}(l_t\mid t=k\Delta\tau_{pt})\mathrm{d}l_t}\end{aligned} \tag{8.24}$$

式中

$$\vartheta = \begin{cases} 0, l_{pr} \leqslant \Delta\tau_{pt} \\ l_{pr} - \Delta\tau_{pt}, l_{pr} > \Delta\tau_{pt} \end{cases} \tag{8.25}$$

针对 $k=0$ 的情况，基于对立事件的基本性质可得设备在初始时刻即进行预防性替换的概率为

$$P_{pr,0}(\Delta\tau_{pt}, l_{pr} \mid k=0) = 1 - P_{pr}(\Delta\tau_{pt}, l_{pr} \mid k \geqslant 1) - P_{fr}(\Delta\tau_{pt}, l_{pr}) \tag{8.26}$$

且易知

$$P_{pr}(\Delta\tau_{pt}, l_{pr}) = P_{pr}(\Delta\tau_{pt}, l_{pr} \mid k \geqslant 1) + P_{pr,0}(\Delta\tau_{pt}, l_{pr} \mid k=0) \tag{8.27}$$

为求解设备寿命的期望 $E(T)$，本书将其分为两部分考虑：一部分为失效性替换对应的寿命 T_f；另一部分为预防性替换对应的寿命 T_p。

令 $T_{f,k}$ 表示设备在 $[(k-1)\Delta\tau_{pt}, k\Delta\tau_{pt}]$ 内发生故障时对应的寿命，则由图 8.7(a) 可得

$$\begin{aligned} F_{T_{f,k}}(T) &= P\{T_{f,k} < T \mid T_{f,k} > (k-1)\Delta\tau_{pt}, (k-1)\Delta\tau_{pt} < T < k\Delta\tau_{pt}\} \\ &= \frac{P\{(k-1)\Delta\tau_{pt} < T_{f,k} < T\}}{P\{T_{f,k} > (k-1)\Delta\tau_{pt}\}} = \frac{P\{T_{f,k} > (k-1)\Delta\tau_{pt}\} - P\{T_{f,k} \geqslant T\}}{P\{T_{f,k} > (k-1)\Delta\tau_{pt}\}} \\ &= 1 - \frac{P\{T_{f,k} \geqslant T\}}{P\{T_{f,k} > (k-1)\Delta\tau_{pt}\}} \end{aligned} \tag{8.28}$$

易知

$$P\{T_{f,k} \geqslant T\} = 1 - P\{T_{f,k} < T\} = 1 - F(T) = 1 - F_0(l_0) \tag{8.29}$$

式中：$F(T)$ 为设备寿命 T 的累积分布函数；l_0 为初始时刻设备对应的剩余寿命，等价于寿命 T；$F_0(l_0)$ 为 l_0 对应的累积分布函数。

将式（8.29）代入式（8.28）可得

$$F_{T_{f,k}}(l_0) = \frac{F_0(l_0) - F_0((k-1)\Delta\tau_{pt})}{1 - F_0((k-1)\Delta\tau_{pt})} \tag{8.30}$$

进一步分析可知

$$F_0(l_0) = \int_0^{l_0} f_{l_k \mid t=0}(l_k \mid t=0)\, \mathrm{d}l_k \tag{8.31}$$

基于上述分析，将融入不完全维护效果的设备剩余寿命的概率密度函数代入式（8.31），可得

$$\begin{aligned} E(T_{f,k}) &= \int_{(k-1)\Delta\tau_{pt}}^{k\Delta\tau_{pt}} l_0 f_{T_{f,k}}(l_0)\, \mathrm{d}l_0 = \int_{(k-1)\Delta\tau_{pt}}^{k\Delta\tau_{pt}} l_0\, \mathrm{d}F_{T_{f,k}}(l_0) \\ &= l_0 F_{T_{f,k}}(l_0) \Big|_{(k-1)\Delta\tau_{pt}}^{k\Delta\tau_{pt}} - \int_{(k-1)\Delta\tau_{pt}}^{k\Delta\tau_{pt}} F_{T_{f,k}}(l_0)\, \mathrm{d}l_0 \\ &= \frac{k\Delta\tau_{pt}(F_0(k\Delta\tau_{pt}) - F_0((k-1)\Delta\tau_{pt}))}{1 - F_0((k-1)\Delta\tau_{pt})} - \\ &\quad \frac{1}{1 - F_0((k-1)\Delta\tau_{pt})} \int_{(k-1)\Delta\tau_{pt}}^{k\Delta\tau_{pt}} F_0(l_0)\, \mathrm{d}l_0 \end{aligned}$$

$$= \frac{k\Delta\tau_{pt}\int_{(k-1)\Delta\tau_{pt}}^{k\Delta\tau_{pt}} f_{l_k \mid t=0}(l_k \mid t=0)\mathrm{d}l_k}{1 - F_0((k-1)\Delta\tau_{pt})} - \frac{1}{1 - F_0((k-1)\Delta\tau_{pt})}\int_{(k-1)\Delta\tau_{pt}}^{k\Delta\tau_{pt}}\int_0^{l_0} f_{l_k \mid t=0}(l_k \mid t=0)\mathrm{d}l_k\mathrm{d}l_0 \tag{8.32}$$

令 $T_{p,k}$表示在 $k\Delta\tau_{pt}$时刻设备进行预防性替换所对应的寿命，则由图 8.7（b）可得

$$E(T_{p,k}) = k\Delta\tau_{pt}P_{pr,k}(\Delta\tau_{pt}, l_{pr}) \tag{8.33}$$

易知，$T_{p,0}=0$。则基于式（8.24）、式（8.25）、式（8.32）与式（8.33）可得

$$\begin{aligned}
\mathrm{ET} = E(T) &= \sum_{1}^{+\infty} E(T_{f,k}) + \sum_{0}^{+\infty} E(T_{p,k}) \\
&= \sum_{1}^{+\infty} E(T_{f,k}) + \sum_{1}^{+\infty} E(T_{p,k}) \\
&= \sum_{k=1}^{+\infty}\left(\frac{k\Delta\tau_{pt}\int_{(k-1)\Delta\tau_{pt}}^{k\Delta\tau_{pt}} f_{l_k \mid t=0}(l_k \mid t=0)\mathrm{d}l_k}{1 - F_0((k-1)\Delta\tau_{pt})} - \right. \\
&\quad \frac{1}{1 - F_0((k-1)\Delta\tau_{pt})}\int_{(k-1)\Delta\tau_{pt}}^{k\Delta\tau_{pt}}\int_0^{l_0} f_{l_k \mid t=0}(l_k \mid t=0)\mathrm{d}l_k\mathrm{d}l_0 + \\
&\quad \left.\frac{k\Delta\tau_{pt}\int_{\vartheta}^{l_{pr}} f_{l_t}(l_t \mid t=k\Delta\tau_{pt})\mathrm{d}l_t}{\int_{\vartheta}^{+\infty} f_{l_t}(l_t \mid t=k\Delta\tau_{pt})\mathrm{d}l_t}\right)
\end{aligned} \tag{8.34}$$

在上述分析的基础上可得 $E(N_{pt})$与 $E(N_{im})$的计算公式分别为

$$E(N_{pt}) = \frac{E(T)}{\Delta\tau_{pt}} \tag{8.35}$$

$$\begin{aligned}
E(N_{im}) &= \sum_{k=1}^{+\infty}(m(E(T_{f,k})) - m((k-1)\Delta\tau_{pt}))P_{fr,k}(\Delta\tau_{pt}, l_{pr}) + \\
&\quad \sum_{k=1}^{+\infty}(m(k\Delta\tau_{pt}) - m((k-1)\Delta\tau_{pt})) \times \\
&\quad P_{pr,k}(\Delta\tau_{pt}, l_{pr} \mid k \geqslant 1) + 0 \times P_{pr,0}(\Delta\tau_{pt}, l_{pr} \mid k=0) \\
&= \sum_{k=1}^{+\infty}(m(E(T_{f,k})) - m((k-1)\Delta\tau_{pt})) \times \\
&\quad \int_0^{\Delta\tau_{pt}} f_{l_t}(l_t \mid t=(k-1)\Delta\tau_{pt})\mathrm{d}l_k + \\
&\quad \sum_{k=1}^{+\infty}(m(k\Delta\tau_{pt}) - m((k-1)\Delta\tau_{pt})) \times
\end{aligned}$$

$$\frac{\int_{\vartheta}^{l_{pr}} f_{l_t}(l_t \mid t = k\Delta\tau_{pt})\,\mathrm{d}l_t}{\int_{\vartheta}^{+\infty} f_{l_t}(l_t \mid t = k\Delta\tau_{pt})\,\mathrm{d}l_t} \tag{8.36}$$

将式（8.18）~式（8.36）代入式（8.17）所示的维修决策模型，即可求出经历不完全维护的设备所对应的最优换件阈值和检测周期，从而实现寿命周期平均运行费用的最低。

8.3.3 实例分析

本节以5.5.2节的陀螺仪剩余寿命预测数据为例进行分析验证。

1. 最优维修策略确定

陀螺仪运行过程中各类维修和检测活动对应的费用参数如表8.2所列。

表8.2 陀螺仪运行费用参数

参数	C_{pt}	C_{im}	C_p	C_f
费用/元	50	500	500	5000

基于M0、M1与M2得到的剩余寿命预测信息，将其代入式（8.17）所示的维修决策模型，采用遗传花粉算法对其进行寻优，即可得到不同方法对应的最优检测周期$\Delta\tau_{pt}^*$和最优换件阈值l_{pr}^*，具体如表8.3所列。

表8.3 不同方法对应的最优维修策略

方法	$\Delta\tau_{pt}^*$/h	l_{pr}^*/h	$C(\Delta\tau_{pt}^*, l_{pr}^*)$/(元/h)
M0	10	50	106.2
M1	20	40	156.1
M2	10	80	117.1

由表8.3可知，M0对应的最优维修策略具有最小的设备寿命周期平均运行费用，表明M0得到的决策结果较M1与M2更优，体现了剩余寿命预测准确性对维修决策科学性的积极影响。M0、M1与M2对应设备寿命周期平均运行费用曲线如图8.8所示。

由图8.8可知，M0对应的设备寿命周期平均运行费用曲线略低于M2，且明显低于M1。该情况表明，忽略设备经历的不完全维护活动或仅采用其次泊松过程建模设备的不完全维护过程均会降低维修决策结果的科学性，使预测维修决策的效果难以达到最优，从而也进一步验证了本节方法的合理性。

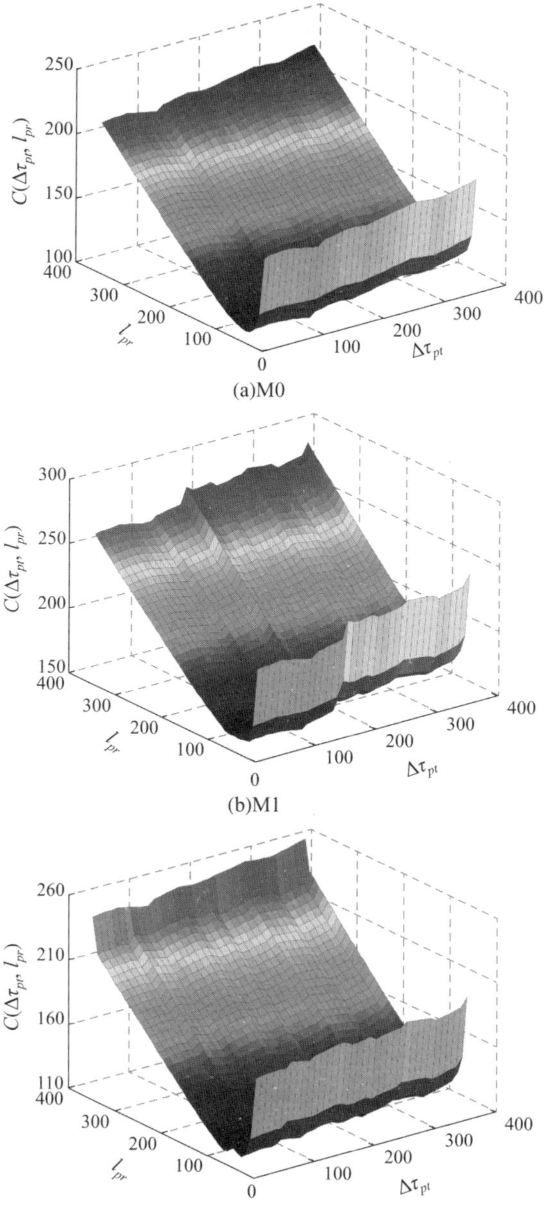

图 8.8 （见彩图）设备寿命周期平均运行费用曲线

2. 费用参数灵敏度分析

本节采用控制变量法分别研究各类检测和维修费用参数对最优维修策略的灵

敏度。由于 $C_{pt} < C_{im} < C_p < C_f$，不妨设 $C_{pt} \in [10,500]$ 元，$C_{im} \in [50,5000]$ 元，$C_p \in [500,50000]$ 元，$C_f \in [5000,85000]$ 元，则可得 C_{pt}、C_{im}、C_p、C_f 与最优维修策略间的关系如图 8.9 ~ 图 8.12 所示。

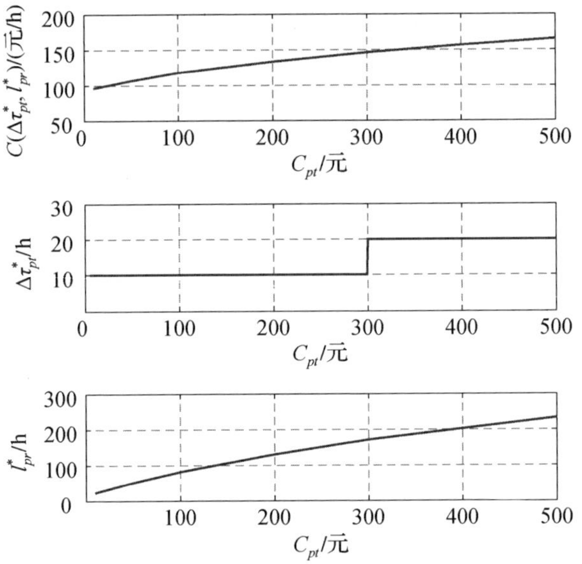

图 8.9　C_{pt} 灵敏度分析

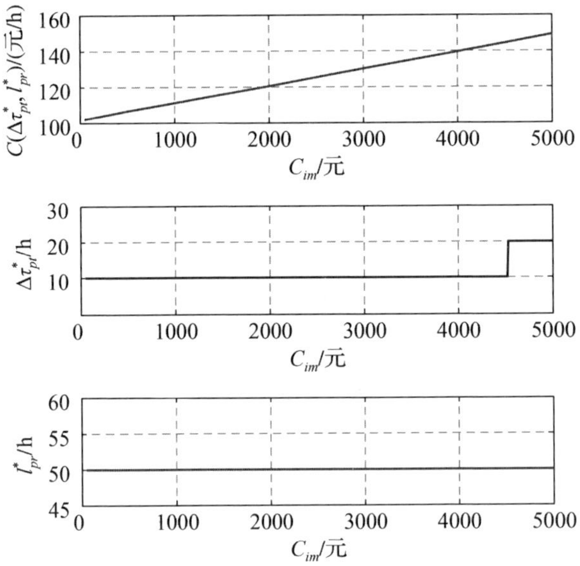

图 8.10　C_{im} 灵敏度分析

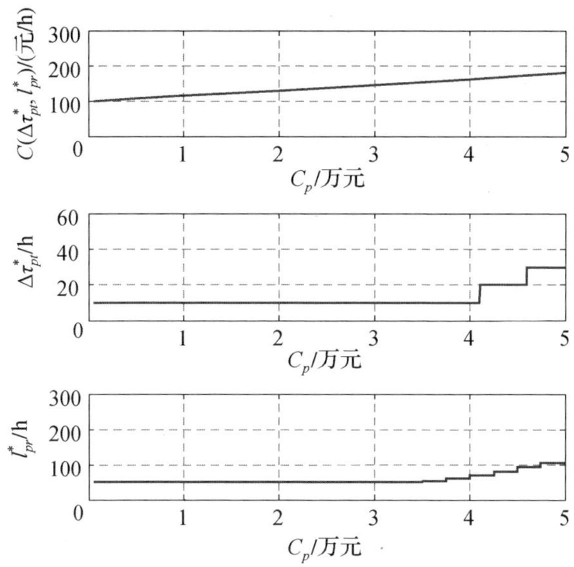

图 8.11　C_p灵敏度分析

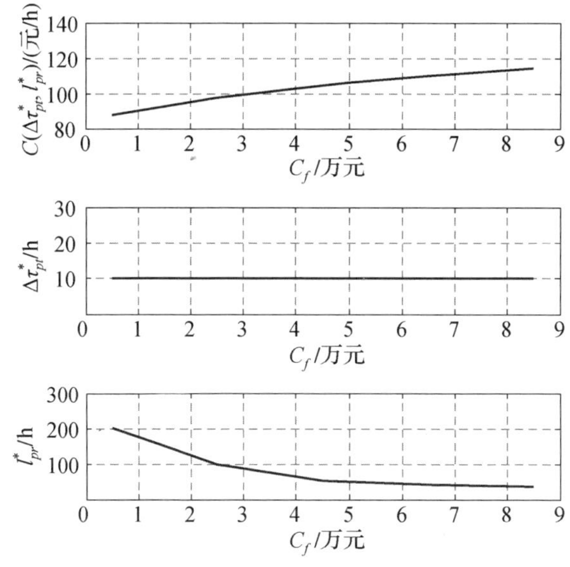

图 8.12　C_f灵敏度分析

由图 8.9 可知，设备的最低寿命周期平均运行费用受检测成本 C_{pt} 的影响较大，当 C_{pt} 的逐步递增时，最低寿命周期平均运行费用近似线性增加，且平均增长率约为 0.1420/h。而针对最优检测周期 $\Delta\tau_{pt}^*$，其随检测费用 C_{pt} 的变化而基本保持恒定，仅在 300 元处发生跳变，表明最优检测周期 $\Delta\tau_{pt}^*$ 受检测成本 C_{pt} 的影响较小。当检测成本较低时，较高的检测频率有助于提升设备运行的安全性，降低失效风险，节约维修费用；而当检测成本过高时，高频率的检测将产生高额检测费用，并在运行总费用中占据主导地位，因此需要通过增大检测周期来减少检测总次数，从而降低设备的总体运行费用。进一步分析可以发现，最优换件阈值 l_{pr}^* 与 C_{pt} 也近似满足线性关系，表明 C_{pt} 对 l_{pr}^* 具有较高的灵敏度。通过增大换件阈值等价于缩短设备的有效运行时间，需要通过减少检测次数来降低设备运行总费用。

由图 8.10 可以发现，不完全维护成本 C_{im} 与设备最低寿命周期平均运行费用呈线性正相关，且不完全维护成本每增加 1000 元，设备最低寿命周期平均维修费用增加约 10 元/h，表明设备的最低寿命周期平均运行费用对于 C_{im} 的灵敏度较高。而在 C_{im} 变化的全过程中，最优检测周期 $\Delta\tau_{pt}^*$ 和最优换件阈值 l_{pr}^* 的变化幅度较小，说明 $\Delta\tau_{pt}^*$ 与 l_{pr}^* 受 C_{im} 变化的影响程度较低。其主要原因是，当 $\Delta\tau_{pt}^*$ 与 l_{pr}^* 恒定时，设备经历不完全维护次数也近似恒定，使设备总体运行费用主要取决于不完全维护的成本。

由图 8.11 可知，预防性替换成本 C_p 对设备最低寿命周期平均运行费用的影响最大，随 C_p 的增加，设备最低寿命周期平均运行费用约以 1.6505×10^{-3}/h 的增长率线性增加。C_p 的变化对设备最优检测周期 $\Delta\tau_{pt}^*$ 和最优换件阈值 l_{pr}^* 的影响相对较小，当 C_p 取值较小时，$\Delta\tau_{pt}^*$ 和 l_{pr}^* 均保持恒定；而当预防性替换成本超过一定限度并进一步增大时，$\Delta\tau_{pt}^*$ 和 l_{pr}^* 均开始变大。其原因是，当预防性替换成本接近失效性替换成本时，预防性替换对设备寿命运行费用的影响减小，设备检测和不完全维护产生的费用对设备总的运行费用影响更为突出，因而需要通过增大检测周期和换件阈值来减少对设备进行检测和不完全维护的次数，以降低设备运行的总费用。

由图 8.12 可知，失效性替换成本 C_f 对最低寿命周期平均运行费用和最优换件阈值的影响较大，而对最优检测周期几乎没有影响。表明 C_f 对 $C(\Delta\tau_{pt}^*, l_{pr}^*)$ 和 l_{pr}^* 的灵敏度较高，而对 $\Delta\tau_{pt}^*$ 的灵敏度较低。对图 8.12 进一步分析可以发现，当 C_f 较小时，l_{pr}^* 下降速率较大；而当 C_f 较大时，l_{pr}^* 的变化幅度逐步平缓。其主要原因是，当失效性替换成本接近预防性替换成本时，预防性替换与失效性替换效果接近，影响设备总体运行费用的主要因素是不完全维护，而较大的 l_{pr}^* 值能够有效减小设备寿命的期望值，从而获得较小的不完全维护次数期望，进而降低不完全维护产生的费用，确保运行费用最低。而当 C_f 较大时，C_f 对设备总体运行费用的变化起主导作用，此时 l_{pr}^* 的取值也基本恒定。

8.4 考虑换件时机和备件订购时机的设备维修决策模型

备件是军用飞机维修保障资源的重要组成部分，是保障飞机有效执行任务的重要物质基础。科学合理的备件订购策略既有助于对故障设备进行快速维修，又能最大限度地缩小库存规模，节约维修经费。为了降低寿命周期维修费用的消耗，提升设备换件策略和备件订购策略的科学性，本节利用设备加速退化试验数据预测额定应力条件下目标设备的剩余寿命，并据此建立基于剩余寿命预测信息的维修决策模型，从而确定最优的换件时机与备件订购时机。

8.4.1 维修决策过程分析

针对经历加速退化试验的设备，确定其最优换件时机和备件订购时机的维修决策过程如图 8.13 所示。其主要包含三个环节：一是基于比例加速退化建模的设备剩余寿命预测；二是维修决策模型构建，即基于更新报酬理论计算设备寿命周期的平均维修费用率，并使其最小化；三是维修策略执行，即确定最优换件时机和最优备件订购时机并执行优化后的维修策略。

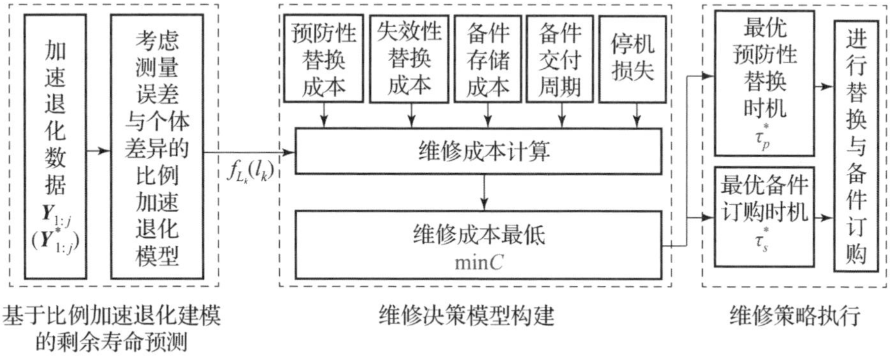

图 8.13 加速应力下基于剩余寿命预测信息的维修决策过程

在一个寿命周期内，设备经历的替换和备件订购活动的具体实施过程如图 8.14 所示。

在设备的寿命周期内，备件订购和替换间的相互关系可归结为两类：第一类如图 8.14（a）所示，即 $\tau_s + T_o \leqslant \tau_p$，此时备件经采购后将在预防性替换前到货，因此设备的预防性替换活动无须等待备件即可顺利进行；第二类如图 8.14（b）所示，即 $\tau_s + T_o \geqslant \tau_p$，设备在该情况下进行预防性替换时将无备件可用，因此需要停机等待备件到货。

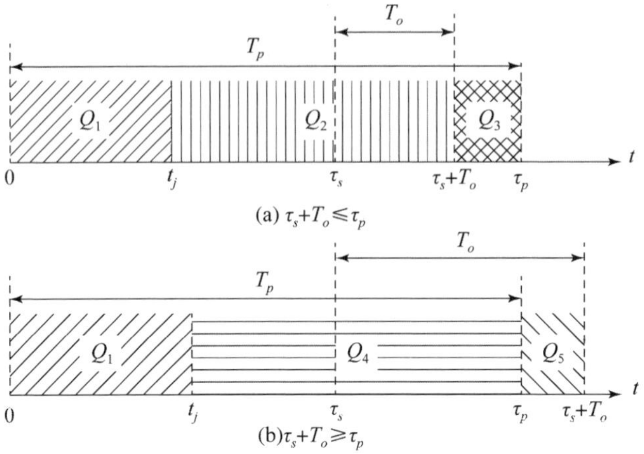

图 8.14　设备寿命周期替换和备件订购实施过程

τ_p—换件时机；τ_s—备件订购时机；T_o—备件从订购到交付需要的时间。

8.4.2　维修决策模型构建

本节在 8.2.2 节提出的考虑换件时机的设备维修决策模型的基础上考虑备件订购对设备维修费用的影响，建立最优换件时机与备件订购时机联合优化模型，具体可表示为

$$\min C(\tau_p, \tau_s) = \frac{\mathrm{EC}}{\mathrm{ET}} \tag{8.37}$$

式中：$C(\tau_p, \tau_s)$ 为在 (τ_p, τ_s) 对应的设备寿命周期平均维修费用率；EC 为设备寿命周期内产生维修费用的期望；ET 为设备寿命周期的期望。

联合优化模型的基本假设如下：

（1）设备从初始时刻开始运行，且在初始时刻无备件库存，此后任意时刻至多有一个备件处于采购或存储状态。

（2）备件从开始采购直至到货需要经过一个固定的交付周期 T_o。

（3）对设备进行替换所需的时间相较于其运行时间可以忽略不计，即换件导致的设备停机时间为 0。

（4）若目标设备在备件到货后仍能够正常运行，则使用至 τ_p 时刻再进行预防性替换，此时的替换费用为 C_p，且备件单位时间产生的存储费用为 H_1；若目标设备在备件到货前就发生故障，则需在备件到货后立刻对其进行更换，此时的替换费用为 C_f，而故障停机造成的单位时间损失为 H_2。

本节采用递进式分析思路，分别对设备的替换策略模型和备件订购策略模型进行分析，进而得到二者的联合优化模型。

1. 设备替换策略模型

替换策略模型主要用来确定设备的最优换件时机，以均衡预防性替换和失效性替换产生的费用。在 8.2.2 节分析的基础上，可得加速应力下设备的最优换件策略模型为

$$\min C(\tau_p)=\frac{C_p+(C_f-C_p)\int_0^{\tau_p-t_k}f_{L_j\mid S_0}(l_j\mid S_0,\boldsymbol{Y}_{1:j})\mathrm{d}l_j}{t_j+\int_0^{\tau_p-t_j}l_jf_{L_j\mid S_0}(l_j\mid S_0,\boldsymbol{Y}_{1:j})\mathrm{d}l_k+(\tau_p-t_j)\int_{\tau_p-t_j}^{+\infty}f_{L_j\mid S_0}(l_j\mid S_0,\boldsymbol{Y}_{1:j})\mathrm{d}l_j} \tag{8.38}$$

2. 备件订购策略模型

由图 8.14（a）可知，当 $\tau_s+T_o\leqslant\tau_p$ 时，在设备进行预防性替换前备件已到货，即在 Q_3 区域内备件处于存储状态。由图 8.14（b）可知，当 $\tau_s+T_o\geqslant\tau_p$ 时，在设备进行预防性替换前备件无法到货，即在 Q_5 区域内备件处于短缺状态。令 $\tilde{T}^+$、$\tilde{T}^-$ 分别表示备件存储时间和短缺时间，易知 $\tilde{T}^+=\tau_p-\tau_s-T_o$，$\tilde{T}^-=\tau_s+T_o-\tau_p$，进而可得备件订购策略模型对应的总维修费用期望为

$$\mathrm{EC}=H_1E(\tilde{T}^+)+H_2E(\tilde{T}^-) \tag{8.39}$$

式中

$$\begin{aligned}
E(\tilde{T}^-)&=\int_0^{\tau_s-t_j}T_of_{L_j\mid S_0}(l_j\mid S_0,\boldsymbol{Y}_{1:j})\mathrm{d}l_j+\int_{\tau_s-t_j}^{\tau_s+T_o-t_j}(\tau_s+T_o-\tau_p)f_{L_j\mid S_0}(l_j\mid S_0,\boldsymbol{Y}_{1:j})\mathrm{d}l_j\\
&=T_oF_{L_j\mid S_0}(\tau_s-t_j\mid S_0,\boldsymbol{Y}_{1:j})+\int_{\tau_s-t_j}^{\tau_s+T_o-t_j}(\tau_s+T_o-t_j-l_j)f_{L_j\mid S_0}(l_j\mid S_0,\boldsymbol{Y}_{1:j})\mathrm{d}l_j\\
&=T_oF_{L_j\mid S_0}(\tau_s-t_j\mid S_0,\boldsymbol{Y}_{1:j})+(\tau_s+T_o-t_j)F_{L_j\mid S_0}(\tau_s+T_o-t_j\mid S_0,\boldsymbol{Y}_{1:j})-\\
&\quad(\tau_s+T_o-t_j)F_{L_j\mid S_0}(\tau_s-t_j\mid S_0,\boldsymbol{Y}_{1:j})-\int_{\tau_s-t_j}^{\tau_s+T_o-t_j}l_jf_{L_j\mid S_0}(l_j\mid S_0,\boldsymbol{Y}_{1:j})\mathrm{d}l_j\\
&=\int_{\tau_s-t_j}^{\tau_s+T_o-t_j}F_{L_j\mid S_0}(l_j\mid S_0,\boldsymbol{Y}_{1:j})\mathrm{d}l_j
\end{aligned} \tag{8.40}$$

$$\begin{aligned}
E(\tilde{T}^+)&=\int_{\tau_s+T_o-t_j}^{\tau_p-t_j}(\tau_p-\tau_s-T_o)f_{L_j\mid S_0}(l_j\mid S_0,\boldsymbol{Y}_{1:j})\mathrm{d}l_j+\\
&\quad(\tau_p-\tau_s-T_o)\int_{\tau_p-t_j}^{+\infty}f_{L_j\mid S_0}(l_j\mid S_0,\boldsymbol{Y}_{1:j})\mathrm{d}l_j\\
&=\int_{\tau_s+T_o-t_j}^{\tau_p-t_j}(l_j+t_j-\tau_s-T_o)f_{L_j\mid S_0}(l_j\mid S_0,\boldsymbol{Y}_{1:j})\mathrm{d}l_j+\\
&\quad(\tau_p-\tau_s-T_o)\int_{\tau_p-t_j}^{+\infty}f_{L_j\mid S_0}(l_j\mid S_0,\boldsymbol{Y}_{1:j})\mathrm{d}l_j\\
&=\int_{\tau_s+T_o-t_j}^{\tau_p-t_j}l_jf_{L_j\mid S_0}(l_j\mid S_0,\boldsymbol{Y}_{1:j})\mathrm{d}l_j-\int_{\tau_s+T_o-t_j}^{\tau_p-t_j}(\tau_s+T_o-t_j)f_{L_j\mid S_0}(l_j\mid S_0,\boldsymbol{Y}_{1:j})\mathrm{d}l_j+
\end{aligned}$$

$$
\begin{aligned}
&(\tau_p - \tau_s - T_o)(1 - F_{L_j|S_0}(\tau_p - t_j|S_0,\boldsymbol{Y}_{1:j})) \\
&= (\tau_p - t_j)F_{L_j|S_0}(\tau_p - t_j|S_0,\boldsymbol{Y}_{1:j}) - \\
&\quad (\tau_s + T_o - t_j)F_{L_j|S_0}(\tau_s + T_o - t_j|S_0,\boldsymbol{Y}_{1:j}) - \int_{\tau_s+T_o-t_j}^{\tau_p-t_j} F_{L_j|S_0}(l_j|S_0,\boldsymbol{Y}_{1:j})\mathrm{d}l_j - \\
&\quad (\tau_s + T_o - t_j)f_{L_j|S_0}(\tau_p - t_j|S_0,\boldsymbol{Y}_{1:j}) + \\
&\quad (\tau_s + T_o - t_j)f_{L_j|S_0}(\tau_s + T_o - t_j|S_0,\boldsymbol{Y}_{1:j}) + \\
&\quad (\tau_p - \tau_s - T_o) - (\tau_p - \tau_s - T_o)F_{L_j|S_0}(\tau_p - t_j|S_0,\boldsymbol{Y}_{1:j}) \\
&= \tau_p - \tau_s - T_o - \int_{\tau_s+T_o-t_j}^{\tau_p-t_j} F_{L_j|S_0}(l_j|S_0,\boldsymbol{Y}_{1:j})\mathrm{d}l_j \\
&= \int_{\tau_s+T_o-t_j}^{\tau_p-t_j} (1 - F_{L_j|S_0}(l_j|S_0,\boldsymbol{Y}_{1:j}))\mathrm{d}l_j
\end{aligned}
\tag{8.41}
$$

由图 8.14（a）可知，当 $\tau_s + T_o \leqslant \tau_p$ 时，设备完好运行至 τ_p 时刻进行预防性替换，其对应寿命周期为 T_p；由图 8.14（b）可知，当 $\tau_s + T_o \geqslant \tau_p$ 时，等待备件导致设备的寿命周期延长，此时为 $T_p + \tilde{T}^-$。由此可得备件订购策略模型对应设备寿命周期的期望为

$$
\begin{aligned}
E(T) &= E(T_p) + E(\tilde{T}^-) \\
&= t_j + \int_0^{\tau_p-t_j} l_j f_{L_j|S_0}(l_j|S_0,\boldsymbol{Y}_{1:j})\mathrm{d}l_j + \\
&\quad (\tau_p - t_j)\int_{\tau_p-t_j}^{+\infty} f_{L_j|S_0}(l_j|S_0,\boldsymbol{Y}_{1:j})\mathrm{d}l_j + \int_{\tau_s-t_j}^{\tau_s+T_o-t_j} F_{L_j|S_0}(l_j|S_0,\boldsymbol{Y}_{1:j})\mathrm{d}l_j \\
&= \tau_p - \int_0^{\tau_p-t_j} F_{L_j|S_0}(l_j|S_0,\boldsymbol{Y}_{1:j})\mathrm{d}l_j + \int_{\tau_s-t_j}^{\tau_s+T_o-t_j} F_{L_j|S_0}(l_j|S_0,\boldsymbol{Y}_{1:j})\mathrm{d}l_j \\
&= t_j + \int_0^{\tau_p-t_j} (1 - F_{L_j|S_0}(l_j|S_0,\boldsymbol{Y}_{1:j}))\mathrm{d}l_j + \int_{\tau_s-t_j}^{\tau_s+T_o-t_j} F_{L_j|S_0}(l_j|S_0,\boldsymbol{Y}_{1:j})\mathrm{d}l_j
\end{aligned}
\tag{8.42}
$$

3. 联合优化模型

考虑设备寿命周期内经历的预防性替换与备件订购全过程，本节构建替换与备件订购策略联合优化模型，旨在确定最优的备件订购时间与换件时机，以有效节约维修费用的消耗，切实提升航空装备的维修保障效能。

基于上述分析可知，替换和备件订购过程中产生的维修费用包含进行替换产生的替换成本和备件订购产生的采购成本与储存/缺件成本，由此可得

$$
\begin{aligned}
\mathrm{EC} &= C(T_f)P(T_f) + C(T_p)P(T_p) + H_1E(\tilde{T}^+) + H_2E(\tilde{T}^-) \\
&= C_p + (C_f - C_p)F_{L_j|S_0}(\tau_p - t_j|S_0,\boldsymbol{Y}_{1:j}) + \\
&\quad H_1\int_{\tau_s+T_o-t_j}^{\tau_p-t_j} (1 - F_{L_j|S_0}(l_j|S_0,\boldsymbol{Y}_{1:j}))\mathrm{d}l_j +
\end{aligned}
$$

$$H_2\int_{\tau_s-t_j}^{\tau_s+T_o-t_j}F_{L_j|S_0}(l_j|S_0,\boldsymbol{Y}_{1:j})\mathrm{d}l_j \tag{8.43}$$

考虑到任意替换时刻等价于当前设备寿命周期的终止或新设备寿命周期的开始，对比替换策略模型与备件订购模型中设备寿命周期的期望表达式，易得联合优化模型中设备寿命周期的期望为

$$\begin{aligned}\mathrm{ET} &= E(T_p)+E(\tilde{T}^-)\\ &= t_j+\int_0^{\tau_p-t_j}(1-F_{L_j|S_0}(l_j|S_0,\boldsymbol{Y}_{1:j}))\mathrm{d}l_j+\int_{\tau_s-t_j}^{\tau_s+T_o-t_j}F_{L_j|S_0}(l_j|S_0,\boldsymbol{Y}_{1:j})\mathrm{d}l_j\end{aligned} \tag{8.44}$$

需要说明的是，考虑到备件订购策略模型的推导过程，联合优化模型中的最优替换时间 $\tau_p \geqslant \tau_s+T_o$。

8.4.3 实例分析

1. 行波管最优维修策略

本节以 6.5.1 节中行波管剩余寿命预测信息为例进行分析验证。假设行波管对应的维修费用参数分别为 $C_p=1$ 万元，$C_f=10$ 万元，$H_1=0.001$ 万元/h，$H_2=0.05$ 万元/h，$T_o=200$ 天（4800h）。将上述维修费用参数代入式（8.37）所示的维修决策模型，即可确定最优的换件策略和备件订购策略。为便于分析，令 $\mathrm{TT}_p=\tau_p-\tau_s-T_o$，由此可得不同维修方案与寿命周期平均维修费用率的关系，如图 8.15 所示，对应的最优维修决策结果如表 8.4 所列。

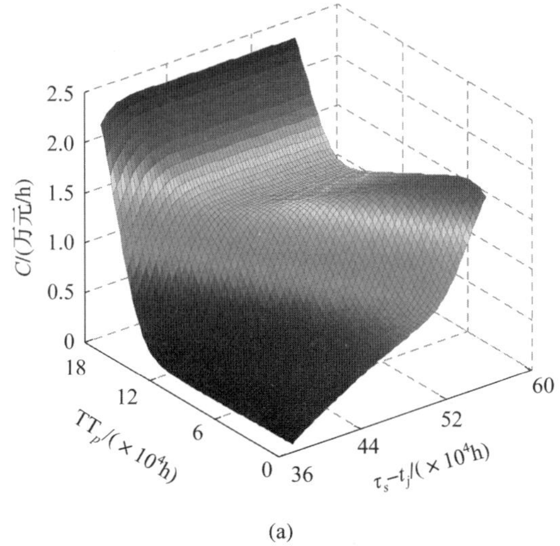

(a)

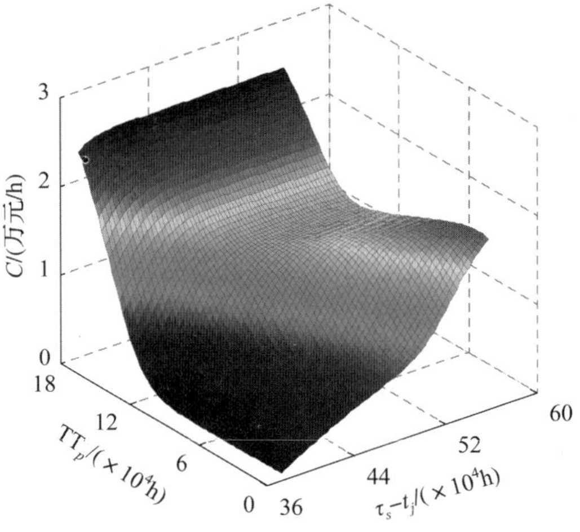

(b)

图 8.15 （见彩图）不同维修方案对应设备寿命周期平均费用率曲线（$t_j = 37.36 \times 10^4$h）

(a) M0；(b) M1。

表 8.4 最优维修决策结果

当前运行时刻 t_j/(×10^4h)	τ_s^*/(×10^4h)		τ_p^*/(×10^4h)		$C(\tau_s^*, \tau_p^*)$/(万元/h)	
	M0	M1	M0	M1	M0	M1
12.48	12.48	12.48	41.84	34.08	0.0820	0.1021
18.64	18.64	18.64	44.00	37.52	0.0774	0.0910
24.88	24.88	24.88	44.96	40.32	0.0752	0.0845
37.36	37.36	37.36	48.08	46.24	0.0728	0.0701

由表 8.4 可知，在目标设备的不同运行时刻，M0 与 M1 对应的最优备件订购时机均一致，即等价于目标设备的当前运行时刻。相较于 M1，M0 得到的最优换件时机更加滞后，这表明 M0 能够有效延长设备的有效运行时间。其直观体现为设备的寿命周期平均维修费用率更低，从而验证了本节所提维修决策模型的优越性。上述现象说明，在加速退化建模中考虑漂移系数与扩散系数的比例关系有助于进一步提升维修决策的科学性，能够有效减少设备寿命周期维修费用的消耗。

2. MEMS 最优维修策略

本节以 6.5.2 节 MEMS 剩余寿命预测信息为例进行分析验证。

1）最优维修策略确定

为对比分析 M0、M1 与 M2 对应维修决策模型的优劣，本节给出上述模型在不同状态监测时刻（t_j 为 40 天、80 天、120 天）对应的寿命周期平均维修费用率曲线，如图 8.16 所示。设 $C_p=50$ 元，$C_f=100$ 元，$H_1=1.5$ 元/天，$H_2=150$ 元/天，$T_o=20$ 天。

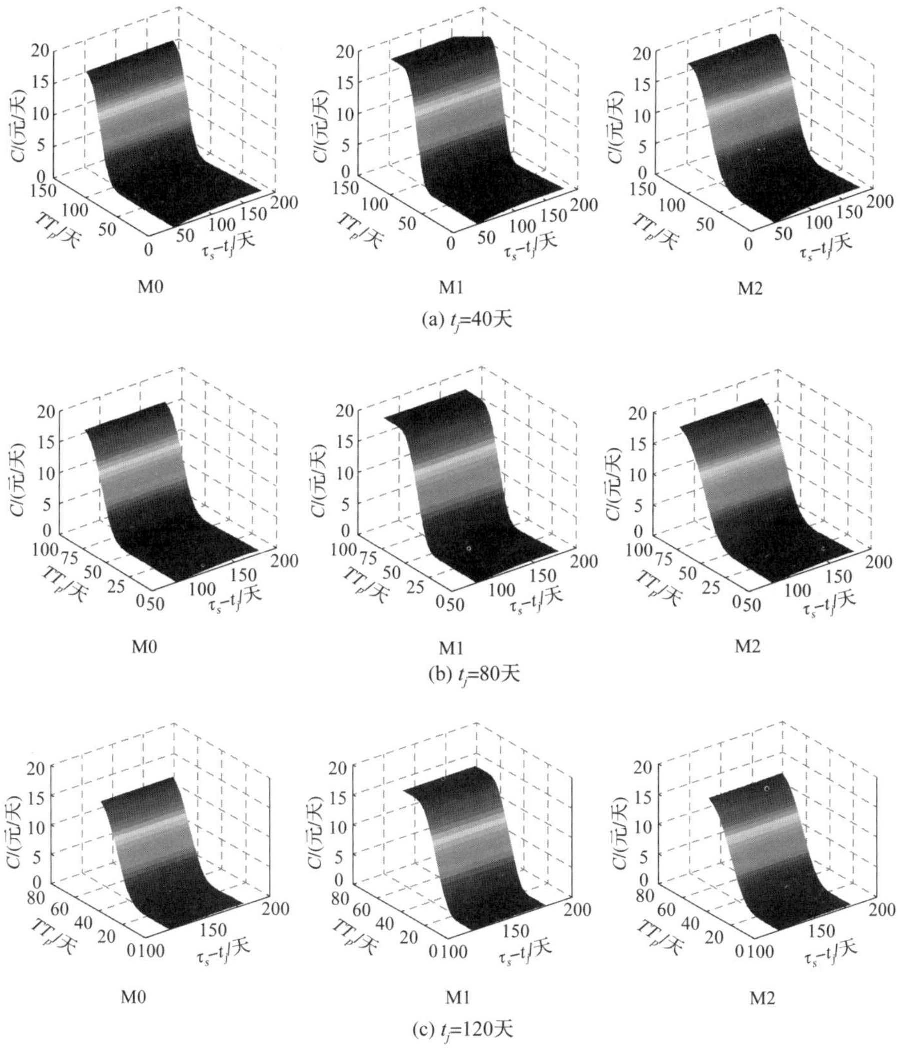

图 8.16 （见彩图）不同状态监测时刻目标设备周期平均维修费用率变化曲线

由图 8.16 可得在不同运行时刻目标设备所对应的最优备件订购时机和换件时机，具体结果如表 8.5 所列。

表 8.5 联合优化结果

t_j/天	τ_s^*/天			τ_p^*/天			$C(\tau_s^*,\tau_p^*)$/(元/天)		
	M0	M1	M2	M0	M1	M2	M0	M1	M2
40	118	107	93	138	127	113	0.3716	0.4002	0.4580
80	128	118	113	148	138	133	0.3433	0.3676	0.3835
120	138	130	131	158	150	151	0.3215	0.3373	0.3384

由表 8.5 可知，在不同运行时刻，M0 对应的设备寿命周期平均维修费用率较 M1 与 M2 更低，且换件时机均滞后于 M1 与 M2，说明本节提出的维修决策模型既能延长设备的有效运行时间，又能节约维修费用消耗，实现了最优维修决策的进一步升级。其原因主要是本节提出的剩余寿命预测方法在预测精度和准确性上均较 M1 与 M2 有提升，因而可以更加科学地确定换件时机和备件订购时机，从而减少了突发故障和停机造成的损失，节约了维修费用消耗。基于上述结论，体现了比例加速退化建模对设备有效实施预测维修的积极影响，从而验证了本节方法的优越性。

2）费用参数灵敏度分析

在前文研究的基础上，采用控制变量法对本节所提联合优化模型进行费用参数灵敏度分析。选定状态监测时间 $t_j=80$ 天；维修费用参数为 $C_p\in[1,100]$元，$C_f\in[50,500]$元，$H_1\in[1,10]$元/天，$H_2\in[100,200]$元/天，$\tau_o\in[1,50]$天。各费用参数与最优维修决策结果的数量关系如图 8.17 ~ 图 8.21 所示。

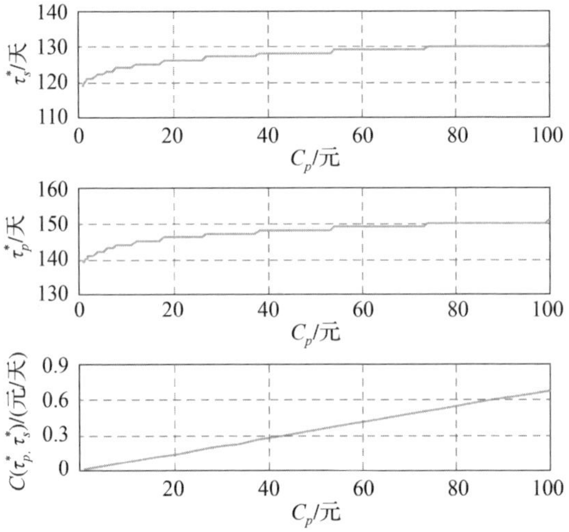

图 8.17 C_p灵敏度分析

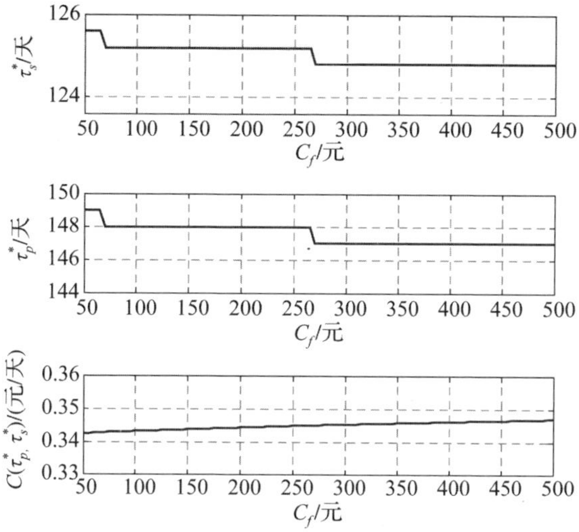

图 8.18 C_f灵敏度分析

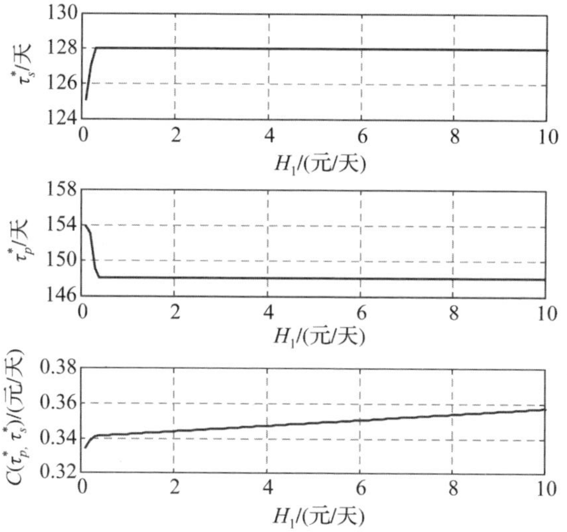

图 8.19 H_1灵敏度分析

由图 8.17 可知，设备寿命周期平均维修费用率受预防性替换费用 C_p 的影响极大，且随 C_p 的递增，设备寿命周期平均维修费用率几乎呈线性增长，且对应增长率约为 0.0067/天。而对于最佳备件订购时机 τ_s^* 和最佳换件时机 τ_p^*，随 C_p 的递增，τ_s^* 和 τ_p^* 均呈现出阶梯性增长趋势，且对应增幅均达到了 12 天，表明最优备件订购时机和换件时机对预防性替换费用变化的灵敏度较高。进一步分析可以发现，τ_s^* 和 τ_p^* 具有相似的变化轨迹。其主要原因是，较高的预防性替换费

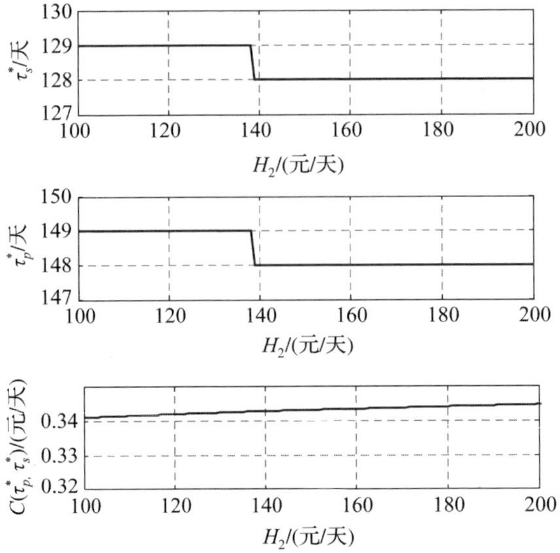

图 8.20　H_2灵敏度分析

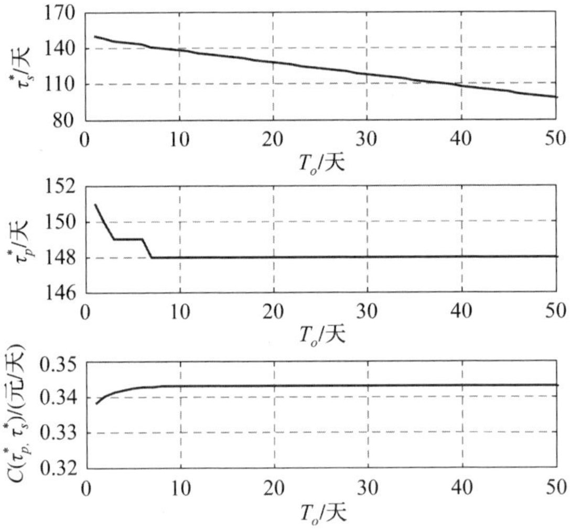

图 8.21　T_o灵敏度分析

用会导致运行总费用的显著增长，因此需要通过同步增大 τ_s^* 和 τ_p^* 来延长设备运行时间的期望值来抵消 C_p 增长带来的影响。

由图 8.18 可知，设备寿命周期平均维修费用率随失效性替换费用 C_f 的增长而增加，但增幅极小，表明设备寿命周期平均维修费用率对 C_f 的变化不敏感。上述情况说明，当可以准确预测设备的剩余寿命时，发生失效性替换的概率将大大降低，从而极大减少失效性替换费对运行总费用的影响。同样，C_f 的变化对最优备件订购时机 τ_s^* 和换件时机 τ_p^* 的影响也不甚明显，随着 C_f 增加，τ_s^* 和 τ_p^* 仅在 65 元和 265 元时发生微小跳变，其余情况下均保持恒定。

由图 8.19 可知，设备寿命周期平均维修费用率对备件存储费用 H_1 的灵敏度较高，除在 0.4 元/天前发生突变，在整体变化过程中均近似呈现出线性增长的趋势，且 H_1 每增加 1 元/天，设备寿命周期平均维修费用率增加约 0.0017 元/天。而最优备件订购时机 τ_s^* 和换件时机 τ_p^* 受 H_1 的影响较小，其随 H_1 的变化基本保持恒定。其主要原因是，当 τ_s^* 与 τ_p^* 恒定时，设备维修（更换）费用保持恒定，使设备总的维修费用主要受备件存储/缺件费用的影响。当 H_2 保持不变时，$C(\tau_p^*,\tau_s^*)$将仅受 H_1 的影响。

由图 8.20 可知，设备寿命周期平均维修费用率随备件短缺损失 H_2 变化而发生微小改变，而 τ_s^* 与 τ_p^* 关于 H_2 基本保持恒定，即最优维修决策结果对 H_2 的灵敏度较低。其原因与 H_1 相似，在此不再赘述。

由图 8.21 可知，针对于不同备件订购周期，设备寿命周期平均维修费用率和换件时机总体保持恒定；备件订购时机随 T_o 的增大而线性减小，且递减率约为 1.0612。进一步分析可以发现，最优(τ_s^*,τ_p^*)和 T_o 始终满足等式关系，$T_o+\tau_s^*=\tau_p^*$。该情况说明，当备件订购策略完美契合设备维修策略（不存在备件存储或缺件现象）时，即可得到联合优化模型的最优解。

参考文献

[1] 李莉. 2008 年全球武器装备 6 大事故[J]. 国防科技工业,2009,1:68 – 69.

[2] 封文春,朱永峰,周慧红. F – 22 缺氧问题的分析与思考[J]. 航空科学技术,2013(1):23 – 26.

[3] WILLIARD N,HE W,HENDRICKS C,et al. Lessons learned from the 787 dreamliner issue on the lithium – ion batteries reliability[J]. Energies,2013,6(9):4682 – 4695.

[4] 杜雪娇. 复杂机电系统服役过程的剩余寿命预测及维修决策方法研究[D]. 吉林:吉林大学,2019.

[5] 邵新杰,曹立军,田广,等. 复杂装备故障预测与健康管理技术[M]. 北京:国防工业出版社,2013.

[6] 国务院. “十三五”国家科技创新规划[R]. 北京:国务院,2016.

[7] 赵帅. 基于数据驱动的设备剩余寿命预测关键技术研究[D]. 西安:西北工业大学,2018.

[8] MOBLEY R K. An introduction to predictive maintenance[M]. Oxford:Butterworth – Heinemann,2002.

[9] 周东华,陈茂银,徐正国. 可靠性预测与最优维护技术[M]. 合肥:中国科学技术大学出版社,2013.

[10] 康锐. 可靠性维修性保障性工程基础[M]. 北京:国防工业出版社,2012.

[11] JIANG X H,DUAN F H,TIAN H,et al. Optimization of reliability centered predictive maintenance scheme for inertial navigation system[J]. Reliability Engineering and System Safety,2015,140:208 – 217.

[12] HENLEY S,HESS A,FILA L. The joint strike fighter (JSF) PHM and the autonomic logistic concept:potential impact on aging aircraft problems[C]// Big Sky,MT,United States:2001 IEEE Aerospace Conference,IEEE Computer Society,2001:3021 – 3026.

[13] PECHT M. Prognostics and health management of electronics[M]. New Jersey:Wiley Online Library,2008.

[14] 胡昌华,施权,司小胜,等. 数据驱动的寿命预测和健康管理技术研究进展[J]. 信息与控制,2017,46(1):72 – 82.

[15] LEI Y G,LI N P,GUO L,et al. Machinery health prognostics:a systematic review from data acquisition to RUL prediction[J]. Mechanical Systems and Signal Processing,2018,104:799 – 834.

[16] TSENG K,LIANG J,CHANG W. Regression models using fully discharged voltage and internal resistance for state of health estimation of lithium – lon batteries[J]. Energies,2015,8(4):2889 – 2907.

[17] DJEZIRI M, BENMOUSSA S, SANCHEZ R. Hybrid method for remaining useful life prediction in wind turbine systems[J]. Renewable Energy, 2018, 116(2): 173 - 187.

[18] WU L, FU X, GUAN Y. Review of the remaining useful life prognostics of vehicle lithium - ion batteries using data - driven methodologies[J]. Applied Sciences, 2016, 6(6): 166 - 176.

[19] LIU D T, ZHOU J B, PAN D W, et al. Lithium - ion battery remaining useful life estimation with an optimized relevance vector machine algorithm with incremental learning[J]. Measurement, 2015, 63(3): 143 - 151.

[20] GUO L, LI N P, JIA F, et al. A recurrent neural network based health indicator for remaining useful life prediction of bearings[J]. Neurocomputing, 2017, 240(3): 98 - 109.

[21] SI X S, WANG W B, HU C H, et al. Remaining useful life estimation—a review on the statistical data driven approaches[J]. European Journal of Operational Research, 2011, 213(1): 1 - 14.

[22] JARDINE A K S, LIN D, BANJEVIC D. A review on machinery diagnostics and prognostics implementing condition - based maintenance[J]. Mechanical Systems and Signal Processing, 2006, 20(7): 1483 - 1510.

[23] PARIS P, ERDOGAN F. A critical analysis of crack propagation laws[J]. Journal of basic engineering, 1963, 85(4): 528 - 533.

[24] FORMAN R G. Study of fatigue crack initiation from flaws using fracture mechanics theory[J]. Engineering Fracture Mechanics, 1972, 4(2): 333 - 345.

[25] TAKEDA E, SUZUKI N. An empirical model for device degradation due to hot - carrier injection [J]. IEEE Electron Device Letters, 1983, 4(4): 111 - 113.

[26] ORSAGH R F, SHELDON J, KLENKE C J. Prognostics/diagnostics for gas turbine engine bearings [C] // ASME Turbo Expo 2003, collocated with the 2003 International Joint Power Generation Conference. American Society of Mechanical Engineers, 2003: 159 - 167.

[27] LI C J, LEE H. Gear fatigue crack prognosis using embedded model, gear dynamic model and fracture mechanics[J]. Mechanical Systems and Signal Processing, 2005, 19(4): 836 - 846.

[28] LIANG S Y, LI Y, BILLINGTON S A, et al. Adaptive prognostics for rotary machineries[J]. Procedia Engineering, 2014, 86: 852 - 857.

[29] CHOI Y, LIU C R. Spall progression life model for rolling contact verified by finish hard machined surfaces[J]. Wear, 2007, 262(1 - 2): 24 - 35.

[30] SAHA B, GOEBEL K, POLL S, et al. Prognostics methods for battery health monitoring using a Bayesian framework[J]. IEEE Transactions on instrumentation and measurement, 2009, 58(2): 291 - 296.

[31] CHAN C K, BOULANGER M, TORTORELLA M. Analysis of parameter - degradation data using life - data analysis programs[C]// Reliability and Maintainability Symposium, Anaheim, 1994: 288 - 291.

[32] SHIN J H, JUN H B. On condition based maintenance policy [J]. Journal of Computational Design and Engineering, 2015, 2(2): 119 - 127.

[33] GUO L, LI N P, JIA F, et al. A recurrent neural network based health indicator for remaining useful life prediction of bearings[J]. Neurocomputing, 2017, 240(3): 98 - 109.
[34] 王泽洲,陈云翔,蔡忠义,等. 考虑随机失效阈值的设备剩余寿命在线预测[J]. 系统工程与电子技术,2019,41(5):1162 - 1168.
[35] WANG W. A two - stage prognosis model in condition based maintenance[J]. European Journal of Operational Research, 2007, 182(3): 1177 - 1187.
[36] WEI M H, CHEN M Y, ZHOU D H. Multi - sensor information based remaining useful life prediction with anticipated performance[J]. IEEE Transactions on Reliability, 2013, 62(1): 183 - 198.
[37] ZIO E, COMPARE M. Evaluating maintenance policies by quantitative modeling and analysis [J]. Reliability Engineering & System Safety, 2013, 109: 53 - 65.
[38] CHEN N, YE Z S, XIANG Y S, et al. Condition - based maintenance using the inverse Gaussian degradation model[J]. European Journal of Operational Research, 2015, 243(1): 190 - 199.
[39] ZHANG M M, GAUDOIN O, XIE M. Degradation - based maintenance decision using stochastic filtering for systems under imperfect maintenance[J]. European Journal of Operational Research, 2015, 245(2): 531 - 541.
[40] 蔡忠义. 多种应力试验下机载设备可靠性评估方法研究[D]. 西安:空军工程大学,2016.
[41] BENKEDJOUH T, MEDJAHER K, ZERHOUNI N, et al. Health assessment and life prediction of cutting tools based on support vector regression[J]. Journal of Intelligent Manufacturing, 2015, 26(2): 213 - 223.
[42] QIAN Y, YAN R, HU S. Bearing degradation evaluation using recurrence quantification analysis and Kalman filter[J]. IEEE Transactions on Instrumentation and Measurement, 2014, 63(11): 2599 - 2610.
[43] QIAN Y, YAN R. Remaining useful life prediction of rolling bearings using an enhanced particle filter[J]. IEEE Transactions on Instrumentation and Measurement, 2015, 64(10): 2696 - 2707.
[44] YAN J, KOG M, LEE J. A prognostic algorithm for machine performance assessment and its application[J]. Production Planning & Control, 2004, 15(8): 796 - 801.
[45] LIN D, BANJEVIC D, JARDINE A K S. Using principal components in a proportional hazards model with applications in condition - based maintenance [J]. Journal of the Operational Research Society, 2006, 57(8): 910 - 919.
[46] LEE M, WHITMORE G, ROSNER B. Threshold regression for survival data with time - varying covariates[J]. Statistics in Medicine, 2010, 29(7): 896 - 905.
[47] SOUALHI A, RAZIK H, CLERC G, et al. Prognosis of bearing failures using hidden Markov models and the adaptive Neuro - fuzzy inference system[J]. IEEE Transactions on Industrial Electronics, 2014, 61(6): 2864 - 2874.
[48] GEBRAEEL N. Sensory - updated residual life distributions for components with exponential degradation patterns[J]. IEEE Transactions on Automation Science and Engineering, 2006, 3(4): 382 - 393.

[49] ELWANY A, GEBRAEEL N. Real - time Estimation of Mean Remaining Life Using Sensor - Based Degradation Models[J]. Journal of Manufacturing Science and Engineering, 2009, 131(5):51 - 59.

[50] PANDEY M, YUAN X X, VAN N J. The influence of temporal uncertainty of deterioration on life - cycle management of structures[J]. Structure and Infrastructure Engineering, 2009, 5(2): 145 - 156.

[51] SINGPURWALLA N D. Survival in dynamic environments[J]. Statistical Science, 1995, 10(1): 86 - 103.

[52] AALEN O O, BORGAN O, GJESSING H. Survival and event history analysis: a process pointof view[M]. New York: Springer Science & Business Media, 2008.

[53] KHANH Le S, Fouladirad M, Barros A, et al. Remaining useful life estimation based on stochastic deterioration models: A comparative study[J]. Reliability Engineering & System Safety, 2013, 112:165 - 175.

[54] TONY T P, JERRY T H, WILLIAM R K. Microelectronic manufacturing yield, reliability, and failure analysis - prevention of auto - doping - induced threshold voltage shifts[C]// SPIE International Society for Optical Engineering. Austin, TX, United States, 1995:136 - 144.

[55] URSUTIU D, JONES B K. Low frequency noise used as a lifetime test of LEDs[J]. Journal of applied physics, 2004, 96(2):966 - 969.

[56] PARK C, PADGETT W J. Accelerated degradation models for failure based on geometric brownian motion and gamma processes[J]. Lifetime Data Analysis, 2005, 11(4):511 - 527.

[57] TSENG S T, TANG J, KU I H. Determination of optimal burn - in parameters and residual life for highly reliable products[J]. Naval Research Logistics, 2003, 50:1 - 14.

[58] SI X S, ZHANG Z X, HU C H. Data - driven remaining useful life prognosis techniques[J]. Springer Series in Reliability Engineering, 2017.

[59] GUAN Q, TANG Y, XU A. Objective bayesian analysis accelerated degradation test based on Wiener process models[J]. Applied Mathematical Modelling, 2016, 40(4):2743 - 2755.

[60] NOORTWIJK J M V. A survey of the application of gamma processes in maintenance[J]. Reliability Engineering & System Safety, 2009, 94(1):2 - 21.

[61] TSENG S T, BALAKRISHNAN N, TSAI C C. Optimal step - stress accelerated degradation test plan for gamma degradation processes[J]. IEEE Transactions on Reliability, 2009, 58(4):611 - 618.

[62] PENG W, LI Y F, YANG Y J, et al. Inverse Gaussian process models for degradation analysis: a Bayesian perspective[J]. Reliability Engineering & System Safety, 2014, 130:175 - 189.

[63] PAN D, LIU J B, CAO J. Remaining useful life estimation using an inverse gaussian degradation model[J]. Neurocomputing, 2016, 185:64 - 72.

[64] TANG S J, YU C Q, WANG X, et al. Remaining useful life prediction of lithium - ion batteries based on the Wiener process with measurement error[J]. Energies, 2014, 7(2):520 - 547.

[65] 蔡忠义,项华春,王攀,等.竞争失效下多元退化建模的导弹贮存寿命评估[J].系统工程与电子技术,2018,40(5):1183 -1188.
[66] 李志栋,张涛.非完美特性下的多状态系统检测与维修优化[J].北京航空航天大学学报,2017,43(5):951 -960.
[67] PENG C,TSENG S. Mis - specification analysis of linear degradation models[J]. IEEE Transactions on Reliability,2009,58(3):444 -455.
[68] TANG S J,GUO X,YU C Q,et al. Accelerated degradation tests modeling based on the nonlinear Wiener process with random effects[J]. Mathematical Problems in Engineering,2014:1 -11.
[69] YE Z,CHEN N,TSUI K L. A Bayesian approach to condition monitoring with imperfect inspections[J]. Quality and Reliability Engineering International,2015,31(3):513 -522.
[70] HUANG J,GOLUBOVIĆ D,KOH S,et al. Lumen degradation modeling of white - light LEDs in step stress accelerated degradation test[J]. Reliability Engineering and System Safe,2016,154(10):152 -159.
[71] WANG D,ZHAO Y,YANG F,et al. Nonlinear - drifted Brownian motion with multiple hidden states for remaining useful life prediction of rechargeable batteries[J]. Mechanical Systems and Signal Processing,2017,93(9):531 -544.
[72] WANG D,TSUI K. Brownian motion with adaptive drift for remaining useful life prediction:revisited[J]. Mechanical Systems and Signal Processing,2018,99(1):691 -701.
[73] WANG D,TSUI K L. Statistical modeling of bearing degradation signals[J]. IEEE Transactions on Reliability,2017,66(4):1331 -1344.
[74] KAISER K A,GEBRAEEL N Z. Predictive maintenance management using sensor - based degradation models[J]. IEEE Transactions on Systems, Man and Cybernetics, Part A: Systems and Humans,2009,39(4):840 -849.
[75] WANG X. Wiener processes with random effects for degradation data[J]. Journal of Multivariate Analysis,2010,101(2):340 -351.
[76] SI X S,WANG W B,HU C H,et al. Remaining useful life estimation based on a nonlinear diffusion degradation process[J]. IEEE Transactions on Reliability,2012,61(1):50 -67.
[77] LI N P,LEI Y G,GUO L,et al. Remaining useful life prediction based on a general expression of stochastic process models[J]. IEEE Transactions on Industrial Electronics,2017,64(7):5709 -5718.
[78] BAE S,YUAN T,NING S,et al. A Bayesian approach to modeling two - phase degradation using change - point regression[J]. Reliability Engineering and System Safety,2015,134(2):66 -74.
[79] YE Z,XIE M. Stochastic modeling and analysis of degradation for highly reliable products[J]. Applied Stochastic Models in Business and Industry,2014,31(1):16 -32.
[80] ZHAI Q,YE Z. RUL prediction of deteriorating products using an adaptive Wiener process model[J]. IEEE Transactions on Industrial Informatics,2017,13(6):2911 -2921.
[81] WANG X L,BALAKRISHNAN N,GUO B. Residual life estimation based on a generalized Wie-

ner process with skew - normal random effects[J]. Communications in Statistics - Simulation and Computation,2014,45(6):2158 - 2181.
[82] HUANG Z Y,XU Z G,KE X J,et al. Remaining useful life prediction for an adaptive skew - Wiener process model[J]. Mechanical Systems and Signal Processing,2017,87(3):294 - 306.
[83] WHITMORE G. Estimating degradation by a wiener diffusion process subject to measurement error[J]. Lifetime Data Analysis,1995,1(3):307 - 319.
[84] ZHAI Q,YE Z. Robust degradation analysis with non - Gaussian measurement errors[J]. IEEE Transactions on Instrumentation and Measurement,2017,66(11):2803 - 2812.
[85] TANG S J,GUO X S,YU C Q,et al. Real time remaining useful life prediction based on nonlinear Wiener based degradation processes with measurement errors[J]. Journal of Central South University,2014,21(12):4590 - 4517.
[86] LEI Y G,LI N P,LIN J. A new method based on stochastic process models for machine remaining useful life prediction[J]. IEEE Transactions on Instrumentation and Measurement,2016,65(12):2671 - 2684.
[87] SI X S,WANG W B,HU C H,et al. Estimating remaining useful life with three - source variability in degradation modeling[J]. IEEE Transactions on Reliability,2014,63(1):167 - 190.
[88] ZHENG J F,SI X S,HU C H,et al. A nonlinear prognostic model for degrading systems with three - source variability[J]. IEEE Transaction on Reliability,2016,65 (2):736 - 750.
[89] 郑建飞,胡昌华,司小胜,等.考虑不完全维护影响的随机退化设备剩余寿命预测[J].电子学报,2017,45(7):1740 - 1749.
[90] 裴洪,胡昌华,司小胜,等.不完美维护下基于剩余寿命预测信息的设备维护决策模型[J].自动化学报,2018,44(4):719 - 729.
[91] WANG Z Q,HU C H,SI X S,et al. Remaining useful life prediction of degrading systems subjected to imperfect maintenance:Application to draught fans[J]. Mechanical Systems and Signal Processing,2018,100:802 - 813.
[92] DAWN A,JOO H C,HO K N. Prediction of remaining useful life under different conditions using accelerated life testing data[J]. Journal of Mechanical Science & Technology,2018,32(6):2497 - 2507.
[93] KIM M Y,CHU D J,LEE Y K,et al. Residual lifetime assessment of cold - reheater pipe in coal - fired power plant through accelerated degradation test[J]. Reliability Engineering & System Safety,2019,188:330 - 335.
[94] 唐圣金,郭晓松,周召发,等.步进应力加速退化试验的建模与剩余寿命估计[J].机械工程学报,2014,50(16):33 - 40.
[95] HAO S,YANG J,BERENGUER C. Nonlinear step - stress accelerated degradation modeling considering three sources of variability[J]. Reliability Engineering and System Safety,2018,172(1):207 - 215.
[96] CAI Z Y,CHEN Y X,ZHANG Q,et al. Residual lifetime prediction model of nonlinear acceler-

ated degradation data with measurement error[J]. Journal of Systems Engineering and Electronics,2017,28(5):1028 – 1038.
[97] LIU H Z,HUANG J C,GUAN Y H,et al. Accelerated degradation model of nonlinear Wiener process based on fixed time index[J]. Mathematics,2019,7(5):416:1 – 16.
[98] WANG H W,XU T X,WANG W Y. Remaining life prediction based on Wiener processes with ADT prior information[J]. Quality and Reliability Engineering International,2016,32(3):753 – 765.
[99] WANG H,MA X B,ZHAO Y. An improved Wiener process model with adaptive drift and diffusion for online remaining useful life prediction[J]. Mechanical Systems and Signal Processing,2019,127:370 – 387.
[100] LIU K,GEBRAEEL N Z,SHI J. A data – level fusion model for developing composite health indices for degradation modeling and prognostic analysis[J]. IEEE Transactions on Automation Science and Engineering,2013,10(3):652 – 664.
[101] LI X Q,JIANG H K,XIONG X,et al. Rolling bearing health prognosis using a modified health index based hierarchical gated recurrent unit network[J]. Mechanism and Machine Theory,2019,133:229 – 249.
[102] KIM M,SONG C Y,LIU K B. A generic health index approach for multisensory degradation modeling and sensor selection[J]. IEEE Transactions on Automation Science and Engineering,2018,16(3):1426 – 1437.
[103] LIU K B,HUANG S. Integration of data fusion methodology and degradation modeling process to improve prognostics[J]. IEEE Transactions on Automation Science and Engineering,2016,13(1):344 – 354.
[104] SONG C,LIU K. Statistical degradation modeling and prognostics of multiple sensor signals via data fusion:a composite health index approach[J]. IISE Transactions,2018,50(5):1 – 38.
[105] LIU K B,CHEHADE A,SONG C Y. Optimize the signal quality of the composite health index via data fusion for degradation modeling and prognostic analysis[J]. IEEE Transactions on Automation Science & Engineering,2017,14(3):1504 – 1514.
[106] 赵广社,吴思思,荣海军. 多源统计数据驱动的航空发动机剩余寿命预测方法[J]. 西安交通大学学报,2017,51(11):150 – 155.
[107] 彭开香,皮彦婷,焦瑞华,等. 航空发动机的健康指标构建与剩余寿命预测[J]. 控制理论与应用,2020,37(4):713 – 720.
[108] 任子强,司小胜,胡昌华,等. 融合多传感器数据的发动机剩余寿命预测方法[J]. 航空学报,2019,40(12):1 – 12.
[109] 李天梅,司小胜,刘翔,等. 大数据下数模联动的随机退化设备剩余寿命预测技术[J]. 自动化学报,2021,45:1 – 23.
[110] WANG L,PAN R,LI X,et al. A Bayesian reliability evaluation method with integrated accelerated degradation testing and field information[J]. Reliability Engineering & System Safety,

2013,112:38 -47.
[111] HUANG Z,XU Z,WANG W,et al. Remaining useful life prediction for a nonlinear heterogeneous Wiener process model with an adaptive drift[J]. IEEE Transactions on Reliability,2015,64(2):687 -700.
[112] LI N P,LEI Y G,LIN J,et al. An improved exponential model for predicting remaining useful life of rolling element bearings[J]. IEEE Transactions on Industrial Electronics,2015,62(12):7762 -7773.
[113] 唐圣金.贮存系统的有效性评估与剩余寿命预测方法研究[D].西安:火箭军工程大学,2015.
[114] 孙国玺,张清华,文成林,等.基于随机退化数据建模的设备剩余寿命自适应预测方法[J].电子学报,2015,43(6):1119 -1126.
[115] 司小胜,胡昌华.数据驱动的设备剩余寿命预测理论及应用[M].北京:国防工业出版社,2016.
[116] FENG L,WANG H L,SI X S,et al. A state - space - based prognostic model for hidden and age - dependent nonlinear degradation process[J]. IEEE Transactions on Automation Science and Engineering,2013,10(4):1072 -1086.
[117] GEBRAEEL N,LAWLEY M,LI R,et al. Residual - life distributions from component degradation signals:a Bayesian approach[J]. IIE Transactions,2005,37(6):543 -557.
[118] WANG Z Z,CHEN Y X,CAI Z Y,et al. Methods for predicting the remaining useful life of equipment in consideration of the random failure threshold[J]. Journal of Systems Engineering and Electronics,2020,31(2):415 -431.
[119] SI X S,WANG W B,HU C H,et al. A Wiener - process - based degradation model with a recursive filter algorithm for remaining useful life estimation[J]. Mechanical Systems and Signal Processing,2013,35(1 -2):219 -237.
[120] 阙子俊,金晓航,孙毅.基于 UKF 的轴承剩余寿命预测方法研究[J].仪器仪表学报,2016,37(9):2036 -2043.
[121] YOU M Y,LI L,MENG G,et al. Cost - effective updated sequential predictive maintenance policy for continuously monitored degrading systems[J]. IEEE Transactions on Automation Science and Engineering,2010,7(2):257 -265.
[122] WANG Z Q,WANG W,HU CH,et al. A prognostic - information - based order - replacement policy for a non - repairable critical system in service[J]. IEEE Transactions on Reliability,2014,99:1 -16.
[123] LEE M,WHITMORE G. Threshold regression for survival analysis:modeling event times by a stochastic process reaching a boundary[J]. Statistical Science,2001,16(1):1 -22.
[124] TSENG S T,TANG J,KU I H. Determination of burn - in parameters and residual life for highly reliable products[J]. Naval Research Logistics,2003,50(1):1 -14.
[125] SI X S,WANG W B,CHEN M Y,et al. A degradation path - dependent approach for remaining

useful life estimation with an exact and closed – form solution[J]. European Journal of Operational Research,2013,226(1):53 – 66.
[126] 司小胜,胡昌华,周东华. 带测量误差的非线性退化过程建模与剩余寿命估计[J]. 自动化学报,2013,39(5):530 – 541.
[127] WANG X L, BALAKRISHNAN N, GUO B. Residual life estimation based on a generalized Wiener degradation process[J]. Reliability Engineering & System Safety,2014,124:13 – 23.
[128] WANG X L,GUO B,CHENG Z J,et al. Residual life estimation based on bivariate Wiener degradation process with measurement errors[J]. Journal of Central South University,2013,20(7):1844 – 1851.
[129] JIANG R. Optimization of alarm threshold and sequential inspection scheme[J]. Reliability Engineering and System Safety,2010,95(3):208 – 215.
[130] YE Z S,WANG Y,TSUI K – L,et al. Degradation data analysis using Wiener processes with measurement errors[J],IEEE Transactions on Reliability,2013,62(4):772 – 780.
[131] WANG Y,YE Z S,TSUI K L. Stochastic evaluation of magnetic head wears in hard disk drives[J]. IEEE Transactions on Magnetics,2014,50(5):1 – 7.
[132] WANG X L,JIANG P,GUO B,et al. Real – time reliability evaluation based on damaged measurement degradation data[J]. Journal of Central South University,2012,19(11):3162 – 3169.
[133] WANG W B,CARR M,XU W J,et al. A model for residual life prediction based on Brownian motion with an adaptive drift[J]. Microelectronics Reliability,2011,51(2):288 – 293.
[134] PENG W,DAVID W. Reliability and degradation modeling with random or uncertain failure threshold[J]. Institute of Electrical and Electronics Engineers,2007:392 – 397.
[135] JIANG R,JARDINE A K S. Health state evaluation of an item:a general framework and graphical representation[J]. Reliability Engineering & System Safety,2008,93(1):89 – 99.
[136] JIANG R. A multivariate CBM model with a random and time – dependent failure threshold[J]. Reliability Engineering & System Safety,2013,119:178 – 185.
[137] USYNIN A,HINES J W,URMANOV A. Uncertain failure thresholds in cumulative damage models[C]// Proceedings of the Reliability and Maintainability Symposium,2008 RAMS 2008 Annual. Las Vegas:IEEE,2008:334 – 340.
[138] HUANG J B,KONG D J,CUI L R. Bayesian reliability assessment and degradation modeling with calibrations and random failure threshold[J]. Journal of Shanghai Jiaotong University,2016,21(4):478 – 483.
[139] TANG S J,YU C Q,FENG Y B,et al. Remaining useful life estimation based on Wiener degradation processes with random failure threshold[J]. Journal of Central South University,2016,23:2230 – 2241.
[140] 宋太亮,张宝珍,丁利平. 可靠性维修性保障性术语:GJB 451A—2005[S]. 北京:中国人民解放军总装备部,2005.
[141] WANG H. A survey of maintenance policies of deteriorating systems[J]. European Journal of

Operational Research,2002,139(3):469 -489.
[142] AHMAD R,KAMARUDDIN S. An overview of time - based and condition - based maintenance in industrial application[J]. Computers & industrial engineering,2012,63(1):135 - 149.
[143] 胡昌华,樊红东,王兆强.设备剩余寿命预测与最优维修决策[M].北京:国防工业出版社,2018.
[144] GRALL A,DIEULLE L,BERENGUER C,et al. Continuous - time predictive - maintenance scheduling for a deteriorating system[J]. IEEE Transactions on Reliability,2001,51(2):141 - 150.
[145] LEI X,SANDBORN P,BAKHSHI R,et al. PHM based predictive maintenance optimization for offshore wind farms[C]// Prognostics & Health Management. IEEE,2015.
[146] 陈学楚.现代维修理论[M].北京:国防工业出版社,2003.
[147] 徐玉国.装备自主维修保障关键技术研究[D].长沙:国防科技大学,2012.
[148] 宋文文.美国空军将设立新的快速支持办公室[EB/OL].国防科技信息网,http://www.dsti.net/Information /News/110883.
[149] 刘秀.美国空军将大规模应用飞机预测性维修技术[J].航空维修与工程,2020,348(6):23 -23.
[150] TU F,GHOSHAL S,LUO J,et al. PHM integration with maintenance and inventory management systems[C]// Big Sky,MT,United States:2007 IEEE Aerospace Conference,IEEE Computer Society,2007:1 -12.
[151] 樊红东,胡昌华,陈茂银,等.基于退化数据的最优预测维护决策支持方法[J].华中科技大学学报(自然科学版),2009,37(s1):45 -48.
[152] HUYNH K T,BARROS A,BERENGUER C. Assessment of prognostic in maintenance decision - making for a deteriorating system under indirect condition monitoring[C]// Rhodes,Greece:Proceedings of the European Safety and Reliability Conference 2010,IEEE,2010:1 -8.
[153] WU S J,GEBRAEEL N,LAWLEY M A,et al. A neural network integrated decision support system for condition - based optimal predictive maintenance policy[J]. IEEE Transactions on Systems,Man,and Cybernetics Part A:Systems and Humans. 2007,37(2):226 -236.
[154] ELWANY A H,GEBRAEEL N Z. Sensor - driven prognostic models for equipment replacement and spare parts inventory[J]. IIE Transactions. 2008,40(7):629 -639.
[155] MARSEQUERRA M,ZIO E,PODOFILLINI L. Condition - based maintenance optimization by means of genetic algorithms and Monte Carlo simulation[J]. Reliability Engineering and System Safety,2002,77(2):151 -166.
[156] MAKIS V,JIANG X. Optimal Replacement under partial observations[J]. Mathematics of Operations Research,2003,28(2):382 -294.
[157] CURCURU G,GALANTE G,LOMBARDO A. A predictive maintenance policy with imperfect monitoring[J]. Reliability Engineering and System Safety,2010,95(9):989 -997.
[158] LI X,MAKIS V,ZUO H F,et al. Optimal Bayesian control policy for gear shaft fault detection

using hidden semi - Markov model[J]. Computers & Industrial Engineering, 2018, 119: 21 -35.

[159] KHOURY E,GRALL A,BERENGUER C. A comparison of RUL - based and deterioration - based maintenance policies for gradually deteriorating systems[C]// Rhodes,Greece:Proceedings of the European Safety and Reliability Conference 2010,IEEE,2010:1 -8.

[160] RAUSCH M T. Condition based maintenance of a single system under spare part inventory constraints[D]. Wichita:Wichita State University,2008.

[161] 谭林.考虑不完全维修的随机劣化系统自适应维修决策模型研究[D].长沙:国防科学技术大学,2010.

[162] 苏锦霞,赵学靖,李维国.基于剩余寿命的劣化系统最优维修策略[J].兰州大学学报(自然科学版),2011,47(4):103 -107.

[163] 葛恩顺,李庆民,张光宇,等.考虑不完美维修的劣化系统最优视情维修策略[J].航空学报,2012,34(2):316 -324.

[164] 黄亮.基于随机过程的航空发动机剩余寿命预测及维修决策研究[D].南京:南京航空航天大学,2019.

[165] WANG W B,WANG Z Q,HU C H,et al. An integrated decision model for critical component spare parts ordering and condition - based replacement with prognostic information[J]. Chemical Engineering,2013,33:1063 -1068.

[166] 蒋云鹏,郭天序,周东华.基于剩余寿命预测的替换时间和备件订购时间联合决策[J].化工学报,2015,66(1):284 -290.

[167] GUO C M,WANG W B,GUO B,et al. A maintenance optimization model for mission - oriented systems based on Wiener degradation[J]. Reliability Engineering & System Safety,2013,111: 183 -194.

[168] 熊武一,周家法,卓名信,等.军事大辞海[M].北京:长城出版社,2000.

[169] 金光.基于退化的可靠性技术:模型、方法和应用[M].北京:国防工业出版社,2014.

[170] 潘东辉.基于退化数据的产品可靠性建模与剩余寿命预测方法研究[D].武汉:华中科技大学,2014.

[171] MERRITT B T,WHITHAM K. Performance and cost analysis of large capacitor banks using Weibull statistics and MTBF[C]// Proc of IEEE International Pulsed Power Conference. Albuquerque,NM,USA,1981.

[172] LARSON D W,MACDOUGALL F W,HARDY P. The impact of high energy density capacitors with metallized electrode in large capacitor banks for nuclear fusion application[C]// Proc of 9th IEEE International Pulsed Power Conference. Albuquerque,NM,USA,1993:735 -742.

[173] SARIEANT W J,ZIRNHELD J,MACDOUGALL F W. Capacitors[J]. IEEE Trans on Plasma Science,1998,26(5):1368 -1392.

[174] ZHAO J Y,LIU F. Reliability assessment of the metallized film capacitors from degradation data [J]. Microelectronic Reliability,2007,47(2 -3):434 -436.

[175] 彭宝华. 基于 Wiener 过程的可靠性建模方法研究[D]. 长沙:国防科学技术大学,2010.
[176] COX D R, MILLER H D. The theory of stochastic processes [M]. London: Chapman and Hall,1965.
[177] SESHADRI V. The Inverse Gaussian distribution[M]. Oxford:Oxford University Press,1993.
[178] BARKER C T,NEWBY M J. Optimal non - periodic inspection for a multivariate degradation model[J]. Reliability Engineering & System Safety,2009,94(1):33 - 43.
[179] RICCIARDI L M. On the transformation of diffusion processes into the Wiener process[J]. Journal of Mathematical Analysis and Application,1976,54(1):185 - 199.
[180] DURBIN J. The first - passage density of a continuous gaussian process to a general boundary [J]. Journal of Applied Probability,1985,22(1):99 - 122.
[181] BARLOW R,HUNTER L. Optimum preventive maintenance policies[J]. Operations Research, 1960.
[182] 彭宝华,周经伦,潘正强. Wiener 过程性能退化产品可靠性评估的 Bayesian 方法[J]. 系统工程理论与实践,2010,30(3):543 - 549.
[183] 彭宝华,周经伦,孙权,等. 基于退化与寿命数据融合的产品剩余寿命预测[J]. 系统工程与电子技术,2011,3(5):1073 - 1078.
[184] 王小林,郭波,程志君. 基于分阶段 Wiener - Einstein 过程设备的实时可靠性评估[J]. 中南大学学报(自然科学版),2012,43(2):534 - 540.
[185] 王小林,郭波,程志君. 融合多源信息的维纳过程性能退化产品的可靠性评估[J]. 电子学报,2012,40(5):977 - 982.
[186] YE Z S,CHEN N,SHEN Y. A new class of Wiener process models for degradation analysis[J]. Reliability Engineering & System Safety,2015,139:58 - 67.
[187] ZHAO Y,YANG J,ZHAI Q Q,et al. Measurement errors in degradation - based burn - in[J]. Reliability Engineering & System Safety,2016,150(6):126 - 135.
[188] LI J,WANG Z,ZHANG Y,et al. A nonlinear Wiener process degradation model with autore-gressive errors[J]. Reliability Engineering & System Safety,2018:48 - 57.
[189] WANG X F,WANG B X,JIANG P H,et al. Accurate reliability inference based on Wiener process with random effects for degradation data[J]. Reliability Engineering & System Safety, 2020,193:106631.
[190] XU X D, YU C Q, TANG S J, et al. Remaining useful life prediction of lithiumion batteries based on wiener processes with considering the relaxation effect [J]. Energies, 2019, 12 (9):1685.
[191] DEMPSTER A P,LAIRD N M,RUBIN D B. Maximum likelihood from incomplete data via the EM algorithm[J]. Journal of the Royal Statistical Society,1977,39 (1):1 - 38.
[192] NG H K T, CHAN P S, BALAKRISHNAN N. Estimation of parameters from progressively censored data using EM algorithm[J]. Computational Statistics and Data Analysis,2002,69: 371 - 386.

[193] DAVID R I,FABRIZID R,MICHAEL P W. Bayesian analysis of stochastic process model[M]. Hoboken:WILEY,2012.
[194] 王梓坤. 随机过程通论(第3版)[M]. 北京:北京师范大学出版社,2010.
[195] PHAM H,WANG H. Imperfect maintenance[J]. European Journal of Operational Research, 1996,94(3):425 -438.
[196] TSENG S,RUEY H Y,HO W. Imperfect maintenance policies for deteriorating production systems[J]. International Journal of Production Economics,1998,55(2):191 -201.
[197] LE M D,TAN C M. Optimal maintenance strategy of deteriorating system under imperfect maintenance and inspection using mixed inspection scheduling[J]. Reliability Engineering & System Safety,2013,113(1):21 -29.
[198] DO P,VOISIN A,LEVRAT E,et al. A proactive condition - based maintenance strategy with both perfect and imperfect maintenance actions[J]. Reliability Engineering & System Safety, 2015,133:22 -32.
[199] CHENG Z,QIAO Y,GUO B. Imperfect maintenance model of pavement based on Markov decision process[C]// The Ninth International Conference on Mathematical Methods in Reliability, 2015.
[200] CHEN C,LU N Y,JIANG B,et al. Condition - based maintenance optimization for continuously monitored degrading systems under imperfect maintenance actions[J]. Journal of Systems Engineering and Electronics,2020,31(4):841 -851.
[201] 王泽洲,陈云翔,蔡忠义,等. 考虑非线性退化与随机失效阈值的剩余寿命预测[J]. 国防科技大学学报,2020,42(2):177 -185.
[202] LALL P,WEI J,GOEBEL K. Comparison of Lalman - filter and extended Kalman - filter for prognostics health management of electronics[C]// Thermal and Thermomechanical Phenomena in Electronic Systems (ITherm),2012 13th IEEE Intersociety Conference on IEEE,2012.
[203] SAXENA A,CELAYA J,SAHA B,et al. Evaluating algorithm performance metrics tailored for prognostics[C]// Aerospace conference,IEEE,2009.
[204] WHITMORE G A,SCHENKELBERG F. Modelling accelerated degradation data using Wiener diffusion with a time scale transformation[J]. Lifetime Data Analysis,1997,3(1):27 -45.
[205] LIAO H,ELSAYED E A. Reliability inference for field conditions from accelerated degradation testing[J]. Naval Research Logistics,2006,53(6):576 -587.
[206] PIERUSCHKA E. Relation between lifetime distribution and the stress level causing failure LMSD -400800[R]. Lockheed Missile and Space Division,Sunnyvale,California,1961.
[207] 周源泉,翁朝曦,叶喜涛. 论加速系数与失效机理不变的条件(I):寿命型随机变量的情况[J]. 系统工程与电子技术,1996,18(1):55 -67.
[208] 蔡忠义,郭建胜,陈云翔,等. 基于步进加速退化建模的剩余寿命在线预测[J]. 系统工程与电子技术,2018,40(11):218 -223.
[209] HE D J,TAO M Z. Statistical analysis for the doubly accelerated degradation Wiener model:an

objective Bayesian approach[J]. Applied Mathematical Modelling,2020,77:378 – 391.

[210] PENG C Y,TSENG S T. Progressive – stress accelerated degradation test for highly – reliable products[J]. IEEE Transactions on Reliability,2010,59(1):30 – 37.

[211] JAZWINSKI A H. Stochastic Processes and filtering theory [M]. New York: Academic Press, 1970.

[212] 王浩伟. 加速退化数据建模与统计分析方法及工程应用[M]. 北京:科学出版社,2019.

[213] 王小林. 基于非线性 Wiener 过程的产品退化建模与剩余寿命预测研究[D]. 长沙:国防科技大学,2013.

[214] WANG W,CHRISTER A H. Towards a general condition – based maintenance model for a stochastic dynamic system[J]. The Journal of the Operational Research Society,2000,51(2): 145 – 155.

[215] BABU G S,ZHAO P L,LI X L. Deep convolutional neural network based regression approach for estimation of remaining useful life[M]. Berlin:Springer,2016.

[216] YANG J,PENG Y,XIE J,et al. Remaining useful life prediction method for bearings based on LSTM with uncertainty quantification[J]. Sensors,2022,22:4549.

[217] LIU H,LIU Z,JIA W,et al. Remaining useful life prediction using a novel feature – attention – based end – to – end approach[J]. IEEE Transactions on Industrial Informatics,2020(2):1197 – 1207.

[218] Bazi R,Benkedjouh T,Habbouche H,et al. A hybrid CNN – BiLSTM approach – based variational mode decomposition for tool wear monitoring[J]. The International Journal of Advanced Manufacturing Technology,2022,119(1):1 – 15.

[219] TANG T,YUAN H . A hybrid approach based on decomposition algorithm and neural network for remaining useful life prediction of lithium – ion battery[J]. Reliability Engineering & System Safety,2022,217:108082.

[220] ZHANG Z,SI X, HU C,et al. Degradation data analysis and remaining useful life estimation:a review on wiener – process – based methods[J]. European Journal of Operational Research, 2018,271(3):775 – 796.

[221] SONG K,CUI L. A common random effect induced bivariate gamma degradation process with application to remaining useful life prediction[J]. Reliability engineering & system safety, 2022,219:108200.

[222] YINGJUN DENG,ALESSANDRO DI BUCCHIANICO,MYKOLA PECHENIZKIY. Controlling the accuracy and uncertainty trade – off in RUL prediction with a surrogate Wiener propagation model[J]. Reliability Engineering & System Safety,2020,196:106727.

[223] SI X S. An adaptive prognostic approach via nonlinear degradation modeling:application to battery data[J]. IEEE Transactions on Industrial Electronics,2015,8(82):5082 – 5096.

[224] ZHANG Y,YANG Y,XIU X,et al. A remaining useful life prediction method in the early stage of stochastic degradation process[J]. IEEE Transactions on Circuits and Systems Ⅱ:Express

Briefs,2021,68(6):2027 -2031.
[225] CHEN X W,LIU Z. A long short - term memory neural network based Wiener process model for remaining useful life prediction [J]. Reliability Engineering and System Safety, 2022, 226:108651.
[226] ZHANG Z,SI X,HU C,et al. Degradation data analysis and remaining useful life estimation:a review on wiener - process - based methods[J]. European Journal of Operational Research, 2018,271(3):775 -796.
[227] HUANG N E,SHEN Z, LONG S R,et al. The empirical mode decomposition and the Hilbert spectrum for nonlinear and non - stationary time series analysis[J]. Proceedings of the Royal Society A Mathematical,Physical and Engineering Science,454 (1998):903 -995.
[228] FLANDRIN P,RILLING G,GONCALVES P. Empirical mode decomposition as a filter bank [J]. IEEE Signal Processing Letters,,2004,11(2):112 -114.
[229] WU Z,HUANG N E. A study of the characteristics of white noise using the empirical mode decomposition method[J]. Proceedings of the Royal Society A: Mathematical,Physical and Engineering Sciences,2004,460(2046),1597 -1611.
[230] YANG J,PENG Y,XIE J,et al. Remaining useful life prediction method for bearings based on LSTM with uncertainty quantification[J]. Sensors,2022,22:4549.
[231] LU C,MEEKER W. Using degradation measures to estimate a time - to - failure distribution [J]. Technometrics,1993,35(2):161 -174.
[232] LAWLER G F. Introduction to Stochastic Processes,Second Edition,Second Edition[M]. Boston:Houghton Mifflin Co,2006.
[233] 杨天枢. 多单元并行系统维修策略与维修资源配置的联合优化[D]. 兰州:兰州理工大学,2020.
[234] 赵永强. 基于均值控制图的设备预防维修预警决策模型研究[J]. 组合机床与自动化加工技术,2018(11):157 -160.
[235] 刘次华. 随机过程:第5版[M]. 武汉:华中科技大学出版社,2014.
[236] FAKHER H B,NOURELFATH M,GENDREAU M. Integrating production,maintenance and quality:a multi - period multi - product profit - maximization model[J]. Reliability Engineering & System Safety,2018,170(2):191 -201.

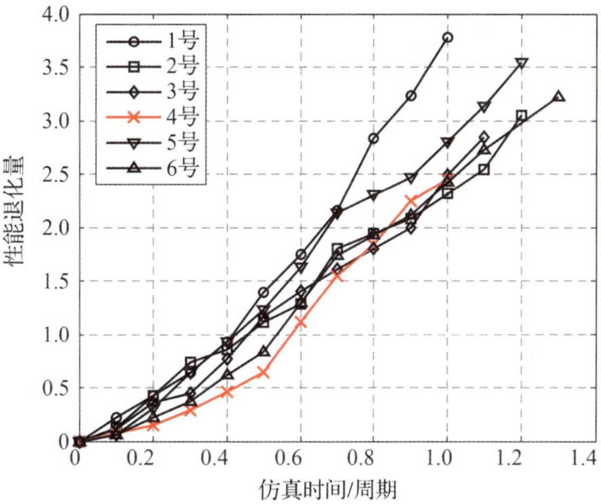

图 3.1　仿真退化数据

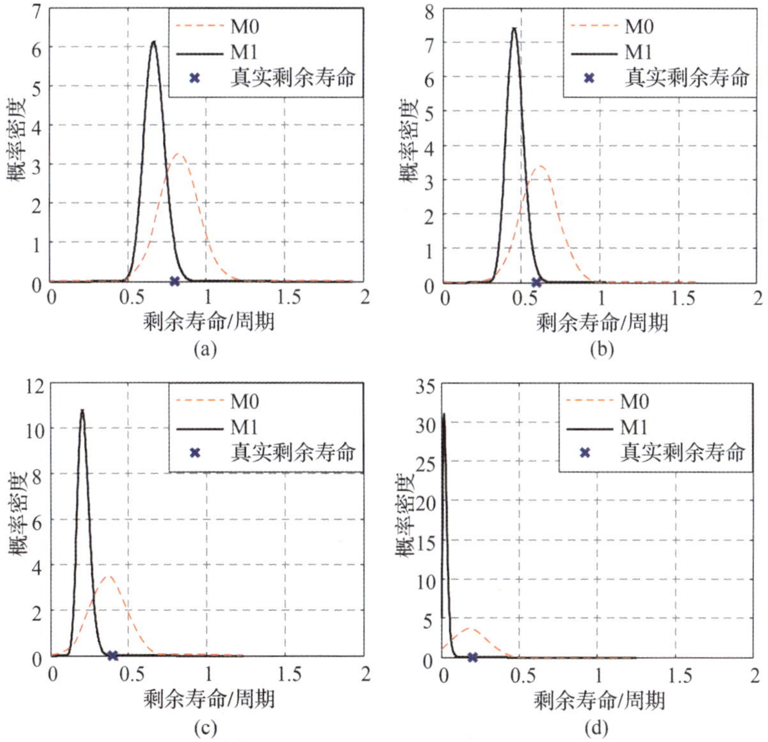

图 3.4　剩余寿命预测结果

（a）t_k =0.2 周期；（b）t_k =0.4 周期；（c）t_k =0.6 周期；（d）t_k =0.8 周期。

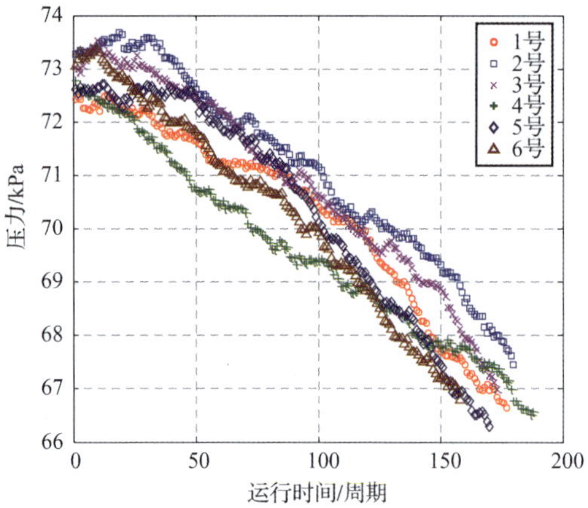

图 3.5　燃油泵退化试验数据

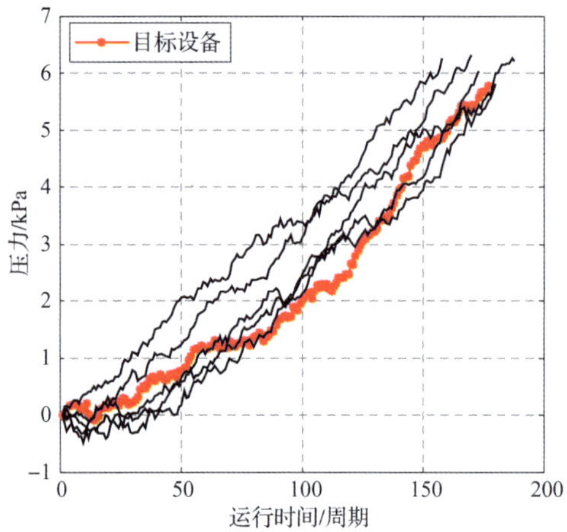

图 3.6　变换后燃油泵性能退化数据

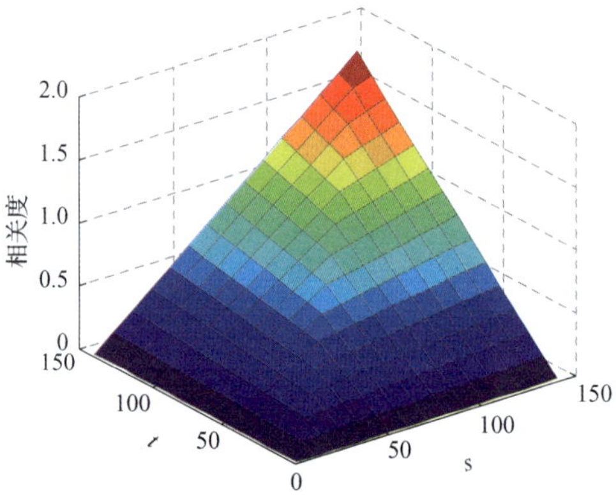

图 3.7　一元 Wiener 过程自相关函数曲线

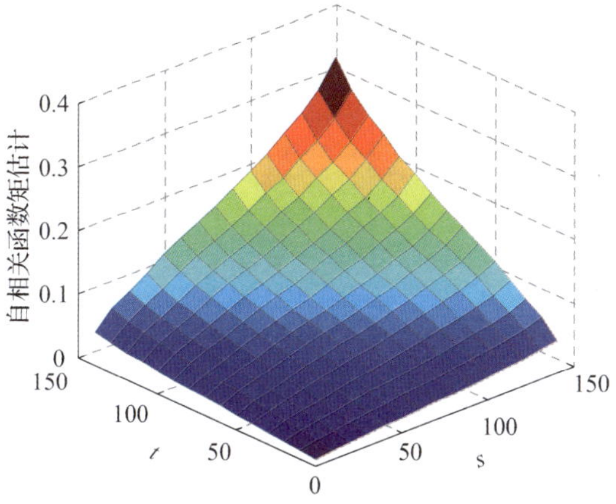

图 3.8　燃油泵伪退化数据自相关函数的矩估计

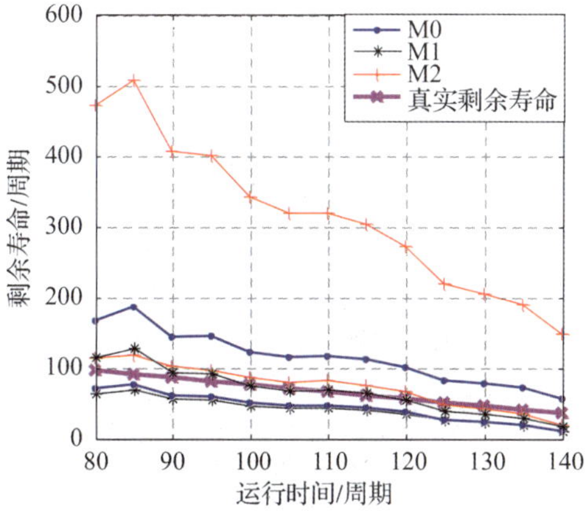

图 3.11　剩余寿命预测的 95% 置信区间

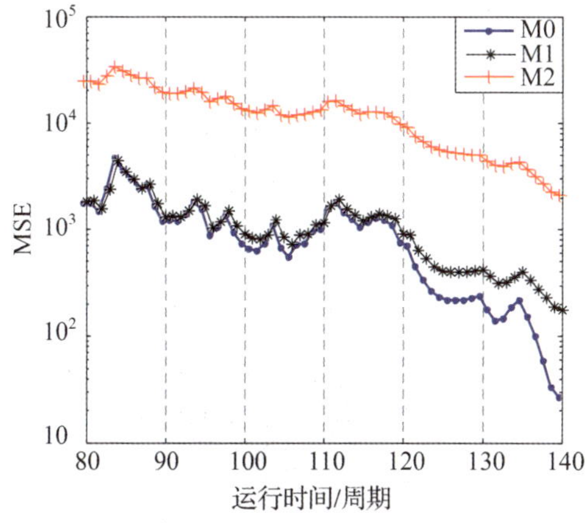

图 3.12　剩余寿命预测误差

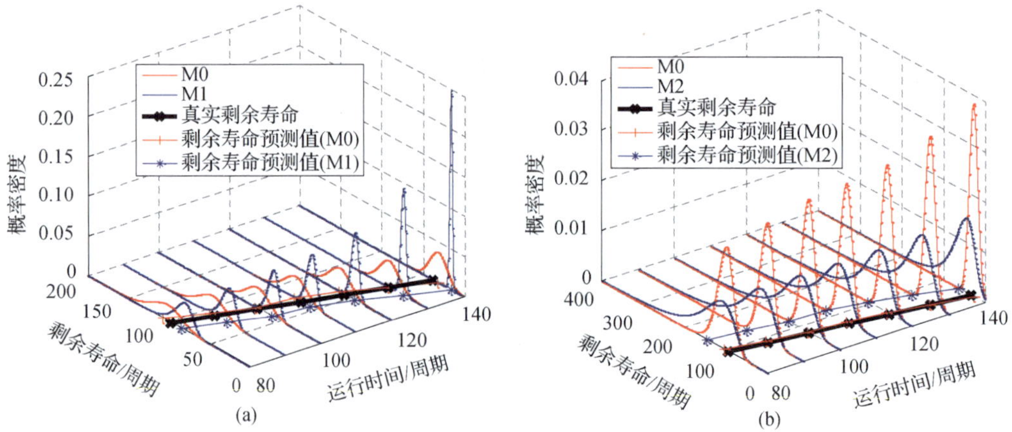

图 3. 13　剩余寿命预测情况

（a）M0 与 M1；（b）M0 与 M2。

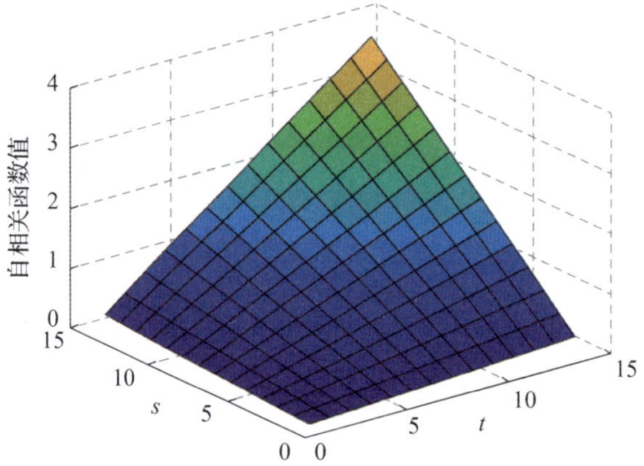

图 4. 3　Wiener 过程的自相关函数

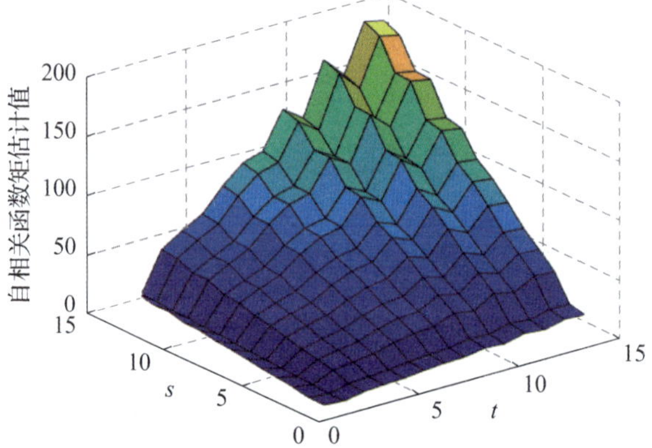

图 4. 4　发动机健康指标自相关函数的矩估计

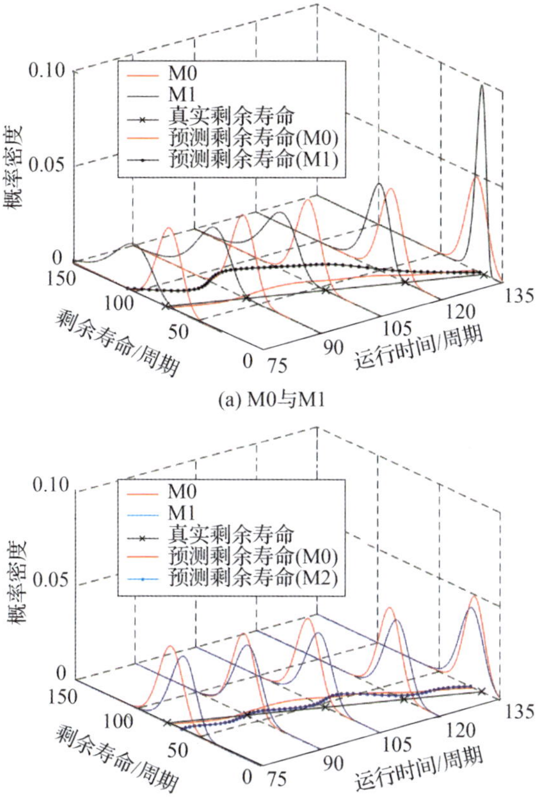

(a) M0与M1

(b) M0与M2

图 4.7　剩余寿命预测结果

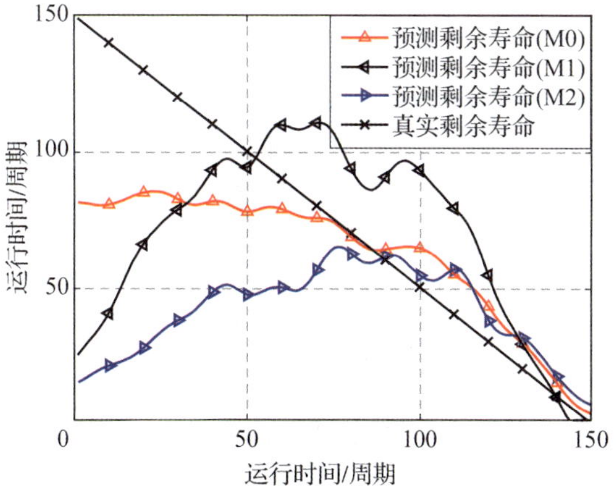

图 4.8　M0、M1 与 M2 的预测剩余寿命

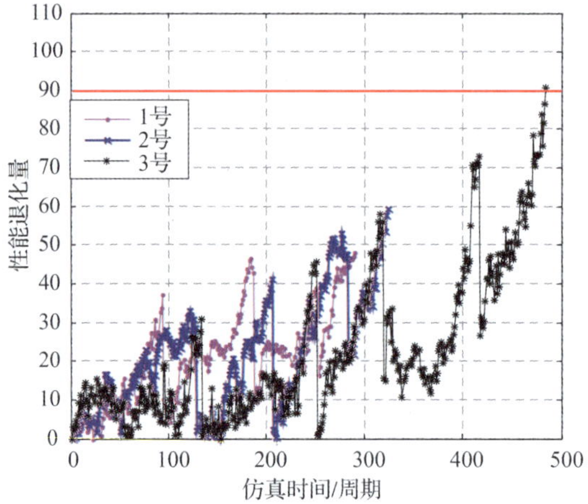

图 5.2　仿真性能退化数据

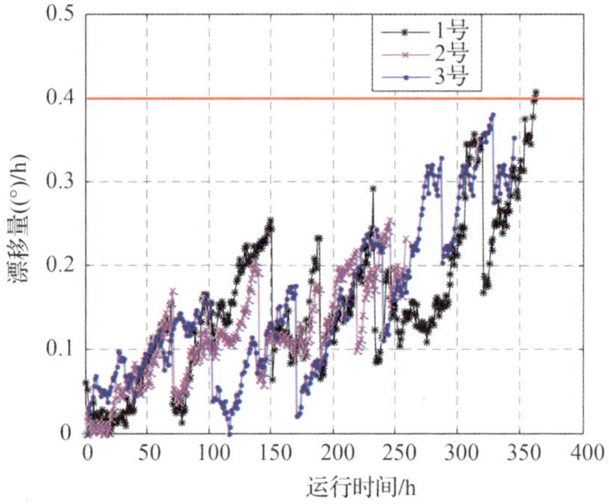

图 5.4　陀螺仪性能退化数据

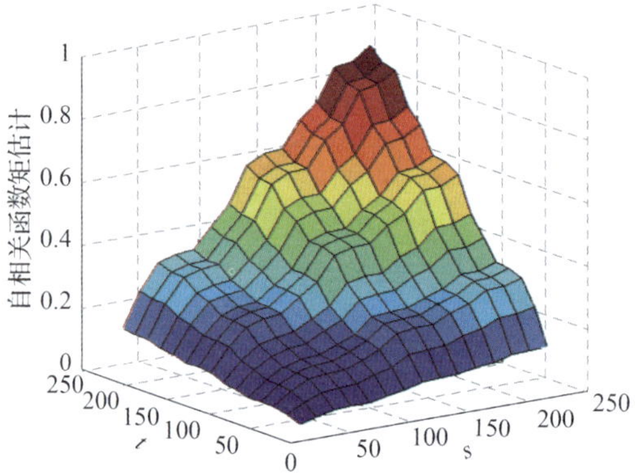

图 5.5　陀螺仪等效性能退化数据自相关函数

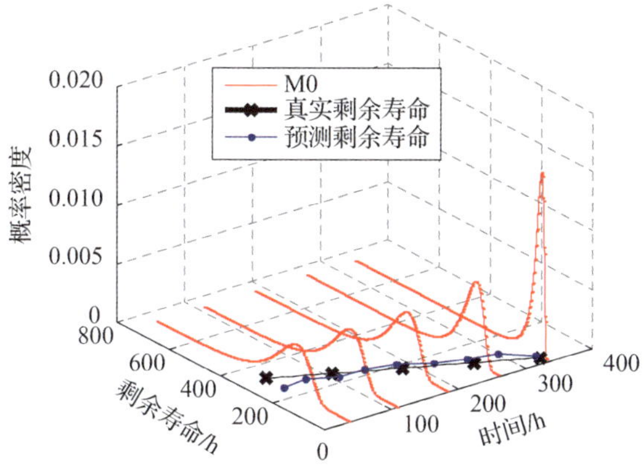

(a) M0

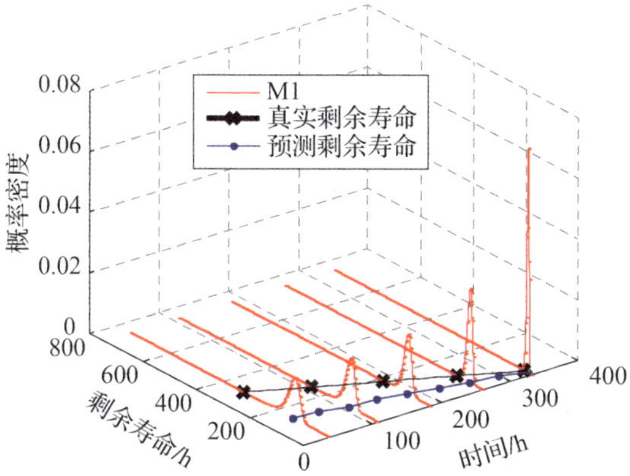

(b) M1

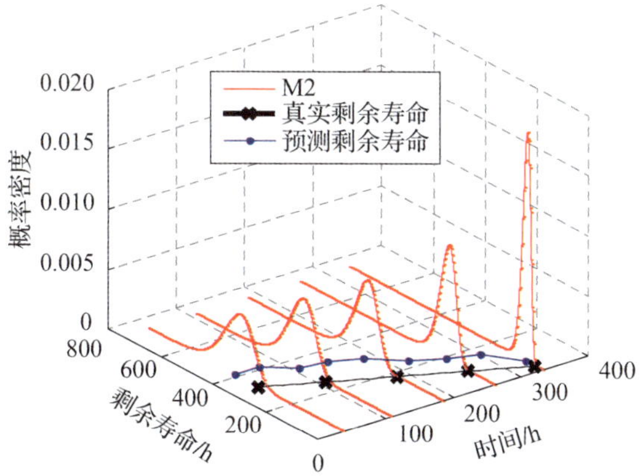

(c) M2

图 5.7　剩余寿命预测结果

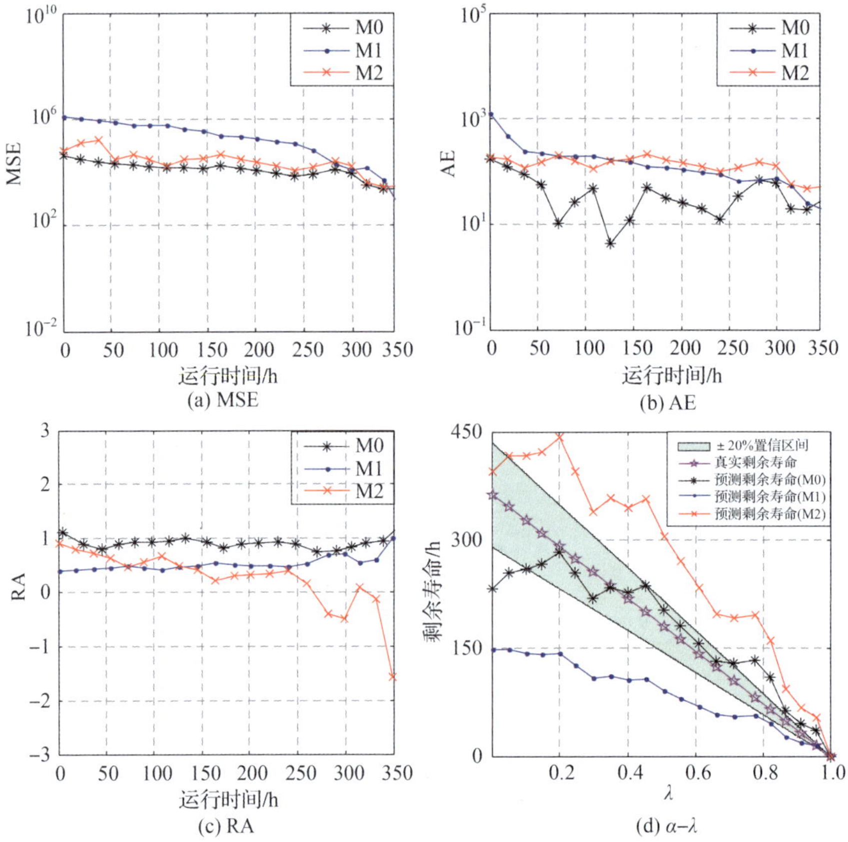

图 5.9　剩余寿命预测情况

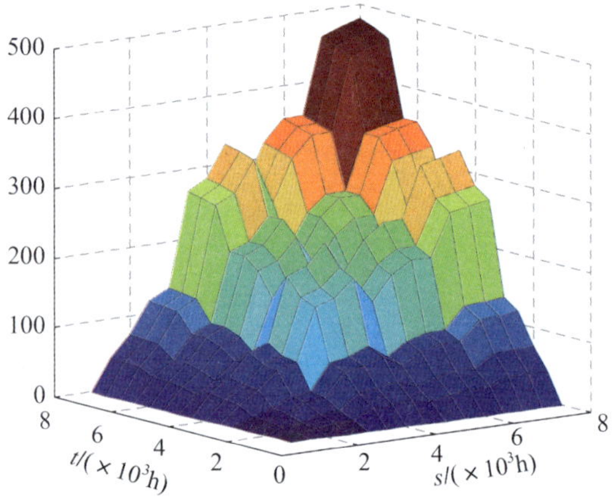

图 6.4　行波管性能退化数据自相关函数

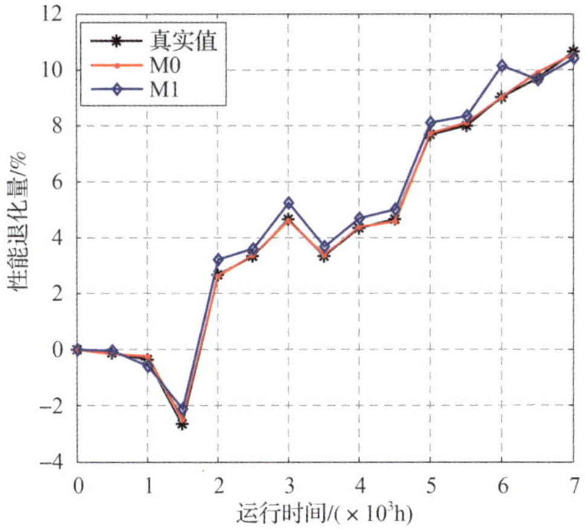

图 6.7　退化状态在线更新

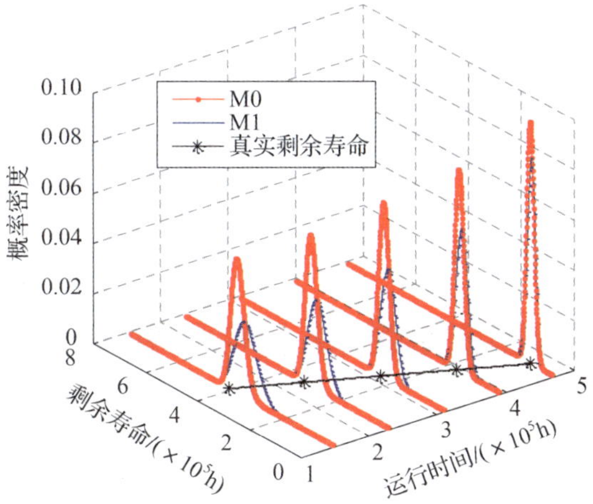

图 6.9　剩余寿命预测结果

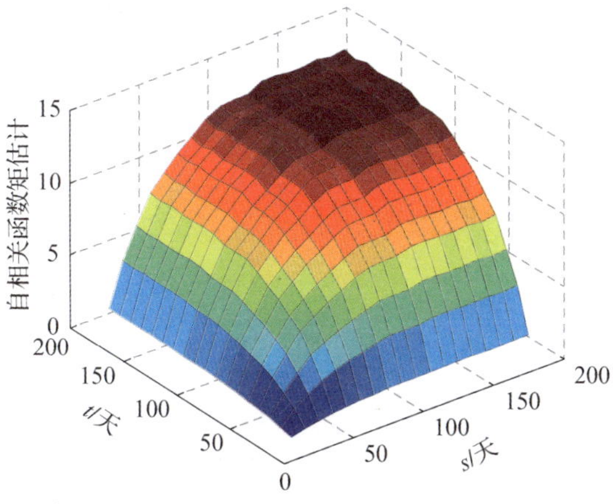

图 6.13　MEMS 陀螺仪自相关函数的矩估计值

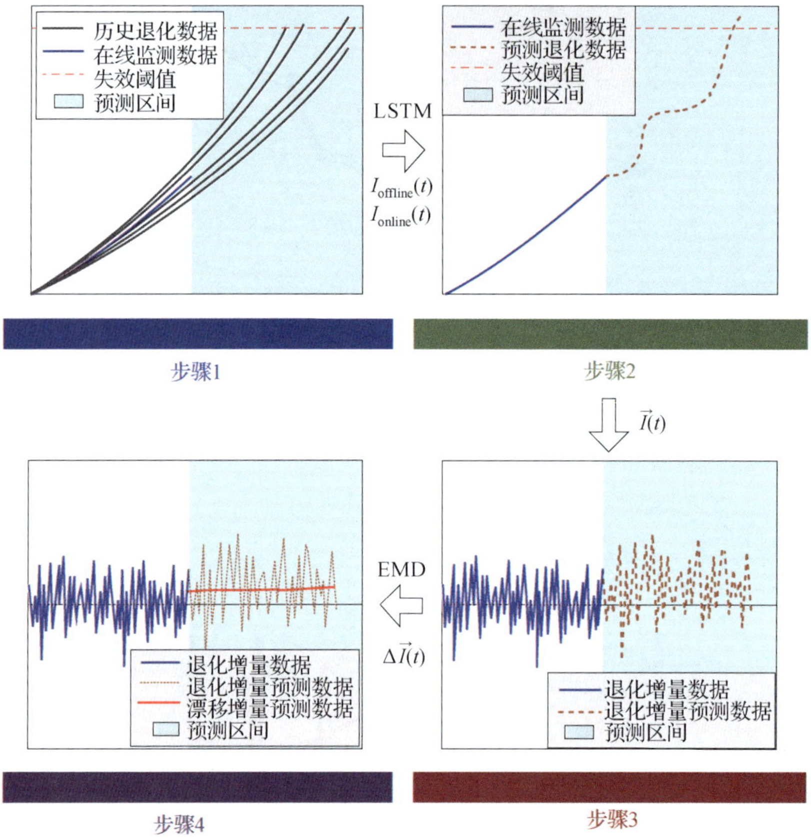

图 7.2　漂移增量预测流程

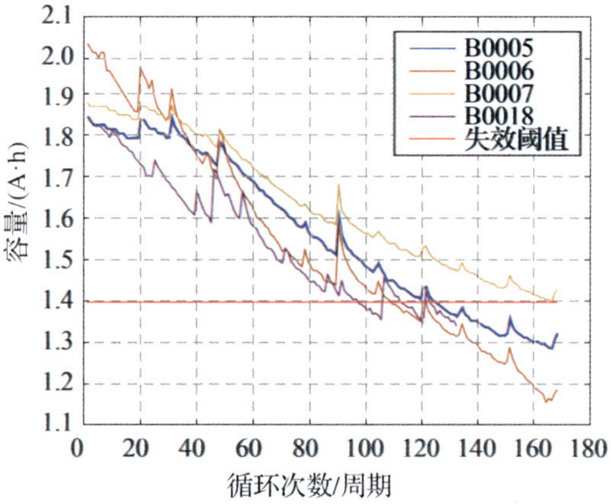

图 7.3　锂电池退化数据

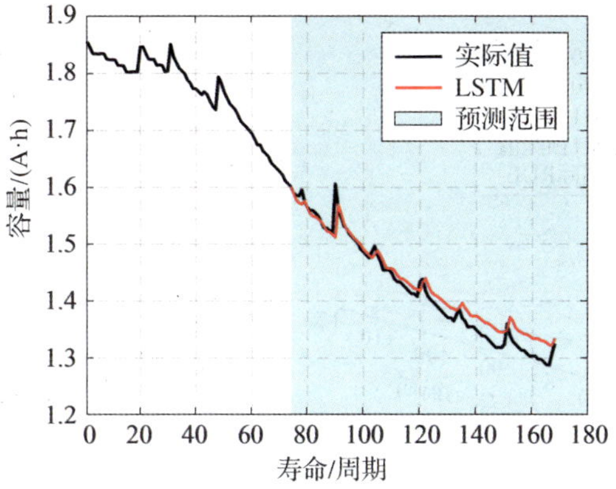

图 7.4　锂电池退化量预测

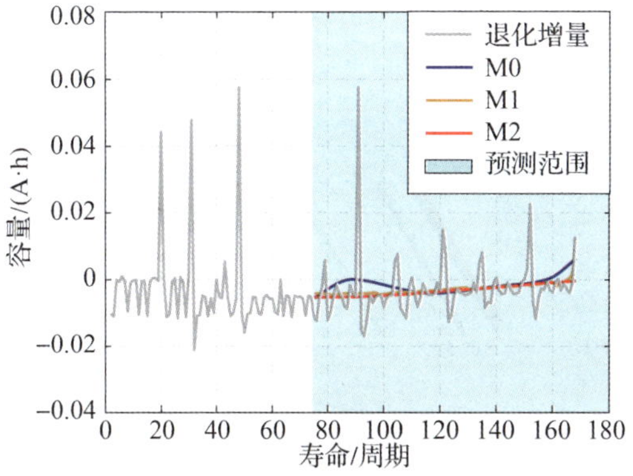

图 7.8　漂移增量预测

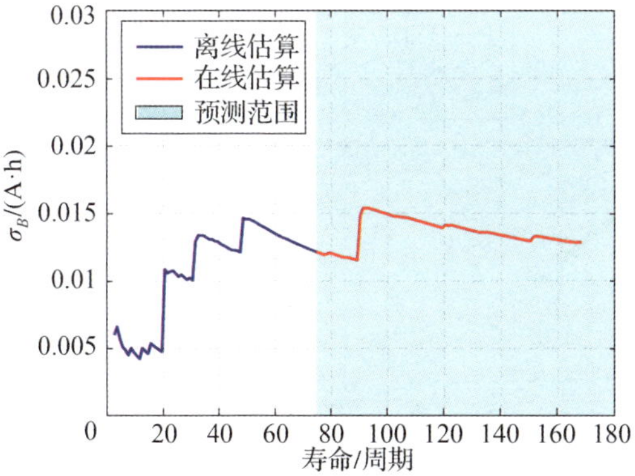

图 7.9　扩散系数估计值

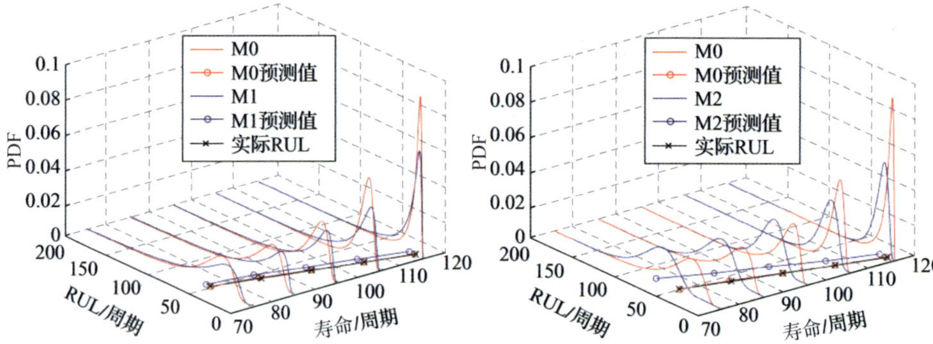

(a) M0和M1　　(b) M0和M2

图 7.10　剩余寿命预测

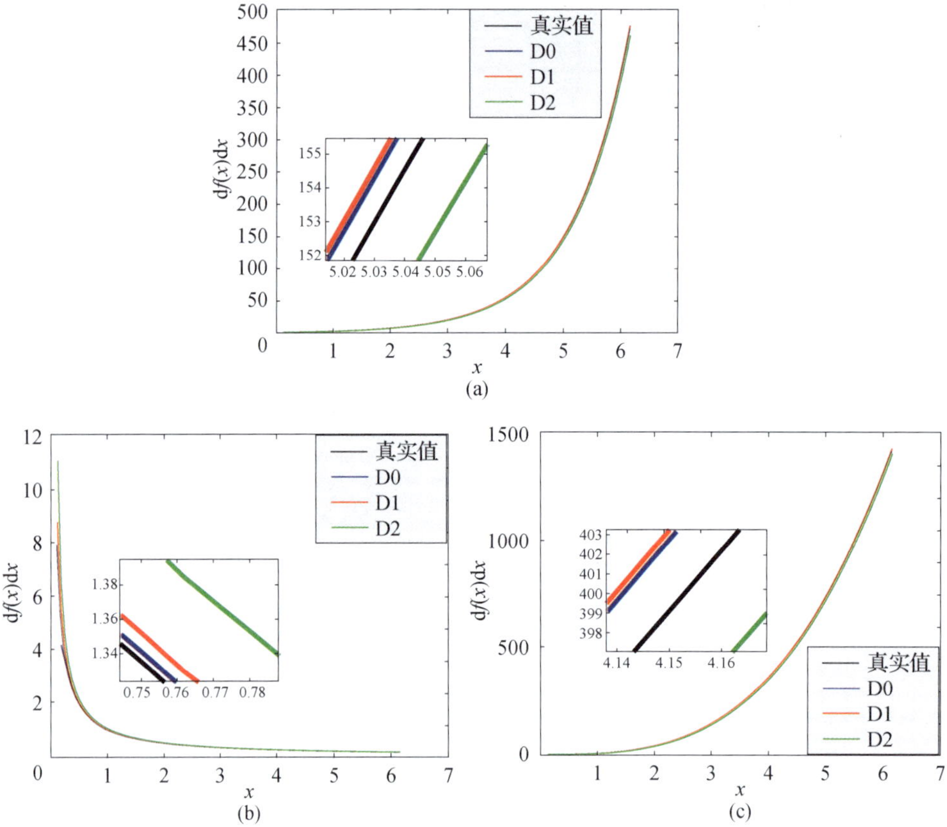

图 7.11　不同类型函数的导数近似效果

（a） $h(l_k)=\exp(l_k)$；（b） $h(l_k)=\ln l_k$；（c） $h(l_k)=(l_k)^{4.2}$。

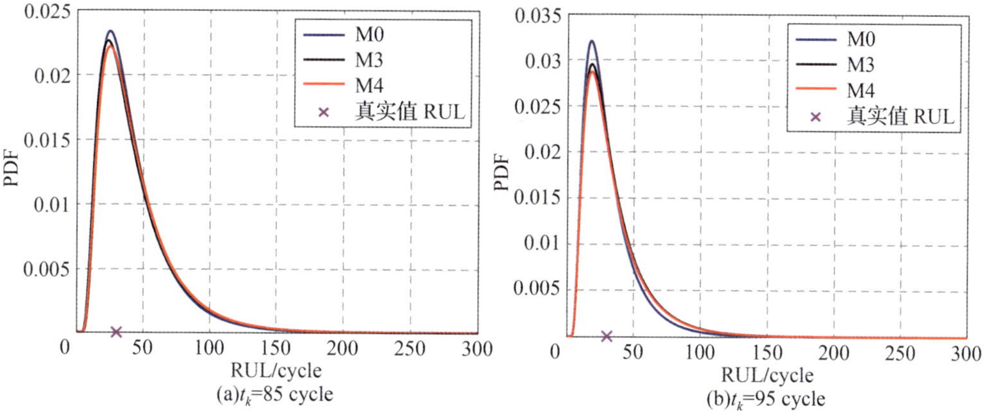

图 7.12　剩余寿命预测

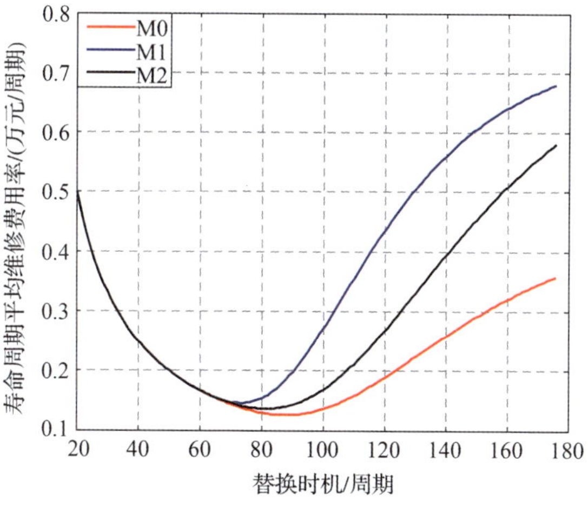

图 8.3　t_k = 20 周期条件下不同替换时机与寿命周期平均维修费用率的关系

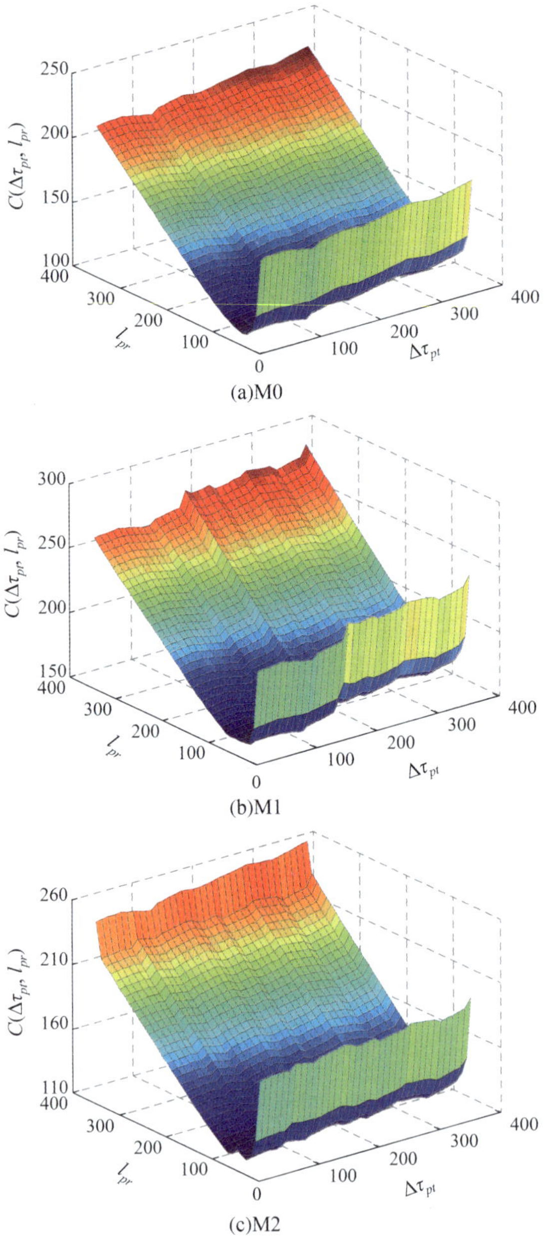

图 8.8　设备寿命周期平均运行费用曲线

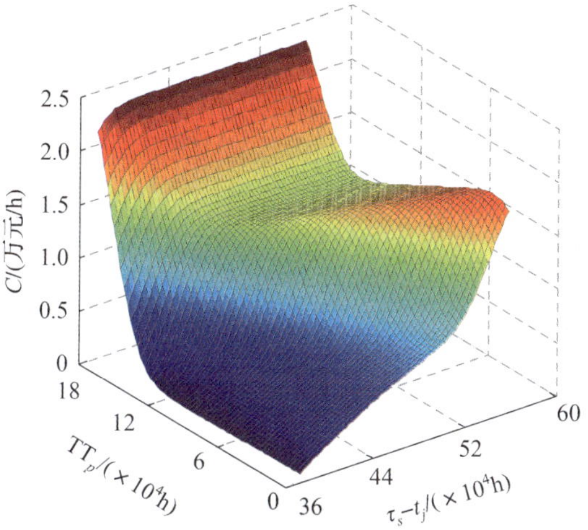

(a)

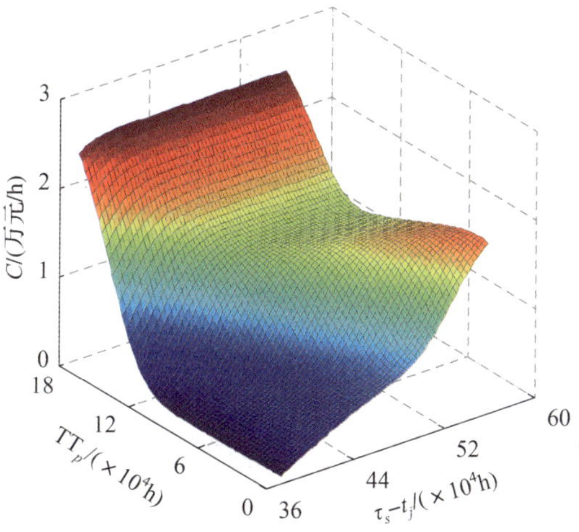

(b)

图 8.15 不同维修方案对应设备寿命周期平均费用率曲线（$t_j = 37.36 \times 10^4$h）

（a）M0；（b）M1。

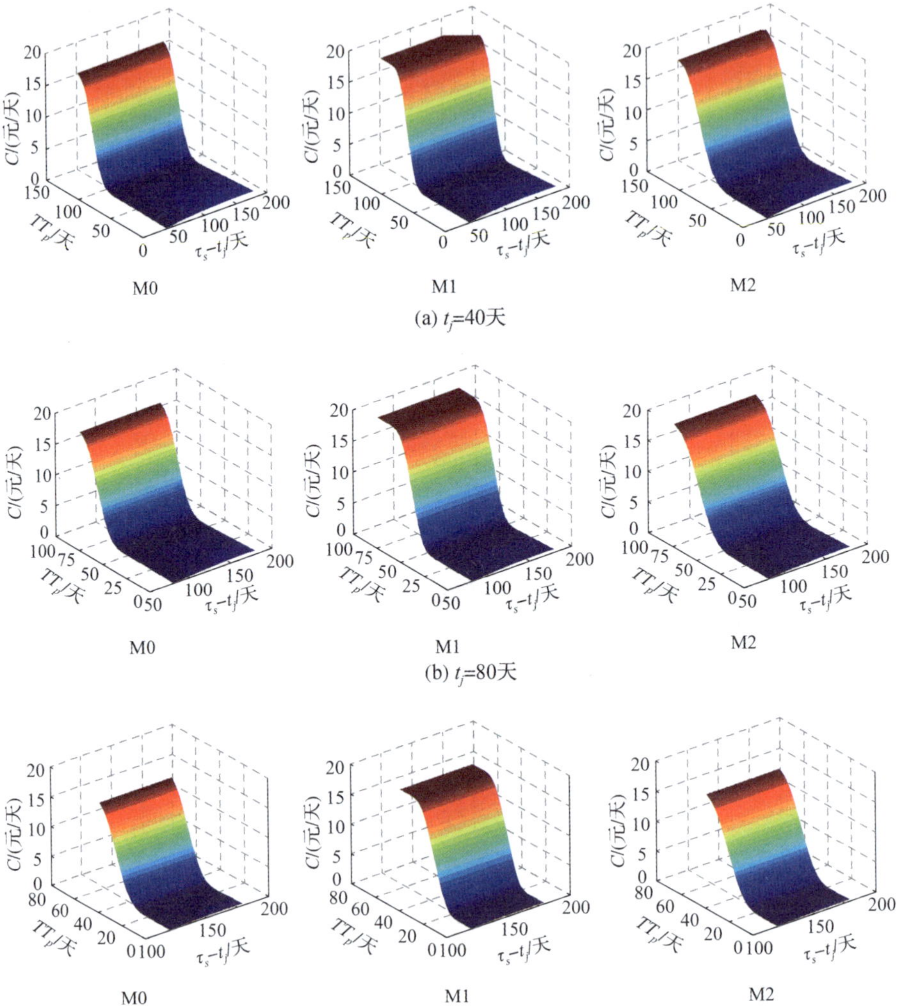

(a) t_j=40天

(b) t_j=80天

(c) t_j=120天

图 8.16　不同状态监测时刻目标设备周期平均维修费用率变化曲线